Python 数据可视化

[美] 马里奥·多布勒
[美] 蒂姆·高博曼 著

李瀛宇 译

清华大学出版社

北 京

内 容 简 介

本书详细阐述了与Python数据可视化相关的基本解决方案，主要包括数据可视化和数据探索的重要性、绘图知识、Matplotlib、利用Seaborn简化可视化操作、绘制地理空间数据、基于Bokeh的交互式操作等内容。此外，本书还提供了相应的示例、代码，以帮助读者进一步理解相关方案的实现过程。

本书适合作为高等院校计算机及相关专业的教材和教学参考书，也可作为相关开发人员的自学教材和参考手册。

北京市版权局著作权合同登记号 图字：01-2020-0623

图书在版编目（CIP）数据

Python数据可视化 /（美）马里奥·多布勒（Mario Dobler），（美）蒂姆·高博曼（Tim Grobmann）著；李瀛宇译. —北京：清华大学出版社，2020.6（2023.7 重印）

书名原文：Data Visualization with Python

ISBN 978-7-302-55348-9

Ⅰ. ①P… Ⅱ. ①马… ②蒂… ③李… Ⅲ. ①软件工具-程序设计 Ⅳ. ①TP311.561

中国版本图书馆CIP数据核字（2020）第062592号

责任编辑：贾小红
封面设计：刘 超
版式设计：文森时代
责任校对：马军令
责任印制：杨 艳

出版发行：清华大学出版社

网　　址：http://www.tup.com.cn，http://www.wqbook.com
地　　址：北京清华大学学研大厦A座　　**邮　　编**：100084
社 总 机：010-83470000　　**邮　　购**：010-62786544
投稿与读者服务：010-62776969，c-service@tup.tsinghua.edu.cn
质量反馈：010-62772015，zhiliang@tup.tsinghua.edu.cn

印 装 者：三河市龙大印装有限公司
经　　销：全国新华书店
开　　本：185mm×230mm　　**印　　张**：18.5　　**字　　数**：367千字
版　　次：2020年6月第1版　　**印　　次**：2023年7月第4次印刷
定　　价：99.00元

产品编号：082730-01

译　者　序

数据可视化主要是借助于图形化手段清晰有效地传达与沟通信息。为了有效地传达思想概念，美学形式与功能需要齐头并进，通过直观地传达关键内容与特征，从而实现对于相当稀疏而又复杂的数据集的深入洞察。然而，设计人员往往并不能很好地把握设计与功能之间的平衡，从而创造出华而不实的数据可视化形式，因而无法达到其主要目的，也就是传达与沟通信息。数据可视化与信息图形、信息可视化、科学可视化以及统计图形密切相关。当前，在研究、教学和开发领域，数据可视化是一个极为活跃而又关键的领域。

本书将介绍数据可视化方面的内容及其重要性。随后，读者将学习如何计算平均值、中位数和方差以了解统计学方面的知识，并观察对应数值之间的差异。除此之外，读者还将学习关键的 NumPy 和 pandas 技术，如索引、切片、地带、过滤和分组机制。接下来将介绍可视化的不同类型并对其进行比较。据此，读者将能够了解如何选取特定的可视化类型。其间，读者将探讨不同的图表，同时还包括自定义图表。

在本书的翻译过程中，除李瀛宇之外，刘璋、刘晓雪、张华臻、张博、刘祎等人也参与了本书的翻译工作，在此一并表示感谢。

限于译者的水平，译文中难免有错误和不妥之处，恳请广大读者批评指正。

译　者

前　　言

关于本书

本书将介绍数据可视化的内容及其重要性。随后，读者将学习如何计算平均值、中位数和方差以了解统计学方面的知识，并观察对应数值之间的差异。除此之外，读者还将学习关键的 NumPy 和 Pandas 技术，如索引、切片、迭代、过滤和分组机制。接下来，将介绍可视化的不同类型并对其进行比较。据此，读者将能够了解如何选取特定的可视化类型。其间，读者将探讨不同的图表，同时还包括自定义图表。

在了解了各种可视化库之后，读者将学习如何使用 Matplotlib 和 Seaborn 简化可视化的创建过程。除此之外，本书还将引入高级可视化技术，如地理图和交互式图表。读者将学习如何利用地理空间数据创建交互式可视化内容，并可集成至 Web 页面中。我们可通过任意数据集构建美观且具有洞察力的可视化内容。通过等值线图以及 Bokeh，我们还将学习如何在地图上绘制地理空间数据，并通过添加微件和动画显示信息扩展图表。

最后，本书将对所学知识进行整合，读者将得到一个新的数据集，并以此创建一个具有洞察力的可视化图表。

本书目标

- 了解各种图表及其最佳用例。
- 与不同的绘图库协同工作并讨论其优缺点。
- 学习如何创建具有洞察力的可视化内容。
- 了解创建优良可视化图表的所需条件。
- 提升 Python 数据整理技能。
- 学习相关的业界标准工具。
- 了解数据格式和表达方式。

适合读者

本书是针对想步入数据科学领域的开发人员和相关人士而编写的，他们希望通过数据可视化进一步丰富其个人专业项目。在阅读本书之前，读者不需要具备数据分析和可视化方面的经验，但需要了解 Python 的基本知识以及高中水平的数学知识。尽管本书是一本入门级的数据可视化书籍，但具有一定经验的读者仍可从中受益，并可通过真实数据提升他们的 Python 技能。

本书以通俗易懂的语言讲述了数据可视化技术，并完美地平衡了理论与实践之间的内容。具体来说，每一章内容都是在前一章的基础上加以设计的。另外，本书还包含了多项操作，并在现实生活中的业务场景和高度相关的环境中实践、运用所学的技能。

软件和硬件需求

为了获得最佳体验，推荐使用以下硬件配置。

- 操作系统：Windows 7 SP1 32/64-bit，Windows 8.1 32/64-bit，Windows 10 32/64-bit，Ubuntu 14.04（及后续版本），macOS Sierra（及后续版本）。
- 处理器：双核或更高配置。
- 内存：4GB RAM。
- 存储：10GB 可用空间。

除此之外，读者还需要安装下列软件。

- 浏览器：Google Chrome 或 Mozilla Firefox。
- Conda。
- JupyterLab 和 Jupyter Notebook。
- Sublime Text（最新版本）、Atom IDE（最新版本）或其他类似的文本编辑应用程序。
- Python 3。
- 安装以下 Python 库：NumPy、pandas、Matplotlib、seaborn、geoplotlib、Bokeh 和 squarify。

本书约定

本书通过不同的文本风格区分相应的信息类型。下面通过一些示例对此类风格以及具体含义的解释予以展示。

代码块如下所示。

```
# indexing the first value of the second row (1st row, 1st value)
first_val_first_row = dataset[0][0]
np.mean(first_val_first_row)
```

安装和配置过程

在阅读本书之前，需要安装 Python 3.6、pip 以及其他库，具体操作步骤如下。

安装 Python

读者可访问 https://realpython.com/installing-python/并遵循相关指令安装 Python。

安装 pip

（1）访问 https://pip.pypa.io/en/stable/installing/并下载 get-pip.py 文件。

（2）使用下列命令进行安装：

```
python get-pip.py
```

考虑到计算机中 Python 之前的版本已经使用了 Python 命令，因而这里可能需要使用 python3 get-pip.py 命令。

安装库

使用 pip 命令安装库，如下所示。

```
python -m pip install --user numpy matplotlib jupyterlab pandas squarify
bokeh geoplotlib seaborn
```

与 JupyterLab 和 Jupyter Notebook 协同工作

读者可能需要在 JupyterLab 中针对不同练习和操作展开工作。对此，可访问 https://github.com/TrainingByPackt/Data-Visualization-with-Python 下载相关内容。

读者可使用 GitHub 进行下载，或者单击右上角的 Clone or download 按钮，并以压缩文件方式进行下载。

当打开 Jupyter Notebook 时，需要通过终端遍历目录。对此，可输入下列命令：

```
cd Data-Visualization-with-Python/chapter01/
```

随后执行下列步骤：

（1）使用 cd 命令访问文件夹，如下所示。

```
cd Activity01
```

（2）调用 jupyter-lab 启用 JupyterLab。类似地，对于 Jupyter Notebook，可调用 jupyter notebook 命令。

导入 Python 库

本书中的练习和操作都需要使用各种库，其导入过程较为简单，具体各项操作步骤如下所示。

（1）当导入诸如 NumPy 和 pandas 时，可运行以下代码，这将把全部 NumPy 库导入当前文件中。

```
import numpy                    # import numpy
```

（2）可利用 np 而非 numpy 调用 numpy 中的方法，如下所示。

```
import numpy as np              # import numpy and assign alias np
```

（3）导入部分内容。下列代码仅加载库中的 mean 方法。

```
from numpy import mean          # only import the mean method of numpy
```

安装代码包

将类的代码包复制至 C:/Code 文件夹中。

附加资源

读者可访问 https://github.com/TrainingByPackt/Data-Visualization-with-Python 查看本书的代码包。

除此之外，读者还可访问 https://github.com/PacktPublishing/查看其他代码包以及视频内容。

目　　录

第 1 章　数据可视化和数据探索的重要性

本章主要包含以下内容：

- 解释数据可视化的重要性。
- 计算基本的统计值，如中位数、平均值和方差。
- 利用 NumPy 进行数据整理。
- 利用 pandas 进行数据整理。

除此之外，本章还将学习 NumPy 和 pandas 中的基本操作。

1.1　简　　介

与机器不同，对于给定数据块中的随机数字和消息集，人们通常不具备解释大量信息的能力。虽然人类可能会了解数据的基本组成，但仍然需要帮助方可实现对数据的整体理解。在所有的逻辑功能中，可通过视觉信息处理更好地理解事物。当数据以视觉方式呈现时，理解复杂构建过程和数字的概率将大大提升。

近期，作为一种编程语言，Python 的出现有助于较好地执行数据分析。Python 在数据科学管线间配置了多种应用程序，可将数据转换为有效的格式来执行数据分析，并从数据中获取有用的结论以更好地对其予以呈现。相应地，Python 提供了数据可视化库，进而可帮助用户快速地形成图形表达结果。

本书将学习如何使用 Python 及其各种库，如 NumPy、pandas、Matplotlib、seaborn 和 geoplotlib，进而利用真实的数据创建有效的数据可视化结果。除此之外，读者还将学习不同类型图表的特性，并对其优缺点进行比较，这将有助于读者选取相应的图表类型，以适应数据的可视化操作。

一旦理解了上述基本知识，即可探讨更加高级的概念，如交互式可视化，以及如何利用 Bokeh 并通过叙述故事的方式构建动画可视化结果。在阅读完本书后，读者将能够进行数据整理、析取重要的信息，并通过描述方式对观点予以可视化表达。

1.1.1　数据可视化简介

计算机和智能手机以数字格式存储诸如名称和数字这一类数据。数据表达是指存储、处理和传输数据的形式。

表达陈述可讲述一个故事，并向用户传达关键的发现结果。如果缺少相应的信息建模机制，以获取有意义的发现结果，那么，其价值也就会随之降低。构建表达方式有助于实现更清晰、简洁和直接的信息透视图，以简化数据的理解。

通常情况下，信息并不等同于数据。表达机制是一种有用的工具，进而可发现隐藏于数据中的某些洞察结果。因此，表达过程可将信息转换为有用的数据。

1.1.2 数据可视化的重要性

与其他形式的数据相比，可视化数据易于理解。此处并不仅是查看 Excel 电子表格列中的数据，还将通过可视化方式更好地理解数据所包含的内容。例如，从图 1.1 给出的数值数据中，可以很容易地发现某种模式。

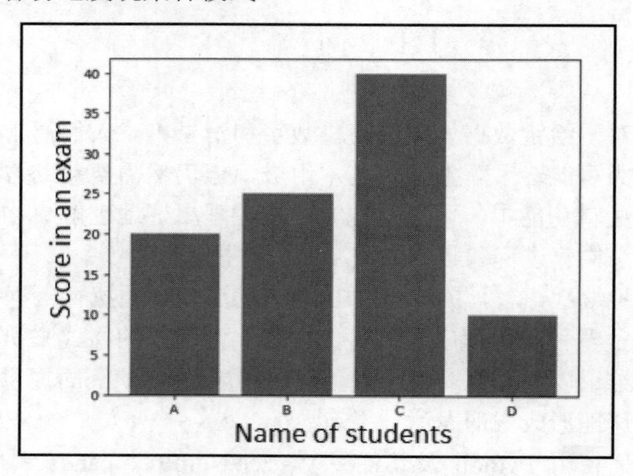

图 1.1 简单的数据可视化示例

可视化数据有多种优点，如下所示。

- 可简化理解复杂的数据。
- 可以创建异常值、目标受众和未来市场的简单可视化表。
- 可利用仪表板和动画来讲述故事。
- 数据可通过交互式可视化方式予以查看。

1.1.3 数据整理

当从可视化数据中得出某种结论时，需要对数据进行处理，并将其转换为较好的表达结果，这也是数据整理的用武之地，并以机器学习算法显示和理解的方式增强、转换和丰富数据。

下面考查图 1.2 中的数据整理处理流，以了解如何为业务分析人员获取准确和可操作的数据。可以看到，初始状态下，数据 EmployeeEngagement 包含了其原始形式，作为 DataFrame 被导入并于随后被清洗。接下来，清洗后的数据转换为相应的图，从中可对洞察结果进行建模。其中，员工的敬业度可根据反馈调查、员工任期、离职面谈、一对一会议等收集的原始数据加以衡量。此类数据将根据推荐机制、忠诚度和晋升范围等参数予以清理，并制成图。相应地，图中生成的洞察结果，即百分比，可帮助我们获取所需的结果，即确定员工的敬业度。

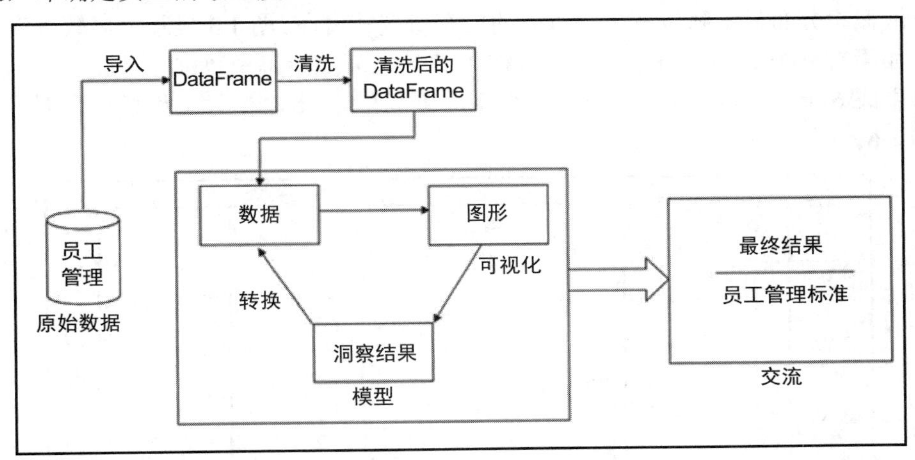

图 1.2　数据整理过程，进而衡量员工的敬业度

1.1.4　可视化工具和库

数据可视化的创建有多种实现方案，取决于具体情况，用户可使用诸如 Tableau 这一类非编码工具，进而生成较好的数据观感。除了 Python 之外，MATLAB 和 R 也广泛应用于数据分析中。

然而，Python 是业界最为流行的编程语言，其易用性、数据操控和可视化速度以及所支持的多种库使 Python 成为首选方案。

注意：

MATLAB（https://www.mathworks.com/products/matlab.html）、R（https://www.r-project.org）以及 Tableau（https://www.tableau.com）并非是本书的讨论内容，本书仅涉及 Python 中的重要工具和库。

1.2　统计学概述

统计学结合了数值数据的分析、收集、解释和表达过程。概率是对事件发生的可能性的度量，并被量化为 0 到 1 之间的数字。

概率分布是为每一个可能事件提供概率的函数，概率分布常用于统计分析。概率越大，事件发生的可能性就越大。相应地，概率分布包含两种类型，即离散概率分布和连续概率分布。

离散概率分布显示随机变量可以取的所有值及其概率。图 1.3 显示了离散概率分布的示例。如果有一个 6 面的骰子，则可以在 1 和 6 之间显示每个数字。对此，基于显示的数字可生成 6 个事件，且显示任意一个数字的概率相等；6 个事件中任意一个事件出现的概率为 1/6。

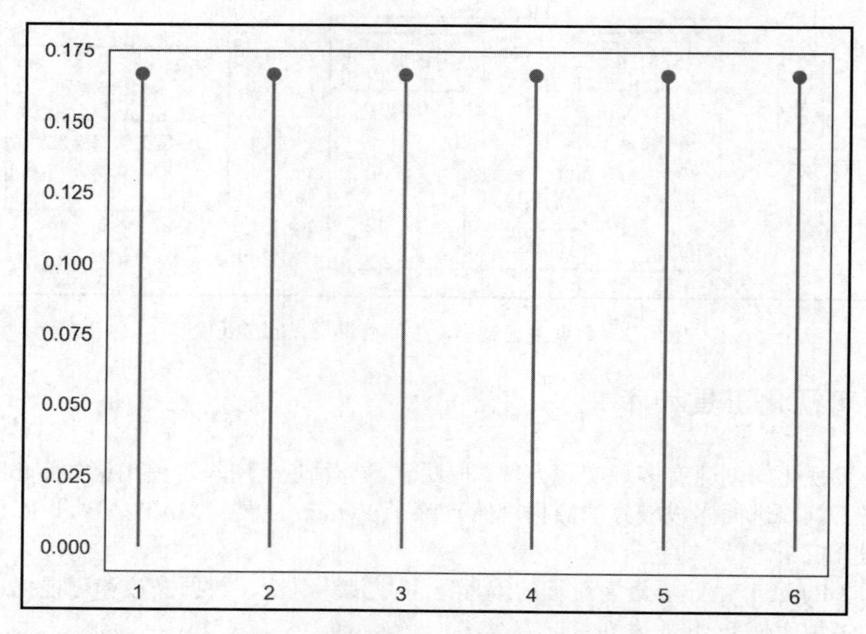

图 1.3　滚动骰子时的离散概率分布

连续概率分布定义了连续随机变量的每个可能值的概率。图 1.4 显示了连续概率分布示例，该示例展示了驾车回家所需的时间。在大多数情况下，这一过程大约需要 60 分钟。在交通顺畅的情况下，用时将有所减少，而交通堵塞则会导致用时增加。

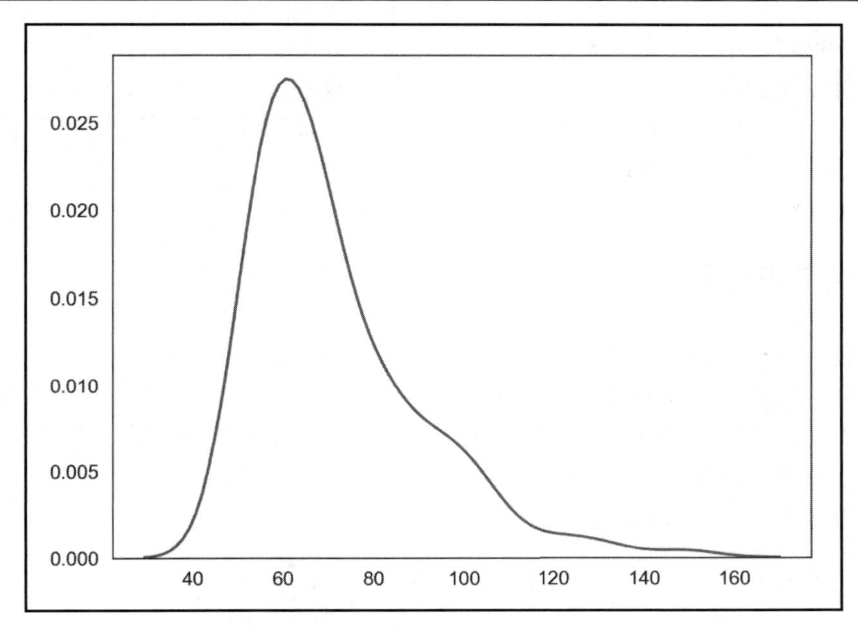

图 1.4　回家所需时间的连续概率分布

1.2.1　集中趋势的度量

集中趋势的度量通常称为平均值，用于描述概率分布的中心值或典型值。本章主要讨论 3 种类型的平均值，具体如下。

- 平均值：将所有测量值相加，并除以观察值的数量所得到的算术平均值。
  平均值的计算方式如下所示。

$$\mu = \frac{1}{N}\sum_{i=1}^{N} x_i$$

- 中位数：表示为有序数据集的中间值。如果包含偶数个观测值，中位数将是两个中间值的平均值。与平均值相比，中位数不太容易出现异常值。其中，异常值表示为数据中较为独特的值。
- 模式（众数）：这也是集中趋势的最后一个度量。模式被定义为最频繁的值。在多个值同样频繁的情况下，可能存在多个模式。

【示例】

假设一个骰子投掷了 10 次，并得到以下数字：4、5、4、3、4、2、1、1、2 和 1。平均值的计算方法是将所有事件相加，然后除以观察到的次数，即(4+5+4+3+4+2+

1+1+2+1)/10=2.7。

当计算中位数时，需要根据对应值对骰子滚动数字进行排序。排序后的数值如下所示：1、1、1、2、2、3、4、4、4、5。考虑到包含偶数次骰子滚动结果，因而需要计算两个中间值的平均值，对应结果为(2+3)/2=2.5。

根据上述结果中最为常见的两个事件，因而模式为 1 和 4。

1.2.2 离散度测量

离散度（dispersion）也称作可变性，是指概率分布被拉伸或压缩的程度。

下列内容展示了不同的离散度测算方式。

- 方差：是指各个数据与其算术平均数的离差平方和的平均数，它描述了一组数字与其平均值间的距离。

  方差的计算方式如下所示。

$$\mathrm{Var}(X)=\frac{1}{N}\sum_{i=1}^{N}(x_i-\mu)^2$$

- 标准偏差：表示为方差的平方根。
- 范围：表示为数据集中最大和最小值间的差。
- 四分位范围：也称作中间离散或中间 50%，表示第 75 和第 25 百分位之间的差，或上四分位数和下四分位数之间的差。

1.2.3 相关性

截至目前，前述测算方法仅考查单变量。相比较而言，相关性表述了两个变量间的统计学关系。

在正相关中，两个变量在同一方向上移动。

在负相关中，两个变量以相反方向移动。

在 0 相关中，变量间彼此不相关。

注意：

相关性并不意味着因果关系。相关性描述了两个或多个变量间的关系，而因果关系则描述了一个事件如何被另一个事件所引发。例如，穿鞋睡觉与早上醒来时头痛相关，但这并不意味着穿鞋睡觉会导致早上头痛，其间可能会存在第三个隐藏的变量。例如，某人前一晚曾熬夜工作。

【示例】

假设某位顾客打算租用一套经济、适用的公寓。网站上提供的月租价格分别为 700 美金、850 美金、1500 美金和 750 美金。

- 平均值表示为 $\frac{700+850+1500+750}{4}=950$。
- 中位数表示为 $\frac{750+850}{2}=800$。
- 标准偏差表示为 $\sqrt{\frac{(700-950)^2+(850-950)^2+(1500-950)^2+(750-950)^2}{4}}=322.10$。
- 范围表示为 1500 − 700 = 800。
- 在当前示例中，中位数是一种较好的测量方式，且一般不会出现奇异值。

1.2.4 数据类型

需要注意的是，读者应理解所处理的数据类型，以便选择正确的测算方法和可视化结果。这里，可将数据划分为分类/定性和数值/定量类型。其中，分类数据描述了相关特征，如对象的颜色或人物的性别。进一步讲，还可将分类数据划分为标定数据和有序数据。相比于标定数据，有序数据包含了某种顺序。

数值数据可分为离散和连续数据。如果数据仅持有特定值，则将其称作离散数据；而连续数据可以取任何值（某些时候会限定在一个范围内）。

另一个需要考虑的方面是数据是否具有时间域，换句话说，它是与时间绑定的还是随时间而变化的？如果数据与某个位置绑定，那么，展示空间关系可能更值得关注，读者应牢记这一点，如图 1.5 所示。

1.2.5 摘要统计信息

在实际的应用程序中，常会遇到各种数据集，因而摘要统计信息用于归纳数据是较为重要的方面。对于简单、紧凑、大量的信息通信来说，这是不可或缺的。

前述内容曾讨论了集中趋势和离散度两个概念，二者均可视为摘要统计信息。需要注意的是，集中趋势测算方法显示了数据值集合中的中心点；而离散度方案则显示了数据值的分布方式。

表 1.1 显示了集中趋势与特定数据类型间的最佳适配结果。

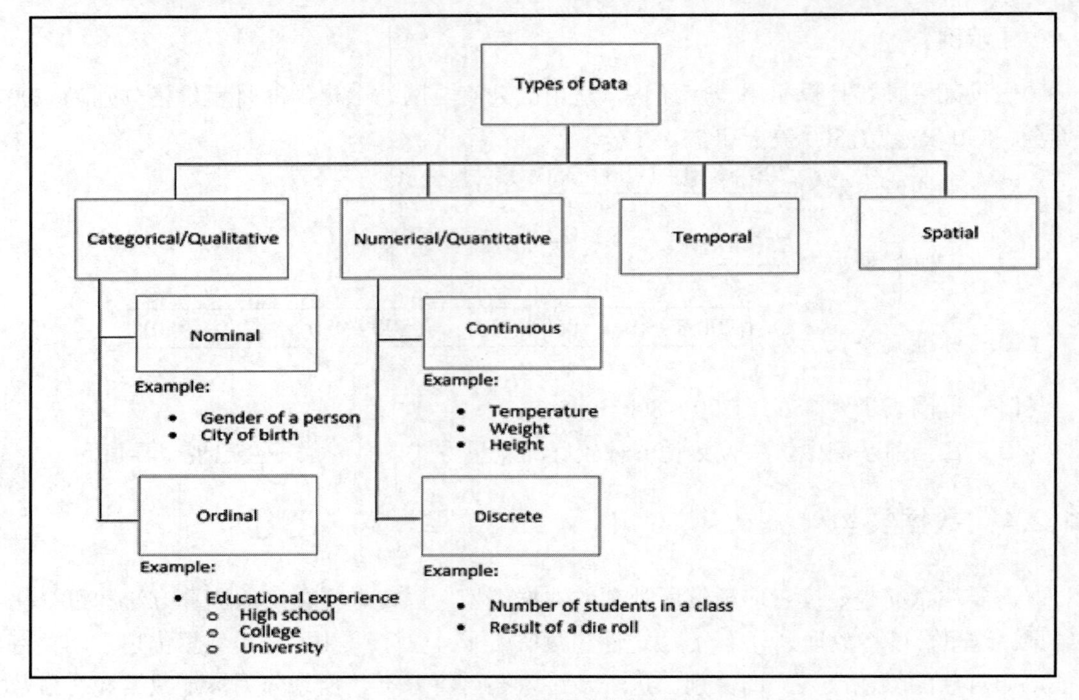

图 1.5 数据类型的分类

表 1.1 针对不同的数据类型，集中趋势的最佳适配方案

数据类型	理想的集中趋势测算方案
标定数据	模式（众数）
有序数据	中位数
数字	平均值/中位数

1.3 NumPy

在处理数据时，通常需要以某种方式与多维数组协同工作。如前所述，除此之外，还需要在数据上执行某些基本的数学和统计计算，这也是 NumPy 的用武之地。NumPy 支持较大的 *n* 维数组，同时也针对高级数学和统计学操作提供了内建的支持方案。

注意：

在 NumPy 之前，存在一个名为 Numeric 的库。鉴于 NumPy 的签名 ndarray 支持大型和高维矩阵的处理，因而 Numeric 已不再被使用。

ndarray 可视为 NumPy 的核心内容，其速度优于 Python 的内建列表。除了内置的列表数据类型外，ndarray 还提供内存的分段步长视图（例如，Java 中的 int[]）。考虑到数据类型的一致性，这意味着所有元素均具有相同类型，所以步长是一致的，因而减少了内存的浪费和内存访问时间。

步长是数组中两个相邻元素开始之间的位置数，通常以字节或数组元素的尺寸单位计算。相应地，步长可大于或等于元素的尺寸，但不可小于其尺寸，否则将会与下一个元素的内存位置产生交叠。

注意：

NumPy 数组包含了“既定”的数据类型，这意味着，无法将字符串插入整型数组中。NumPy 多与双精度数据类型结合使用。

1.3.1　练习 1：加载示例数据集并计算平均值

注意：

全部练习均在 Jupyter Notebook 中完成，读者可访问 https://github.com/TrainingByPackt/Data-Visualization-with-Python 下载包含全部预置模板的 GitHub 存储库。

在该练习中，将加载 normal_distribution.csv 数据集，并计算其中每行和每列的平均值。

（1）打开 Lesson01 文件夹中的 exercise01.ipynb Jupyter Notebook，并完成当前练习。对此，需要访问该文件的路径。在命令行终端中，可输入 jupyter-lab。

（2）此时将开启浏览器窗口，同时显示之前命令中调用的目录内容。随后单击 exercise01.ipynb，将打开 Jupyter Notebook。

（3）将打开 Chapter01，并等待修改。在简短的介绍之后，应该可以看到一个导入了必要依赖项的单元格。在当前示例中，将利用别名导入 numpy，如下所示。

```
# importing the necessary dependencies
import numpy as np
```

（4）访问包含 loading the dataset 内容的单元，这将是插入 genfromtxt 方法调用的地方。该方法可从给定的文本或.csv 文件中加载数据。

完整的代码行如下所示。

```
# loading the dataset
dataset = np.genfromtxt('./data/normal_distribution.csv', delimiter=',')
```

（5）如果一切工作正常，输出结果将不会包含任何内容及错误。当在下一个单元中写入 ndarray 的名称，即可查看刚刚导入的数据。下列代码实现了这一任务。简单地执行一个单元（如返回诸如 ndarray GI 这一类值）将使用 Jupyter 格式化机制，与 print 相比，输出结果将更加漂亮且包含了更为丰富的信息。

```
# looking at the dataset
dataset
```

上述代码的输出结果如图 1.6 所示。

```
array([[ 99.14931546, 104.03852715, 107.43534677,  97.85230675,
         98.74986914,  98.80833412,  96.81964892,  98.56783189],
       [ 92.02628776,  97.10439252,  99.32066924,  97.24584816,
         92.9267508 ,  92.65657752, 105.7197853 , 101.23162942],
       [ 95.66253664,  95.17750125,  90.93318132, 110.18889465,
         98.80084371, 105.95297652,  98.37481387, 106.54654286],
       [ 91.37294597, 100.96781394, 100.40118279, 113.42090475,
        105.48508838,  91.6604946 , 106.1472841 ,  95.08715803],
       [101.20862522, 103.5730309 , 100.28690912, 105.85269352,
         93.37126331, 108.57980357, 100.79478953,  94.20019732],
       [102.80387079,  98.29687616,  93.24376389,  97.24130034,
         89.03452725,  96.2832753 , 104.60344836, 101.13442416],
       [106.71751618, 102.97585605,  98.45723272, 100.72418901,
        106.39798503,  95.46493436,  94.35373179, 106.83273763],
       [ 96.02548256, 102.82360856, 106.47551845, 101.34745901,
        102.45651798,  98.74767493,  97.57544275,  92.5748759 ],
       [105.30350449,  92.87730812, 103.19258339, 104.40518318,
        101.29326772, 100.85447132, 101.2226037 , 106.03868807],
       [110.44484313,  93.87155456, 101.5363647 ,  97.65393524,
         92.75048583, 101.72074646,  96.96851209, 103.29147111],
       [101.3514185 , 100.37372248, 106.6471081 , 100.61742813,
        105.0320535 ,  99.35999981,  98.87007532,  95.85284217],
       [ 97.21315663. 107.02874163. 102.17642112.  96.74630281,
```

图 1.6　normal_distribution.csv 文件中的各行

（6）当快速浏览数据集时，需要输出其“形状”，这将生成当前形式（行和列）的输出结果。

对此，可使用 dataset.shape 命令输出对应的形状。除此之外，还可以将行称为实例，将列称为特性，这也意味着，当前数据集涵盖了 24 个实例和 8 个特性，对应代码如下所示。

```
# printing the shape of our dataset
dataset.shape
```

上述代码的输出结果如图 1.7 所示。

```
(24, 8)
```

图 1.7　数据集的形状

（7）待数据集加载和检测完毕后，下一步是计算平均值。通过索引 0 即可访问 numpy array 中的第一行。针对这一类均值计算，NumPy 定义了内建函数，因此可简单地调用 np.mean()并传入数据集的相关行，进而获得最终结果。输出结果如下所示。

```
# calculating the mean for the first row
np.mean(dataset[0])
```

上述代码的输出结果如图 1.8 所示。

```
100.177647525
```

图 1.8　第一行元素的平均值

（8）通过列索引 dataset[:, 0]以及 np.mean()，还可对第一列执行相同的操作，对应代码如下所示。

```
# calculating the mean for the first column
np.mean(dataset[:, 0])
```

上述代码的输出结果如图 1.9 所示。

```
99.76743510416668
```

图 1.9　第一列元素的平均值

（9）如果需要获取各行的平均值，并聚集至某个列表中，则可采用 NumPy 的 axis 工具。

对此，可简单地将 axis 参数传递至 np.mean()调用中，即可定义数据聚集的维度。其中，axis=0 表示水平方向；axis=1 表示垂直方向。据此，当希望获得每行的结果时，可选择 axis=1，如下所示。

```
# mean for each row
np.mean(dataset, axis=1)
```

上述代码的输出结果如图 1.10 所示。

```
array([100.17764752,  97.27899259, 100.20466135, 100.56785907,
       100.98341406,  97.83018578, 101.49052285,  99.75332252,
       101.89845125,  99.77973914, 101.013081  , 100.54961696,
        98.48256886,  98.49816126, 101.85956927,  97.05201872,
       102.62147483, 101.21177037,  99.58777968,  98.96533534,
       103.85792812, 101.89050288,  99.07192574,  99.34233101])
```

图 1.10　每行元素的平均值

如果希望获取各列的结果，则可选择 axis=0，如下所示。

```
# mean for each column
np.mean(dataset, axis=0)
```

上述代码的输出结果如图 1.11 所示。

```
array([ 99.7674351 ,  99.61229127, 101.14584656, 101.8449316 ,
        99.04871791,  99.67838931,  99.7848489 , 100.44049274])
```

图 1.11　各列元素的平均值

（10）作为当前练习的最后一项任务，还需要计算全部矩阵的平均值。相应地，可对之前步骤获取的数值进行求和，但 NumPy 仅传递整个数据集即可执行该项计算，如下所示。

```
# calculating the mean for the whole matrix
np.mean(dataset)
```

上述代码的输出结果如图 1.12 所示。

```
100.16536917390624
```

图 1.12　完整数据集元素的平均值

当前，读者已经离使用 NumPy 和绘图库以及创建有效的可视化内容更近了一步。前述内容讨论了相关的基础知识，并计算了相应的平均值，接下来将执行进一步的操作。

1.3.2　操作 1：使用 NumPy 计算平均值、中位数、方差和标准偏差

在当前操作中，将利用之前所讨论的技术导入数据集，并执行一些基本的计算任务。本节将巩固之前所学习的技能并进一步熟悉 NumPy。

（1）打开 Lesson01 文件夹中的 activity01.ipynb Jupyter Notebook，以完成当前操作。

（2）将 numpy 导入 Jupyter Notebook，并赋予别名 np。

（3）利用 numpy 的 genfromtxt 方法加载 normal_distribution.csv 数据集。

（4）查看 ndarray 以确保一切工作正常。

（5）待给定了数据集后，访问并使用内建的 numpy 方法。

（6）首先计算第三行、最后一列以及前三行和前三列交集的平均值。

（7）接下来计算最后一行、最后三列和每行的中位数。

（8）计算每列、最后两行和前两行交集的方差。

（9）计算数据集的标准偏差。

注意：

该操作的求解方案可参考本书附录。

至此，利用 NumPy 完成了首项操作。在后续内容中，还将进一步完善该操作。

1.3.3　基本的 NumPy 操作

本节将学习基本的 NumPy 操作，如索引、切片、分割和迭代，并在具体操作中对其予以实现。

1. 索引

从较高的层次来看，NumPy 中 array 元素索引机制等同于内建的 Python 列表，因此，可对多维矩阵中的元素进行索引，如下所示。

```
dataset[0]          # index single element in outermost dimension
dataset[-1]         # index in reversed order in outermost dimension
dataset[1, 1]       # index single element in two-dimensional data
dataset[-1, -1]     # index in reversed order in two-dimensional data
```

2. 切片

切片机制也是从 Python 的列表中改进而来的，在处理大量数据时，将列表的部分内容分割至 ndarray 中是非常有用的，对应代码如下所示。

```
dataset[1:3]            # rows 1 and 2
dataset[:2, :2]         # 2x2 subset of the data
dataset[-1, ::-1]       # last row with elements reversed
dataset[-5:-1, :6:2]    # last 4 rows,every other element up to index 6
```

3. 分割

在许多场合下，分割机制也是很有用的，如仅绘制一半的时序数据，在机器学习算法中分离测试和训练数据。

数据包含两种分割方式，即水平方式和垂直方式。其中，水平分割可通过 hsplit 方法实现，而垂直分割则可利用 vsplit 方法完成，如下所示。

```
np.hsplit(dataset, (3)) # split horizontally in 3 equal lists
np.vsplit(dataset, (2)) # split vertically in 2 equal lists
```

4．迭代

NumPy 数据结构 ndarrays 支持迭代操作，逐个遍历整个数据列表，并访问 ndarray 中的每个单一元素。对于多维 ndarray 来说，索引机制可能稍显复杂。

nditer 表示为一个多维迭代器对象，并可携带既定数量的数组，如下所示。

```
# iterating over whole dataset (each value in each row)
for x in np.nditer(dataset):
    print(x)
```

ndenumerate 将精确地给出对应的索引，从而返回第一行中的第二个值(0,1)，如下所示。

```
# iterating over whole dataset with indices matching the position in #the
dataset
for index, value in np.ndenumerate(dataset):
    print(index, value)
```

1.3.4　操作 2：索引、切片、分割和迭代

当前操作将使用 NumPy 中的相关特性对 ndarray 进行索引、切片、分割和迭代，进而巩固之前所学的知识。当前，需要证明数据集完美地围绕均值 100 分布，对应步骤如下。

（1）打开 Lesson01 文件夹中的 activity02.ipynb Jupyter Notebook 实现该操作。

（2）将 numpy 导入 Jupyter Notebook，并设置别名 np。

（3）利用 NumPy 加载数据集 normal_distribution.csv。如前所述，查看 ndarray 以确保一切工作正常。随后，遵循 Jupyter Notebook 中的描述内容即可。

（4）通过加载后的数据集，采用之前讨论的索引特性，对数据集的第二行、数据集的最后一个元素（最后一行）、第二行的第一个元素（第二行，第一个值）以及第二至最后一行的最后一个值（使用组合访问）进行索引。

（5）创建输入的子列表则需要使用切片机制。将前两行和前两列的 4 个元素（2×2）的交集切片，选择第 5 行的第二个元素，并反转数据项顺序，以相反的顺序选择前两行。

（6）使用这一概念可将数据集水平分割为 3 个相等的部分，并在索引 2 上垂直分割数据集。

（7）最后一项任务是迭代整个数据集。对此，可采用之前所讨论的方法迭代全部数据集，并利用与数据集中相关位置匹配的索引。

注意：

该操作的聚义求解方案参见本书的附录。

至此，已经讨论了 NumPy 中大部分基本的数据整理方法，接下来将介绍更加高级的特性，并通过相关工具从数据中获取较好的见解。

1.3.5　高级 NumPy 操作

本节将学习 GI 高级 NumPy 操作，如过滤、排序、组合以及重构，并在相关操作中对此予以实现。

1．过滤

过滤是一种非常强大的工具，如果希望避免出现奇异值，可以对此数据进行清洗。此外，借助这一工具，还可从数据中获取较好的洞察结果。

除了 dataset[dataset>10]这一简洁的表示法外，还可采用 NumPy 中的内建方法 extract。该方法利用不同的表示法执行相同的操作，进而可对较为复杂的操作进行控制。

如果仅需要析取与给定条件相匹配的数值的索引，可使用内建的 where 方法。例如，np.where(dataset > 5)将从大于 5 的初始数据集中返回一个数值的索引列表，对应代码如下所示。

```
dataset[dataset > 10] # values bigger than 10
np.extract((dataset < 3), dataset) # alternative - values smaller than 3
dataset[(dataset > 5) & (dataset < 10)] # values bigger 5 and smaller 10
np.where(dataset > 5) # indices of values bigger than 5
(rows and cols)
```

2．排序

对数据集的每行进行排序十分有用，通过 NumPy，还可在其他维度上进行排序，如相关列。

除此之外，argsort 还可获取索引列表，这将生成一个有序的列表，如下所示。

```
np.sort(dataset)              # values sorted on last axis
np.sort(dataset, axis=0)      # values sorted on axis 0
np.argsort(dataset)           # indices of values in sorted list
```

3．组合

在将两个具有相同维度的数据集保存到不同的文件中时，将行和列叠加到现有数据集中可能很有帮助。

当给定两个数据集后，可使用 vstack 将 dataset_1“叠加”至 dataset_2 上，这将生成一个组合数据集，其中包含来自 dataset_1 的全部行，随后是来自 dataset_2 的所有行。

当使用 hstack 时，可将数据集“彼此相邻”地堆叠，这意味着 dataset_1 第一行的元素后面紧跟着 dataset_2 第一行的元素。该过程将应用于每一行上，对应代码如下所示。

```
np.vstack([dataset_1, dataset_2])      #combine datasets vertically
np.hstack([dataset_1, dataset_2])      #combine datasets horizontally
np.stack([dataset_1,dataset_2],axis=0) #combine datasets on axis 0
```

注意：

关于基于堆叠方式的组合机制，读者可查看 NumPy 文档中的相关示例以了解更多信息，对应网址为 https://docs.scipy.org/doc/numpy-1.15.0/reference/generated/numpy.hstack.html。

4．重构

重构对于某些算法来说十分重要。取决于数据的本质，重构机制可降低维度并简化可视化过程，对应代码如下所示。

```
dataset.reshape(-1, 2)          # reshape dataset to two columns x rows
np.reshape(dataset, (1, -1))    # reshape dataset to one row x columns
```

其中，-1 表示 NumPy 自动标识的未知维度。NumPy 将首先计算任意给定数组的长度和剩余维度，从而确保其满足给定的标准。

1.3.6　操作 3：过滤、排序、组合和重构

作为最后一项 NumPy 任务，该操作相对复杂，同时也可进一步巩固之前所学内容，并结合之前学过的方法以作为一个概述，相关步骤如下。

（1）打开 Lesson01 文件中的 activity03.ipynb Jupyter Notebook，以实现当前操作。

（2）对于当前操作，NumPy 是唯一的依赖项，因而应确保对其进行导入。

（3）再次利用 NumPy 加载 normal_distribution.csv 数据集，并查看 ndarray 以确保一切工作正常。

（4）在加载了数据集之后，使用之前讨论的过滤特性过滤大于 105，以及位于 90 和 95 之间的数值，并获取差值小于 1～100 的值的索引。

（5）当尝试在有序数据类型列上显示数据时，对数据进行排序是一项十分重要的特性。对此，可使用 sorting 针对每行、每列的数值进行排序，获取每行中位置的索引，并针对每行获得 3 个最小的数值（其余值未排序）。

（6）使用本章 Activity2 中的分割数据，以及之前介绍的组合机制，可将第一列的后半部分重新添加到一起，将第二列添加到组合的数据集中，并将第三列添加到组合的数据集中。

（7）利用重构机制在一维列表中重构数据集，其中包含了所有值，并将数据集重构

为仅包含两列的矩阵。

注意：

该操作的具体解决方案可参考本书附录。

接下来将介绍 pandas，当与复杂数据（而非仅是多维数字数据）协同工作时，pandas 表现得十分优秀。除此之外，pandas 还支持数据集中不同的数据类型，这也意味着，我们可持有包含字符串的列以及包含数字的列。

如前所述，NumPy 设置了功能强大的工具；此外，其强大性还体现在与 pandas 的协同工作方面。

1.4　pandas

Python 中的 pandas 库提供了相应的数据结构和方法，可对不同的数据类型进行操控，如数字和时间。此类操作易于使用并在性能方面得到了优化。

这里，可以使用 CSV、JSON 和数据库等数据格式创建 DataFrame。DataFrame 是数据的内部表达方式，且与表十分类似，但其功能更加强大。导入和读取文件及内存中的数据被抽象为用户友好的界面。在处理丢失的数据时，panda 提供了内置的解决方案来清理和扩充数据，这意味着可采用合理的数值填充丢失的数据。

集成后的索引机制、基于标记的切片机制以及之前讨论的 NumPy 索引机制可有效地简化数据的处理过程。一些更为复杂的技术，如重构、旋转和融化（melting）数据，连接和合并数据，提供了强大的工具，可正确地对数据进行处理。当与时序数据协同工作时，诸如日期范围生成、频率转换和移动窗口统计信息等操作可为数据整理机制提供一个高级的接口。

注意：

读者可访问 https://pandas.pydata.org/，以了解 pandas 的安装指令。

1.4.1　pandas 的优点

下面内容展示了 pandas 的优点。

- 高级抽象。panda 具有比 NumPy 更高的抽象级别，这为用户提供了更简单的交互接口。
- 较少的直观性。诸如连接、选择和加载文件等方法均为可用，且体现了 pandas

强大的功能。

- 快速的处理。DataFrame 的内部表达方式对偶尔写操作支持快速的处理。当然，这取决于数据及其结构。
- 简单的 DataFrame 设计。DataFrame 是针对大型数据集而设计的。

1.4.2 pandas 的缺点

下面内容展示了 pandas 的某些缺点。

- 适用性较差。鉴于 pandas 的高度抽象，与 NumPy 相比，其适用性通常较差。特别是在应用范围之外，其快速操作往往较为复杂且难以实现。
- 占用更多的磁盘空间。考虑到 DataFrame 的内部表达方式，以及通过交换磁盘空间以获得高效的执行过程，复杂操作的内存使用量可能会激增。
- 性能问题。当执行较为繁重的连接操作时（不建议使用），内存使用可能变得非常重要，并可能导致性能问题。
- 隐藏的复杂性。相对简单的接口也存在自身的缺点。缺乏经验的用户往往会过度使用某些方法，并多次对其加以执行，而不是复用已计算完毕的方法。这种隐藏的复杂性使用户认为操作本身是简单的，但事实并非如此。

注意：

始终要考虑如何设计工作流，而不是过度使用操作。

1.4.3 练习 2：加载示例数据集并计算平均值

本节将加载 world_population.csv 数据集，并计算某些行和列的平均值。该数据集中包含了每个国家中每年的人口密度，下面通过 pandas 获取相应的洞察结果，具体操作步骤如下。

（1）打开 Lesson01 文件夹中的 exercise02.ipynb Jupyter Notebook 以完成当前练习。

（2）导入 pandas 库，如下所示。

```
# importing the necessary dependencies
import pandas as pd
```

（3）在导入 pandas 后，可使用 read_csv 方法加载数据集。此处将使用包含国家名称的第一列作为索引，并对此采用 index_col 参数。完整的代码如下所示。

```
# loading the dataset
dataset = pd.read_csv('./data/world_population.csv', index_col=0)
```

（4）如前所述，可在下一个单元中简单地写入数据集的名称，进而查看刚刚导入的数据。这里仅输出某些行中的内容，pandas 中的 DataFrame 定义了 head()和 tail()两种方法以实现这一任务。两种方法均接受数字 n 作为参数，该参数表示返回的行数。

注意：

简单地执行返回某个值（如 DataFrame）的单元将使用 Jupyter 格式，这种格式看起来更好，而且在大多数情况下比使用 print 显示更多的信息。

```
# looking at the dataset
dataset.head()
```

上述代码的输出结果如图 1.13 所示。

Country Name	Country Code	Indicator Name	Indicator Code	1960	1961	1962	1963	1964	1965
Aruba	ABW	Population density (people per sq. km of land ...	EN.POP.DNST	NaN	307.972222	312.366667	314.983333	316.827778	318.666667
Andorra	AND	Population density (people per sq. km of land ...	EN.POP.DNST	NaN	30.587234	32.714894	34.914894	37.170213	39.470213
Afghanistan	AFG	Population density (people per sq. km of land ...	EN.POP.DNST	NaN	14.038148	14.312061	14.599692	14.901579	15.218206
Angola	AGO	Population density (people per sq. km of land ...	EN.POP.DNST	NaN	4.305195	4.384299	4.464433	4.544558	4.624228
Albania	ALB	Population density (people per sq. km of land ...	EN.POP.DNST	NaN	60.576642	62.456898	64.329234	66.209307	68.058066

5 rows × 60 columns

图 1.13　数据集的前 5 行

（5）当快速查看数据集的整体状况时，需要输出其形状，这将生成形如(rows, columns)的结果。对此，可通过 dataset.shape 命令输出对应形状，其工作方式等同于 NumPy 中的 ndarray，如下所示。

```
# printing the shape of our dataset
dataset.shape
```

上述代码的输出结果如图 1.14 所示。

（6）在数据集加载和检测完毕后，接下来计算平均值。其中，索引行的工作方式稍有不同，稍后将对此加以详细讨论，当前仅需要利用年份 1961 索引列。

pandas 的 DataFrame 中针对相关计算定义了内置函数，如 mean，这意味着可简单地调用 dataset.mean()获得对应结果。

对应代码如下所示。

```
# calculating the mean for 1961 column
dataset["1961"].mean()
```

上述代码的输出结果如图 1.15 所示。

（7）当查看年份间人口密度的差异时，可对列 2015 执行相同的操作（在给定的时间范围内，人口增长了一倍多），对应代码如下所示。

```
# calculating the mean for 2015 column
dataset["2015"].mean()
```

上述代码的输出结果如图 1.16 所示。

```
(264, 60)
```

图 1.14　数据集的形状

```
176.91514132840538
```

图 1.15　列 1961 中元素的平均值

```
368.7066010400187
```

图 1.16　列 2015 中元素的平均值

（8）如果需要得到每个国家（行）的平均值，可利用 pandas 中的 axis 工具。通过简单地在 data .mean()调用中传递 axis 参数，即可定义数据聚合的维度。

其中，axis=0 表示水平方向（每列），axis=1 表示垂直方向（每行）。因此，如果希望获取每行的结果，则需要选择 axis=1。由于当前数据集中包含 264 行，因而需要将所返回的国家数量限制为 10。如前所述，可采用参数为 10 的 head(10)和 tail(10)方法，如下所示。

```
# mean for each country (row)
dataset.mean(axis=1).head(10)
```

上述代码的输出结果如图 1.17 所示。

tail 方法的代码如下所示。

```
# mean for each feature (col)
dataset.mean(axis=0).tail(10)
```

```
Country Name
Aruba                   413.944949
Andorra                 106.838839
Afghanistan              25.373379
Angola                    9.649583
Albania                  99.159197
Arab World               16.118586
United Arab Emirates     31.321721
Argentina                11.634028
Armenia                 103.415539
American Samoa          211.855636
dtype: float64
```

图 1.17　前 10 个国家（行）中元素的平均值

上述代码的输出结果如图 1.18 所示。

（9）最后一项任务是计算整个 DataFrame 的平均值。考虑到 pandas DataFrame 可在每列中包含不同的数据类型，因而在整个数据集中聚合该值并无任何意义。默认状态下将使用 axis=0，这意味着将生成与之前单元相同的结果，对应代码如下所示。

```
# calculating the mean for the whole matrix
dataset.mean()
```

上述代码的输出结果如图 1.19 所示。

```
2007    331.995474
2008    338.688417
2009    343.649206
2010    347.967029
2011    351.942027
2012    357.787305
2013    360.985726
2014    364.849194
2015    368.706601
2016           NaN
dtype: float64
```

图 1.18　最后 10 年（列）中元素的平均值

```
1960           NaN
1961    176.915141
1962    180.703231
1963    184.572413
1964    188.461797
1965    192.412363
1966    196.145042
1967    200.118063
1968    203.879464
1969    207.336102
1970    210.607871
1971    213.489694
1972    215.998475
1973    218.438708
1974    220.621210
1975    223.046375
1976    224.960258
1977    227.006734
1978    229.187306
1979    232.510772
1980    236.185357
1981    240.789508
1982    246.175178
1983    251.342389
1984    256.647822
```

图 1.19　每列元素的平均值

不难发现，pandas 接口中包含了某些与 NumPy 类似的方法，且易于理解。前述内容介绍了某些较为基本的内容，后续操作将进一步巩固所学的 pandas 知识，并通过相关方法解决多项计算任务。

1.4.4　操作 4：使用 pandas 计算平均值、中位数和给定数字的方差

当前操作将导入数据集，执行某些基本的计算，并利用 pandas 实现之前的任务。

相关步骤如下。

（1）打开 Lesson01 文件夹中的 Jupyter Notebook activity04.ipynb，以实现当前操作。

（2）鉴于当前操作与 pandas 协同工作，因而需要在开始阶段即对其进行导入，进而可在 Jupyter Notebook 中对其加以使用。

（3）通过 pandas 的 read_csv 方法加载 world_population.csv 数据集。

（4）在给定数据集后，可采用 pandas 的内建方法计算第三行、最后一行和国家 Germany 的平均值。

（5）接下来计算最后一行、最后三行和前 10 个国家的中位数。

（6）计算最后 5 列的方差。

注意：

该操作的具体解决方案可参考本书附录。

至此，完成了基于 pandas 的第一项任务，其中展示了 NumPy 和 pandas 间的相似性和差异。在后续操作中，还将进一步巩固所学的知识，同时引入更加复杂的 pandas 特性和方法。

1.4.5　基本的 pandas 操作

本节主要讨论基本的 pandas 操作，如索引、切片和迭代，并通过具体操作予以实现。

1．索引

与 NumPy 相比，pandas 中的索引机制则稍显复杂，只能访问带有单括号的列。当采用行索引进行访问时，需要使用到 iloc 方法。如果希望通过 index_col（在 read_csv 调用中进行设置）进行访问，则需要使用 loc 方法，对应代码如下所示。

```
dataset["2000"]                        # index the 2000 col
dataset.iloc[-1]                       # index the last row
dataset.loc["Germany"]                 # index the row with index Germany
dataset[["2015"]].loc[["Germany"]] # index row Germany and column 2015
```

2. 切片

pandas 中的切片机制包含了强大的功能。对此，可采用之前 NumPy 中默认的切片语法，或者使用多项选择。如果打算按照名称对不同的行或列进行切片，可简单地向括号中传递一个列表，对应代码如下所示。

```
dataset.iloc[0:10]                    # slice of the first 10 rows
dataset.loc[["Germany", "India"]]     # slice of rows Germany and India
# subset of Germany and India with years 1970/90
dataset.loc[["Germany", "India"]][["1970", "1990"]]
```

3. 迭代

对 DataFrame 进行迭代同样可行。考虑到 DataFrame 可包含多个维度和类型，则索引位于较高层次，且每行的迭代可单独完成，对应代码如下所示。

```
# iterating the whole dataset
for index, row in dataset.iterrows():
    print(index, row)
```

1.4.6 Series

pandas 中的 Series 表示一个一维标记数据，并可加载任意类型的数据。通过从.csv 文件、Excel 电子表格或 SQL 数据库中加载数据集，即可创建一个 Series。另外，Series 包含了多种创建方式，具体如下。

- NumPy 数组，对应代码如下所示。

```
# import pandas
import pandas as pd
# import numpy
import numpy as np
# creating a numpy array
numarr = np.array(['p','y','t','h','o','n'])
ser = pd.Series(numarr)
print(ser)
```

- pandas 列表，对应代码如下所示。

```
# import pandas
import pandas as pd
# creating a pandas list
plist = ['p','y','t','h','o','n']
ser = pd.Series(plist)
print(ser)
```

1.4.7　操作 5：基于 pandas 的索引、切片和迭代

当前操作将使用之前讨论的 pandas 特性，并通过 pandas 的 Series 对 DataFrame 进行索引、切片和迭代。为了获得数据集中的洞察结果，需要显式地索引、切片和迭代数据。例如，可在人口密度增长方面对多个国家进行比较。

随后，我们将显示德国、新加坡、美国和印度在 1970 年、1990 年和 2010 年的人口密度，相关步骤如下。

（1）打开 Lesson01 文件夹中的 activity05.ipynb Jupyter Notebook 以实现当前操作。

（2）在加载数据集之前，需要导入 pandas。此处将再次使用别名 pd 引用 pandas。

（3）利用 pandas 加载数据集 world_population.csv，通过查看 DataFrame 以确保一切工作正常。

（4）通过加载后的数据集，可利用之前讨论的索引特性，对 USA 这一行、第二行至最后一行、年份 2000 这一列（作为 Series），以及印度 2000 年的人口密度进行索引。

（5）创建数据集的子列表需要使用切片机制。根据这一概念，可对第二行至第五行进行切片，对德国、新加坡、美国和印度进行切片，并利用 1970 年、1990 年和 2010 年的人口密度对德国、新加坡、美国和印度进行切片。

（6）最后一项任务是迭代数据集中的前三个国家。对此，可采用之前所讨论的迭代方法迭代整个数据集，并输出 1970 年、1990 年和 2010 年的名称、国家代码和人口。

注意：

该操作的具体解决方案可参考本书附录。

至此，已经探讨了 pandas 中大多数基本的数据整理方法，接下来将考查更为复杂的特性，如过滤、排序和重构，以为第 2 章的学习打下坚实的基础。

1.4.8　pandas 高级操作

本节将介绍 pandas 中的一些高级操作，如过滤、排序和重构，并在具体操作中对其加以实现。

1．过滤

与 NumPy 相比，pandas 中的过滤机制包含了一个高层接口，当然，读者仍可采用基于括号的、“简单”的条件过滤。除此之外，还可采用更加复杂的查询操作，例如，根

据正则表达式过滤行，对应代码如下所示。

```
dataset.filter(items=["1990"]) # only column 1994
dataset[(dataset["1990"] < 10)] # countries'population density < 10 in 1999
dataset.filter(like="8", axis=1) # years containing an 8
dataset.filter(regex="a$", axis=0) # countries ending with a
```

2. 排序

根据给定的行或列对每一行或列排序有助于在数据中获得较好的洞察结果，同时获取给定数据集的排名结果——pandas 大大地简化了这一过程。利用参数 ascending，可按照升序或降序方式实现排序。当然，还可在 by = [ ]列表中提供多个值，以实现更为复杂的排序操作。这些值将被用来对第一个相同的值进行排序，对应代码如下所示。

```
dataset.sort_values(by=["1999"]) # values sorted by 1999
# values sorted by 1999 descending
dataset.sort_values(by=["1994"], ascending=False)
```

3. 重构

重构有助于简化可视化和算法的实现。当然，取决于具体数据，这一过程也可能十分复杂，对应代码如下所示。

```
dataset.pivot(index=["1999"] * len(dataset), columns="Country Code",
values="1999")
```

注意：

重构是一个较为丰富的话题，读者可访问 https://bit.ly/2SjWzaB 以了解更多内容。

1.4.9　操作 6：过滤、排序和重构

最后一项 pandas 操作稍显复杂，并整合了之前所介绍的大多数方法。在该操作讨论完毕后，相信读者能够阅读大多数 pandas 代码，并理解其中的逻辑，具体步骤如下。

（1）打开 Lesson01 文件夹中的 activity06.ipynb Jupyter Notebook 以实现当前操作。关于如何打开 JupyterLab 中的 Jupyter Notebook，读者可参考 1.1 节。

（2）过滤、排序和重构均为 pandas 方法，在加以使用之前需要导入 pandas。

（3）再次利用 pandas 加载 world_population.csv，并查看 DataFrame 以确保一切工作正常，对应结果如图 1.20 所示。

（4）在加载了数据集后，可采用之前讨论的过滤特性并作为列获取年份 1961、2000

和 2015 的数据，以及 2000 年中人口密度大于 500 的全部国家。另外，还可通过过滤机制获得仅包含年份 2000 的新数据集、以 A 开始的国家名称，以及包含单词 land 的国家。

	Country Code	Indicator Name	Indicator Code	1960	1961	1962	1963
Country Name							
Aruba	ABW	Population density (people per sq. km of land ...	EN.POP.DNST	NaN	307.972222	312.366667	314.983333
Andorra	AND	Population density (people per sq. km of land ...	EN.POP.DNST	NaN	30.587234	32.714894	34.914894

图 1.20　查看数据集中的前两列

（5）当在有序数据类型列上显示数据时，对数据进行排序是一项十分有用的特性。利用排序操作，可分别实现自 1961 年起的升序排序、截至 2015 年的降序排序，以及自 2015 年起的降序排序。

（6）如果输入的数据集无法满足当前要求，则需要对其进行重构。对此，可采用重构特性将 2015 年的数据重构为行，并将国家代码重构为列。

注意：

该操作的具体解决方案可参考本书附录。

本节介绍了与 pandas 相关的话题，并学习了数据整理和协同工作的基本工具。可以看出，pandas 是一种功能强大的工具，且广泛地应用于数据整理任务中。

1.5　本 章 小 结

NumPy 和 pandas 是数据整理过程中不可或缺的工具，其用户友好的界面以及性能优势大大简化了数据的处理过程。尽管 NumPy 和 pandas 并未对数据集提供过多的洞察结果，但二者对于数据集的整理、增强和清理来说，依然是十分有益的。因此，掌握相关技能可极大地改善可视化结果的质量。

本章学习了 NumPy 和 pandas 的基本知识以及相应的统计学概念。虽然本章所涉及的统计学知识较为基础，但这对于丰富可视化内容（一般不会直接体现于数据集中）来说是十分必要的。同时，这也为后续章节的学习打下了坚实的基础。

第 2 章将重点讨论不同的可视化类型，以及如何制订最佳可视化方案。根据相关理论知识，读者可掌握何时使用特定的图表类型及其具体原因。除此之外，第 2 章还将介绍如何使用 Matplotlib 和 seaborn 生成绘图结果。在探讨了基本的 Matplotlib 和 seaborn 可视化技术后，还将进一步阐述交互式和动画图表的可能性，并向可视化内容中引入故事叙述元素。

第2章　绘 图 知 识

本章主要涉及以下内容：

- ❑ 针对给定的数据集和场景，确定最佳绘图类型。
- ❑ 特定绘图的设计方案。
- ❑ 设计良好的可视化内容。

本章主要介绍不同绘图类型方面的基本知识。

2.1　简　　介

本章重点介绍各种可视化技术，并针对给定的数据集制订最优可视化方案以显示特定的信息。具体来说，我们将详细阐述各种可视化技术以及相关示例，比较一段时期内不同的股票走势，以及比较不同电影的评分结果。本章首先讨论比较图，这对于比较一段时期内的多个变量十分有用。除此之外，还将考查图表的不同类型，如线形图、条形图和雷达图，而关系图可以方便地显示变量之间的关系。另外，本章还将介绍用于显示两个变量之间关系的散点图、用于 3 个变量的气泡图、用于变量对的相关图，最后还将讨论热图。

组成图用于可视化作为整体一部分的变量；另外，本章还将展示饼图、堆叠柱状图、堆叠区域图和维恩图。当深入了解变量的分布时，可采用相应的分布图。作为分布图的一部分，本章还将探讨直方图、密度图、箱形图和小提琴图。最后，还将学习点图、连接图和等值域图（可归类于地理图）。地理图对地理空间数据的可视化很有用。

2.2　比　较　图

比较图所涉及的图表非常适合比较多个变量或随时间变化的变量；对于数据项之间的比较，柱状图可视作一种最好的方法；线形图则适用于一段时间内变量的可视化过程；对于特定的时间周期（如小于 10 个时间点），可使用垂直柱状图；雷达图或蜘蛛图则适用于多个变量或多个分组的可视化操作。

2.2.1　线形图

线形图用于显示连续时间内的定量值，并将信息显示为一个系列。对于由直线段连接的时间序列，线形图是理想的选择方案。

具体来说，数值置于 y 轴上，而 x 轴则表示时间刻度。

线形图的具体应用如下所示。

- 线形图非常适用于比较多个变量，并对单变量以及多个变量的趋势进行可视化，特别是数据集中包含了多个时间周期时（约大于 10）。
- 对于较小的时间周期，垂直柱状图则是较好的选择方案。

图 2.1 显示了 20 年来房地产价格（以百万美元为单位）的走势。这里，线形图非常适合显示这一数据趋势。

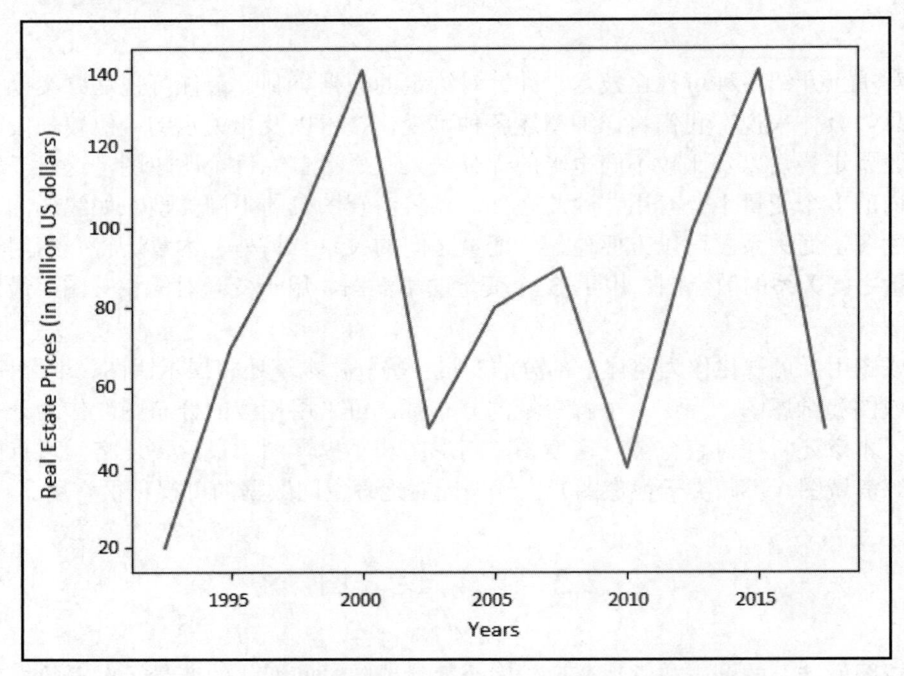

图 2.1　单变量的线形图

图 2.2 为一个多变量线形图，其中比较了谷歌、Facebook、苹果、亚马逊和微软的收盘价。线形图非常适合比较数值，并对股票的走势予以显示。可以看到，亚马逊公司的股价增长最为明显。

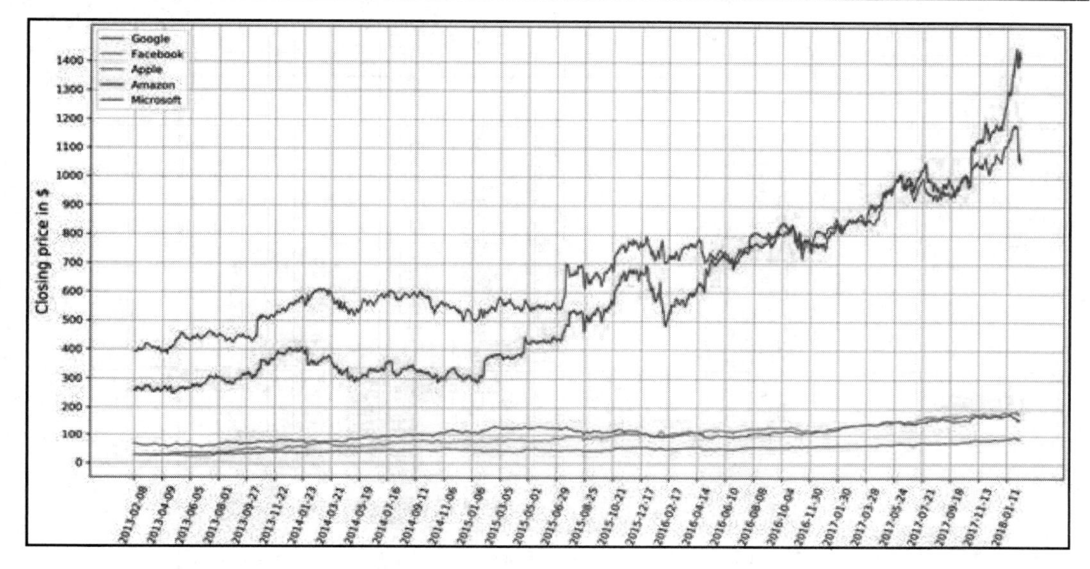

图 2.2　显示 5 家公司股票走势的线形图

线形图的设计过程应注意以下问题。

- 每幅图中应避免过多的线形。
- 调整比例尺度，以便清晰地展示某种趋势。

注意：

在包含多个变量的绘图设计过程中，应设置图例来描述每个变量。

2.2.2 柱状图

这里，柱状的长度表示为对应的数值。具体来说，柱状图涵盖两种形式，即垂直柱状图和水平柱状图。

柱状图的应用可描述为：虽然垂直柱状图和水平柱状图均可用于比较不同类别间的数字数值，但垂直柱状图有时也用于显示一段时间内的单变量。

柱状图的注意事项包含以下内容。

- 不要将柱状图与直方图混淆。柱状图比较不同的变量和类别，而直方图则显示了单变量的分布状态。本章稍后将对直方图加以讨论。
- 另一种常见的错误是使用柱状图显示分组或类别间的集中趋势。对此，可采用箱形图或小提琴图展示这一类统计学度量信息。

图 2.3 显示了垂直柱状图。其中，每个柱状图案显示了 5 名学生在测试中获得的分数

（百分制）。

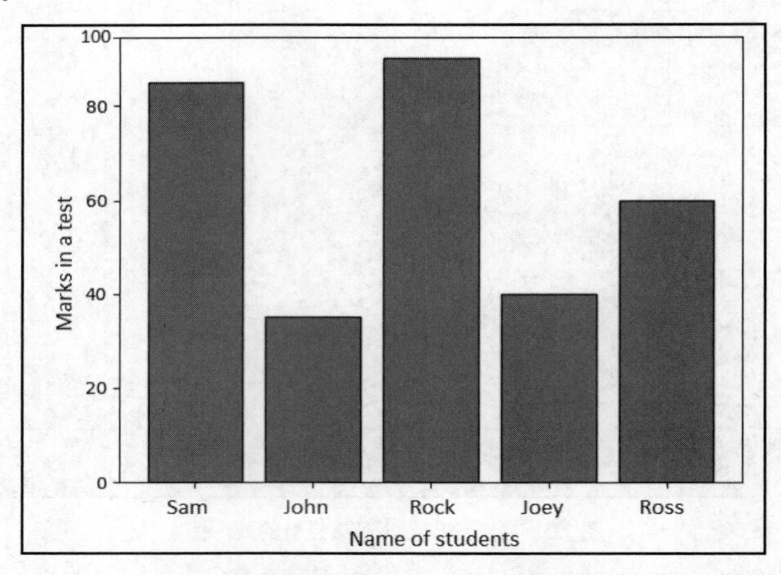

图 2.3　采用学生测试数据的垂直柱状图

图 2.4 显示了水平柱状图。其中，每个柱状图案显示了 5 名学生在测试中获得的分数（百分制）。

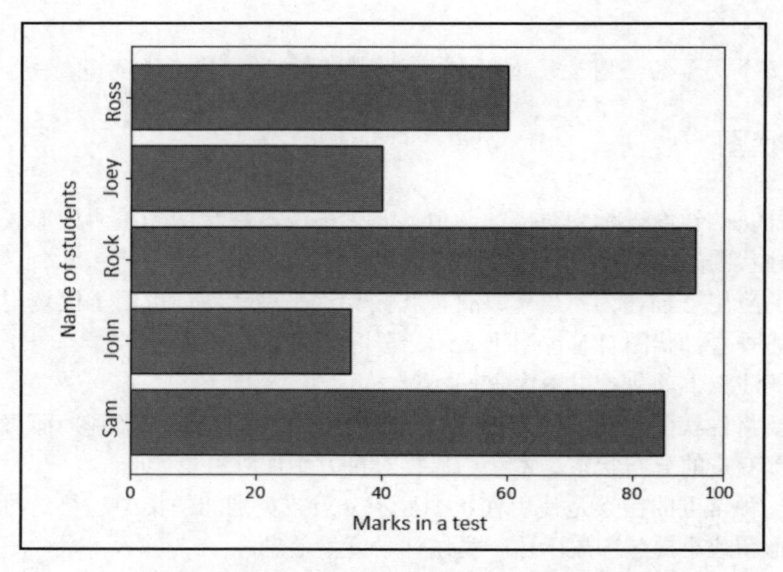

图 2.4　采用学生测试数据的水平柱状图

图 2.5 比较了电影的评分结果，并显示了两个不同的分值。其中，Tomatometer 表示为对电影给予正面评价的影评人所占的百分比。Audience Score 是指在满分 5 分的情况下给出 3.5 分或更高分数的用户的百分比。可以看到，影片《*The Martian*》是唯一一部具有较高 Tomatometer 和 Audience Score 的电影。影片《*The Hobbit: An Unexpected Journey*》的 Audience Score 则相对于 Tomatometer 评分要高一些，这可能是因为该部影片拥有庞大的影迷群体。

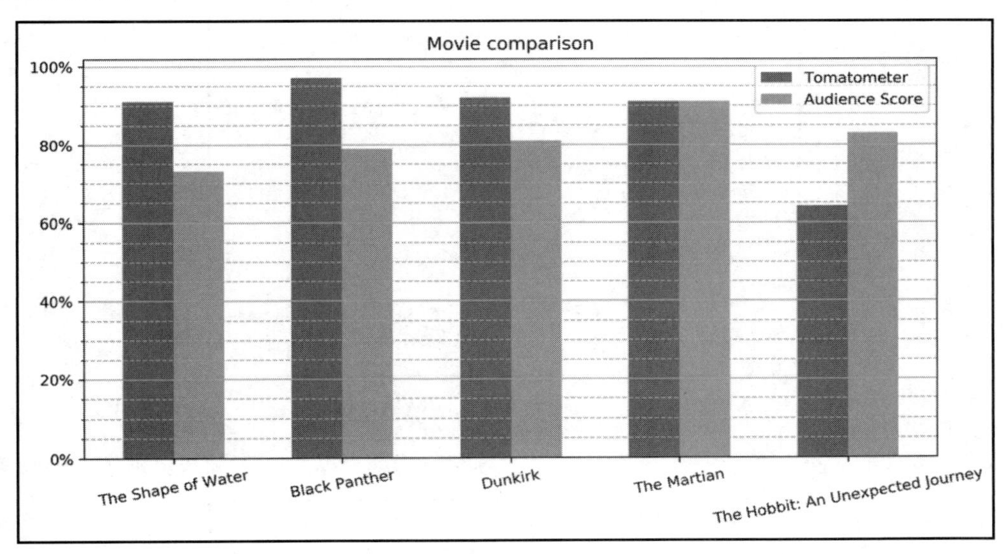

图 2.5　比较柱状图

柱状图的设计过程应注意以下问题。

- ❑ 与数字变量对应的轴向应始于 0，否则将会产生某种误导信息，如使一个较小的差值看起来较大。
- ❑ 只要柱状图的数量较少，而且图表看起来不太杂乱，一般采用水平标记。

2.2.3　雷达图

雷达图，也称为蛛网图或 Web 图，可对多个变量进行可视化。其中，每个变量在自身的轴向上进行绘制，进而形成一个多边形。具体来说，所有轴向均呈放射状排列，始于中心位置，彼此间距离相等且尺度相同。

雷达图的应用场景包括以下方面。

- ❑ 雷达图非常适合比较单个分组或多个分组的多个定量变量。

- 有助于显示数据集中哪些变量的评分较高或较低。对于可视化性能来说，雷达图可视为一种较为理想的选择方案。

图 2.6 显示了单变量的雷达图，该图显示了不同科目间学生的评分状况。

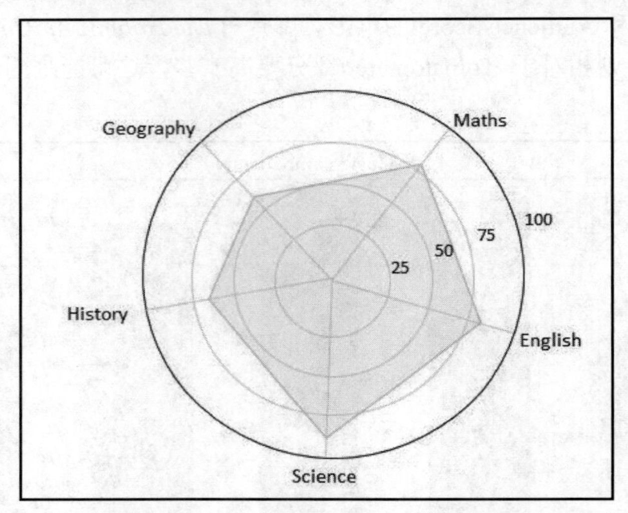

图 2.6　单变量（学生）的雷达图

图 2.7 显示了两个变量/分组的雷达图。该图解释了两名学生在不同科目上的评分结果。

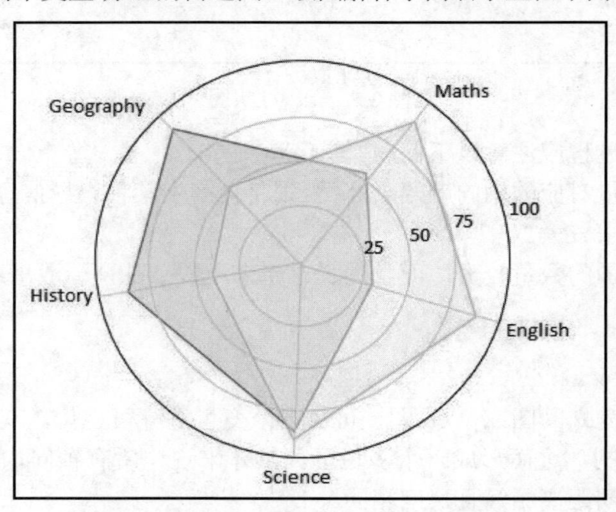

图 2.7　两个变量（两名学生）的雷达图

图 2.8 显示了多个变量/分组的雷达图。其中，每幅图显示了不同科目的学生的成绩。

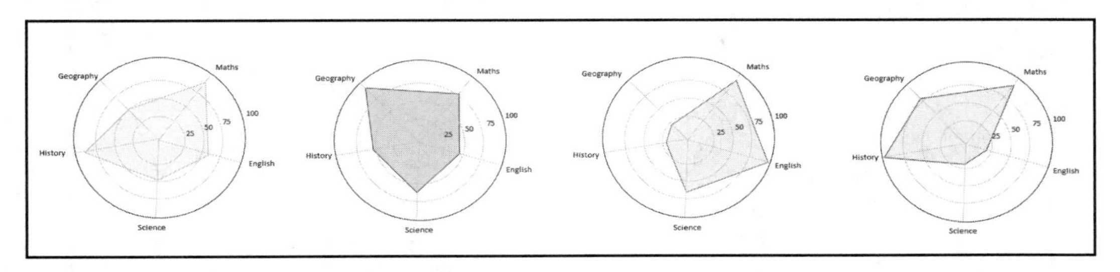

图 2.8　多变量（多个科目）且使用分面的雷达图

雷达图的设计过程应注意以下问题。

- 尝试在一个雷达图上显示 10 个或更少的因素，以便其更容易阅读。
- 对多变量/分组采用分面，如图 2.8 所示，以维护应有的清晰度。

2.2.4　操作 7：员工技能比较

假设针对 5 项属性给定了 4 名员工的绩效结果（A、B、C 和 D）。其中，相关属性分别表示为效率、质量、承诺、责任行为和合作。当前任务是针对员工及其技能进行比较，对应步骤如下。

（1）哪一种图标适用于当前任务？

（2）对于图 2.9、图 2.10 所示的柱状图和雷达图，列出两种图标的优点和缺点。哪一种图表更适用于当前任务？试解释其中的原因。

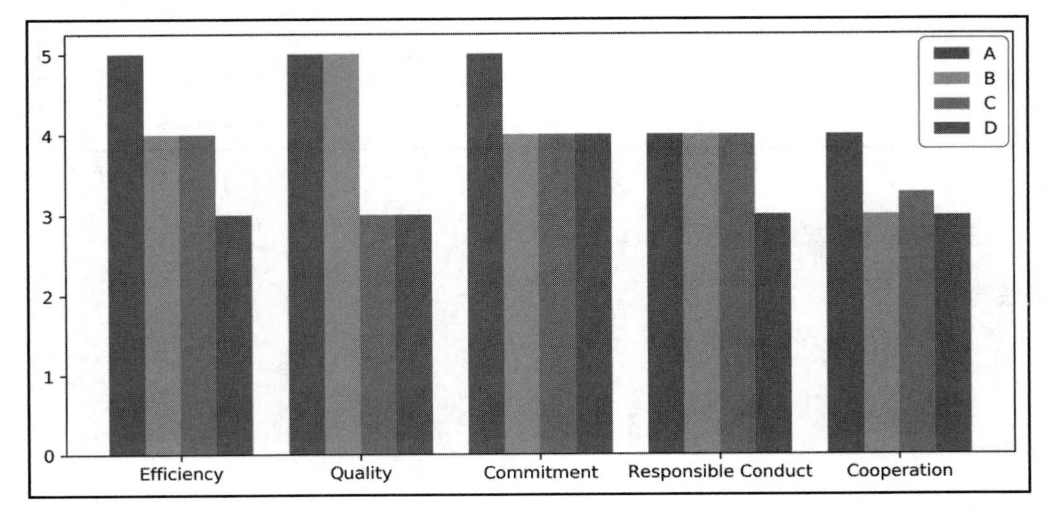

图 2.9　基于柱状图的员工技能比较

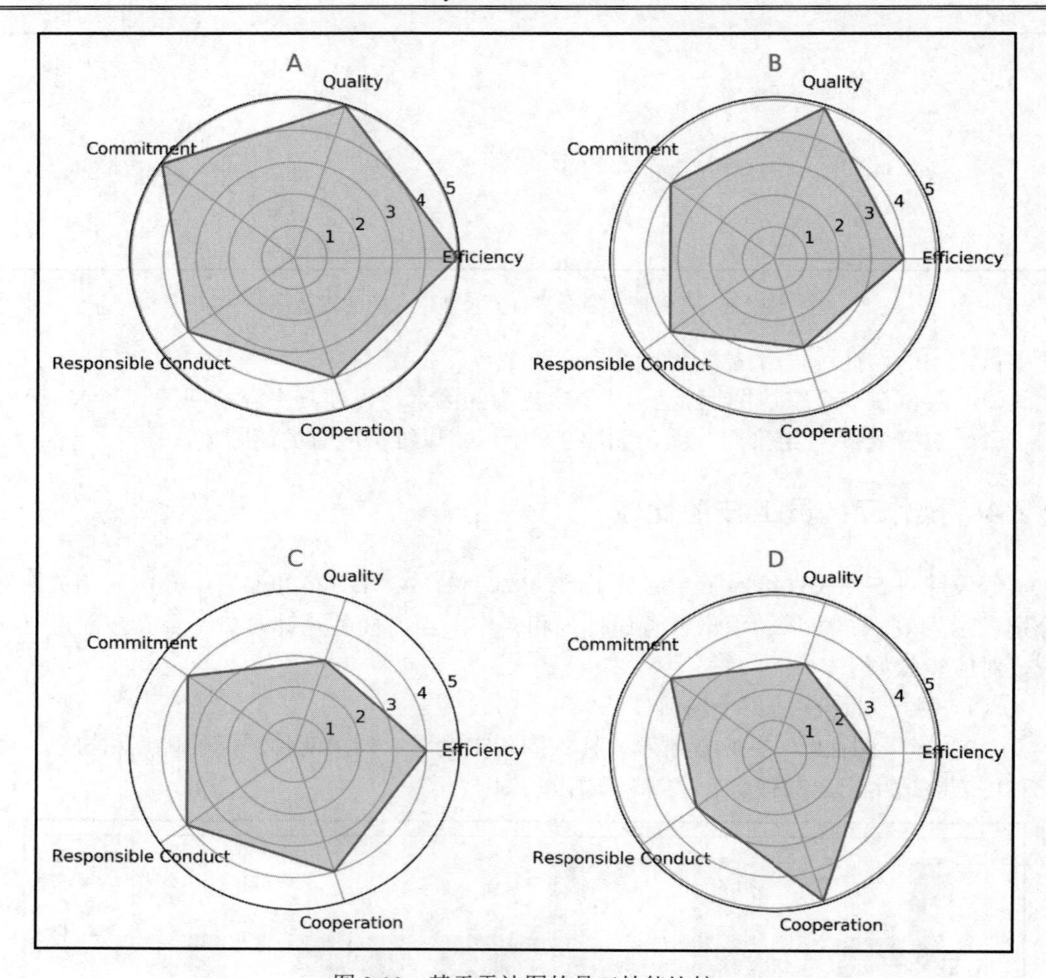

图 2.10　基于雷达图的员工技能比较

（3）可视化结果中是否存在改进余地？

注意：

该操作的具体解决方案可参考本书附录。

2.3 关 系 图

关系图特别适合显示多个变量间的关系。针对一个或多个分组，散点图可对两个变量间的相关性进行可视化。气泡图则用于显示 3 个变量间的关系。其中，额外的第三个变量可通过点尺寸表示。热图对于显示模式或两个定性变量间的相关性十分有用。相关图则是显示多个变量间相关性的完美可视化工具。

2.3.1 散点图

散点图展示了两个数字变量的数据点，并在两个轴向上显示某个变量。

散点图的具体应用包括以下方面。

- 检测两个变量间是否存在相关性（关系）。
- 针对多个分组或类别，利用不同的颜色绘制关系。
- 气泡图可视作散点图的变化版本，对于第三个变量的可视化来说，气泡图则是一类完美的工具。

图 2.11 显示了隶属于某个分组中的个人，其身高和体重的散点图。

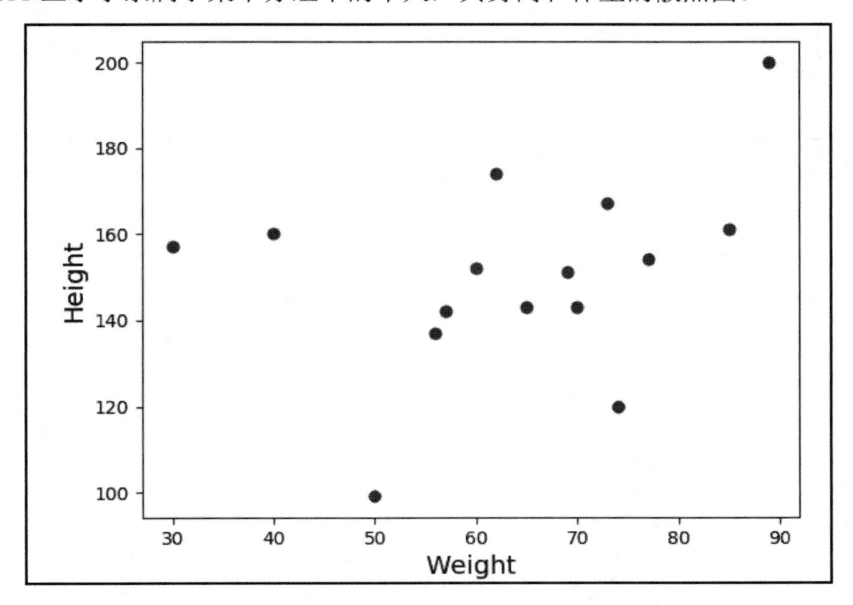

图 2.11　基于单变量（一个分组）的散点图

图 2.12 显示了与图 2.11 相同的数据，但分组有所不同。在当前示例中，包含了 3 个不同的分组，即 A、B 和 C。

图 2.13 显示了不同种类动物的体重与最长寿命之间的关系。体重与最长寿命之间呈

正相关关系。

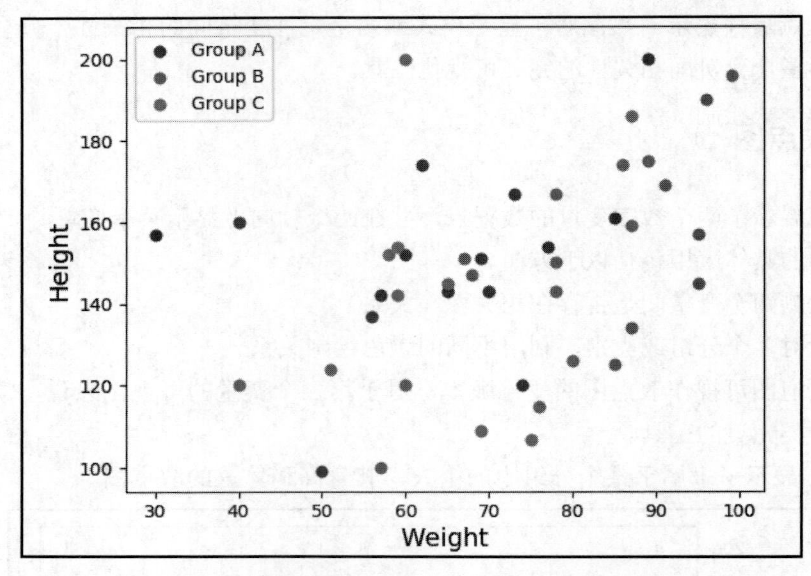

图 2.12　基于多个变量（3 个分组）的散点图

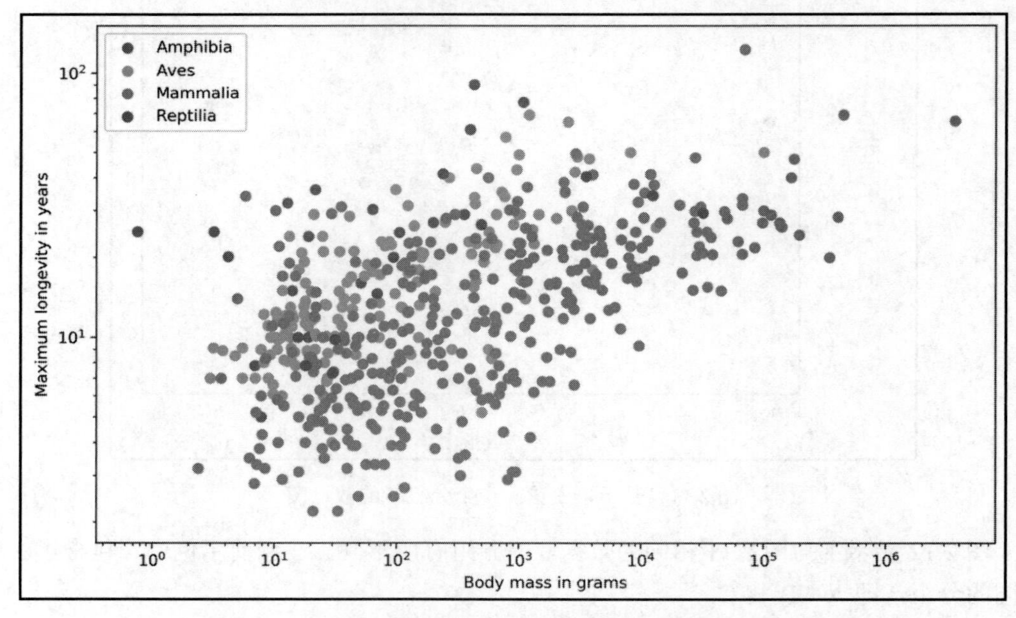

图 2.13　动物体重和最长寿命之间的相关性

- ❑ 两个轴向以0开始进而准确地表达数据。
- ❑ 针对数据点使用不同的颜色。避免对多个分组或类别的散点图使用符号。

除了散点图之外（用于可视化两个数字变量间的相关性），还可针对每个变量以边缘直方图的形式绘制边缘分布，进而针对每个变量的分布方式生成较好的洞察结果。

图2.14显示了Aves类动物的体重与最长寿命之间的关系，同时还显示了边缘直方图，进而可在两个变量中获得较好的洞察结果。

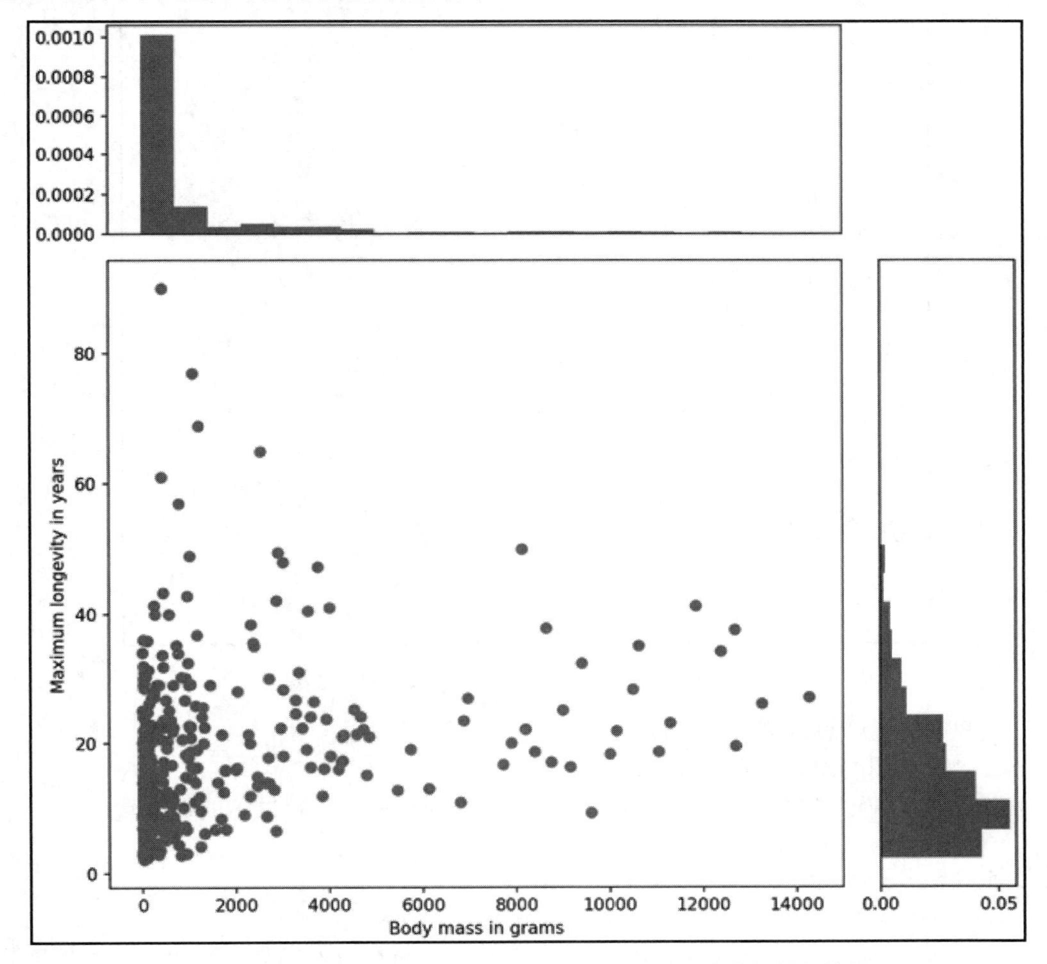

图2.14　边缘直方图显示了Aves类中体重和最长寿命间的相关性

2.3.2 气泡图

通过引入第三个数字变量，气泡图扩展了散点图。其中，对应的变量值通过点尺寸表示，点区域则与该值呈正比。图例则用于将点的大小与实际数值联系起来。

气泡图主要用于显示 3 个变量间的相关性。

如图 2.15 所示的气泡图显示了人类身高和年龄间的关系。

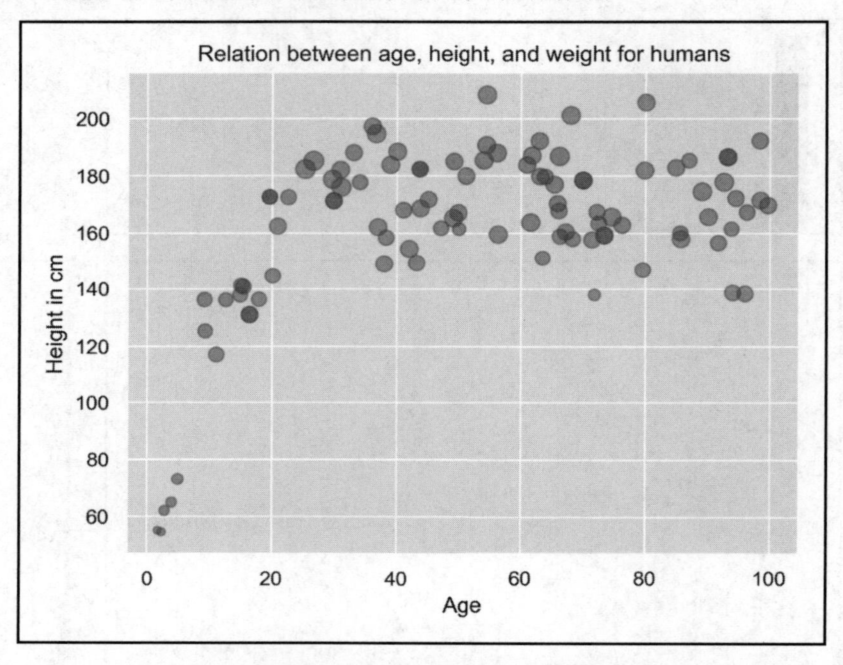

图 2.15 显示人类身高和年龄间关系的气泡图

气泡图的设计过程需要注意以下问题。

- 散点图的设计规则同样适用于气泡图。
- 考虑到过多的气泡使得图表难以阅读，因而应避免使用过多的数据量。

2.3.3 相关图

相关图可视为散点图和直方图的组合。本章稍后将对直方图加以讨论。相关图或相关矩阵使用散点图针对每对数值变量之间的关系进行可视化。

相关矩阵的对角线以直方图的形式表示每个变量的分布。除此之外，还可通过不同的颜色绘制多个分组或分类间的关系。相关图适用于探索型数据分析，进而获得对数据的某种感觉，特别是变量间的相关性。

图 2.16 展示了人类身高、体重和年龄间的相关图。其中，对角线方向的图表为显示了每个变量的直方图，而非对角线元素显示了变量对间的散点图。

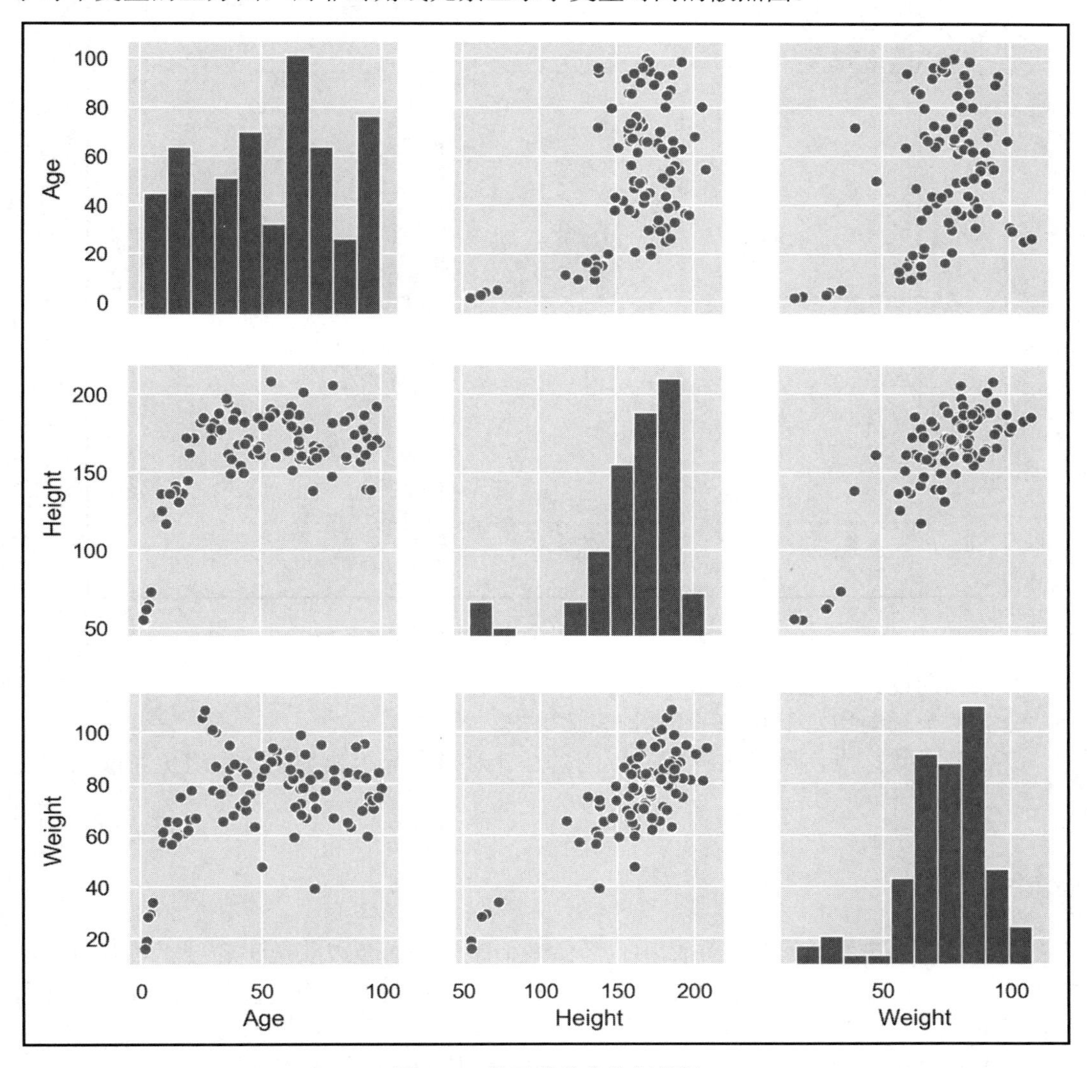

图 2.16　基于单分类的相关图

图 2.17 为数据样本按颜色划分为不同分组的相关图。

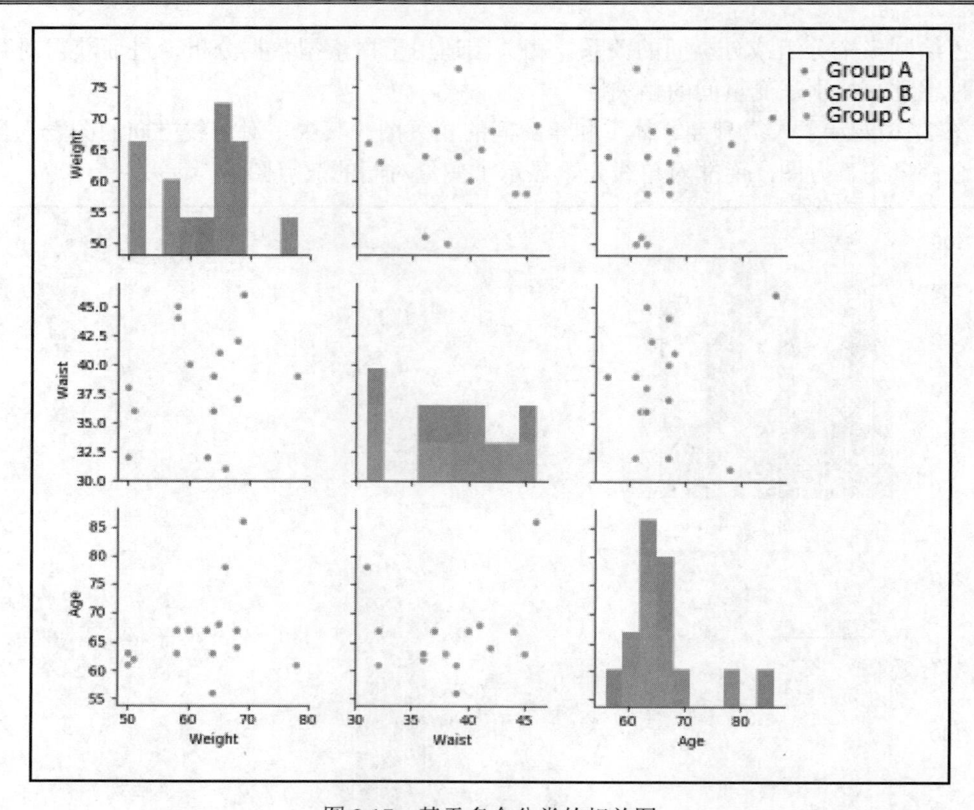

图 2.17　基于多个分类的相关图

相关图的设计过程应注意以下问题。

- ❑ 两个轴向均始于 0，以准确地表达数据。
- ❑ 针对数据点使用对比鲜明的颜色，且针对多个分组或类别，应避免对散点图使用符号。

2.3.4　热图

热图是一种可视化结果，矩阵中包含的数值表示为颜色或颜色饱和度。热图对于可视化多变量数据非常有用，分类变量置于行和列中，数值或分类变量用颜色或颜色饱和度表示。

热图主要用于多变量的可视化显示，进而发现数据中的某种模式。

图 2.18 为电子商务网站中电子产品分类页面上最受欢迎产品的热度图。

图 2.19 为基于注释的热度图。

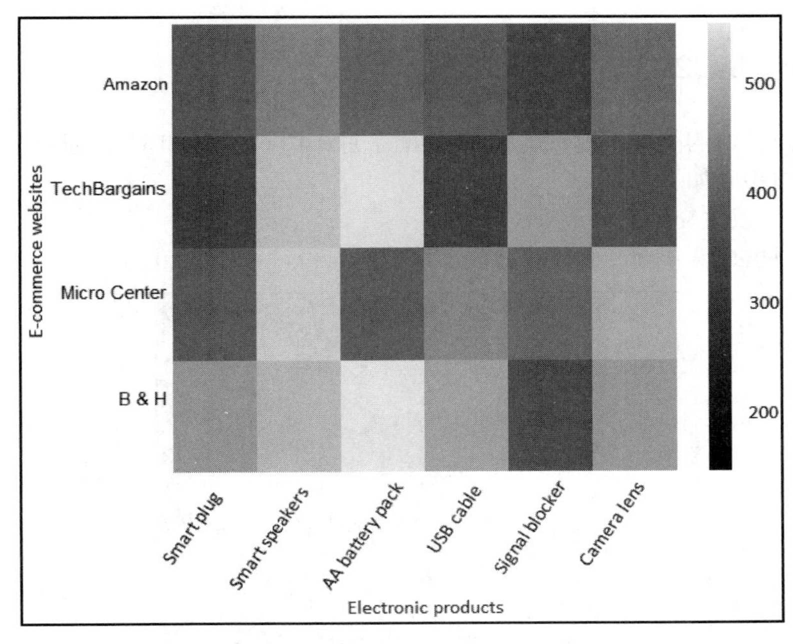

图 2.18 电子产品分类页面上最受欢迎产品的热度图

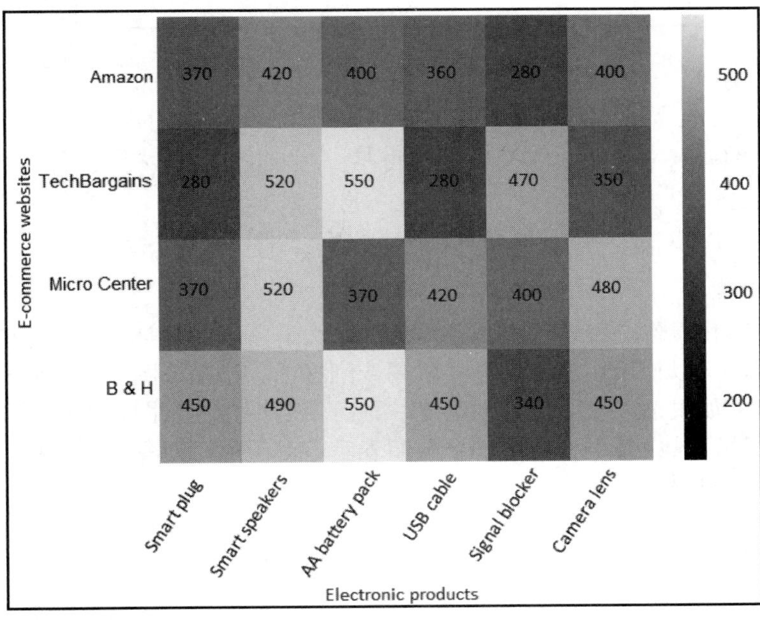

图 2.19 电子产品分类页面上最受欢迎产品的注释热度图

2.3.5　操作 8：20 年内道路交通事故统计

本节中所讨论的图表将提供过去 20 年间 1 月、4 月、7 月和 10 月期间发生的交通事故信息，具体步骤如下。

（1）标识发生交通意外最少的年份。

（2）在过去 20 年间，发现事故显著降低的月份，如图 2.20 所示。

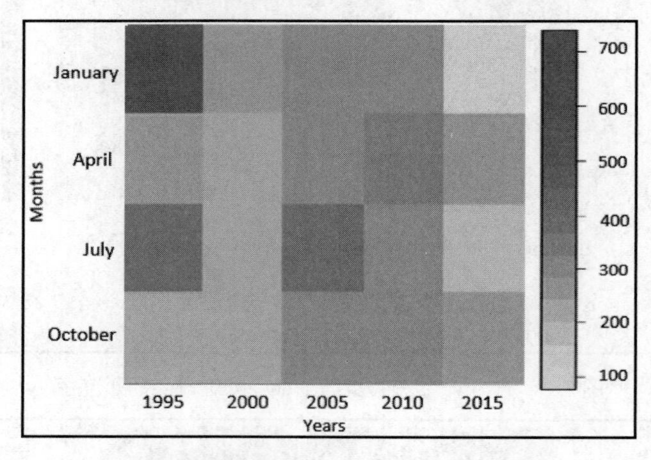

图 2.20　20 年内交通事故总计

注意：

当前操作的具体解决方案可参考本书附录。

2.4　合　成　图

如果将某事物看作是整体的一部分内容，那么，合成图则是较为理想的选择方案。对于静态数据，可以使用饼图、堆叠柱状图或维恩图。饼图或圆环图有助于显示分组的比例和百分比。如果需要一个额外的维度，则可使用堆叠柱状图。维恩图是可视化重叠分组的最佳方法，其中每个分组由一个圆圈表示。对于随时间变化的数据，可采用堆叠柱状图或堆叠面积图。

2.4.1　饼图

饼图通过将圆形分割为多个切片显示数字比例。其中，每个弧长表示为某个分类的比例。相应地，整个圆等于 100%。与弧长相比，柱状图则更易于实现比较操作，因而一般情况下建议使用柱状图或堆叠柱状图。

柱状图一般用于比较作为整体部分内容的数据项。

图 2.21 显示了一个饼图，表示板球场中不同的位置。

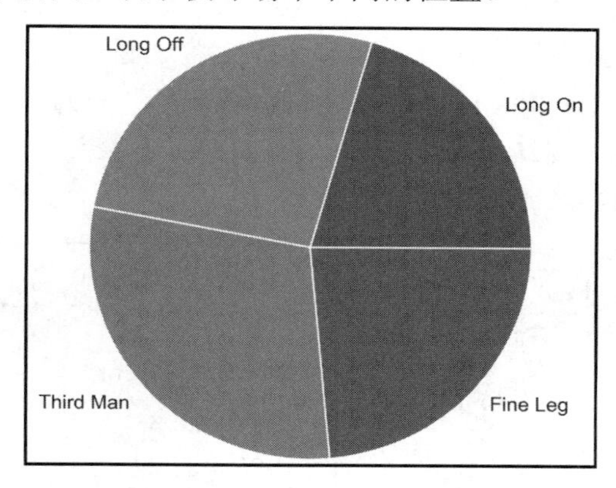

图 2.21　显示板球场不同位置的饼图

图 2.22 则显示了世界范围内淡水的使用情况。

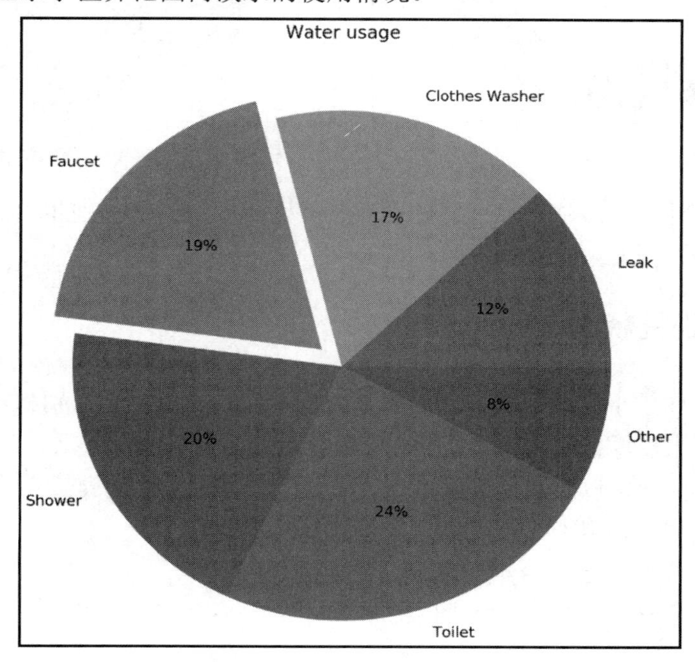

图 2.22　全球范围内淡水的使用情况

饼图的设计过程应注意以下问题。

- 以尺寸的升序或降序、顺时针或逆时针设置切片。
- 确保每个切片均包含不同的颜色。

圆环图则是饼图的一个替代方案。与饼图相比，圆环图可方便地比较切片的尺寸，其原因在于，用户将注意力集中在弧长而非面积。鉴于圆心已被切除，因而圆环图更加节省空间，进而可用于显示相关信息，或进一步将分组划分为子分组。

图 2.23 显示了基本的圆环图样式。

图 2.24 显示了包含子分组的圆环图样式。

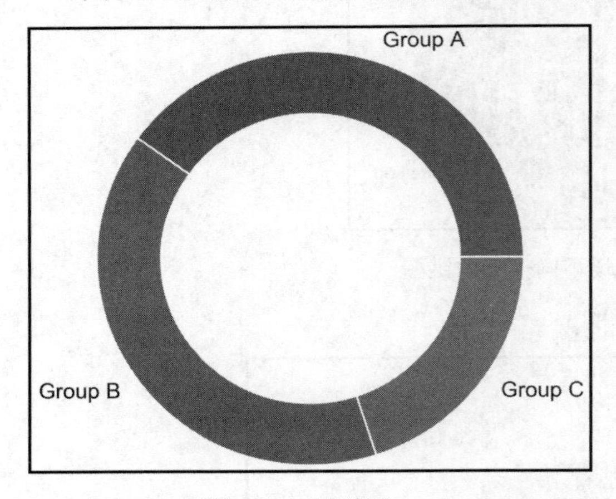

图 2.23　圆环图

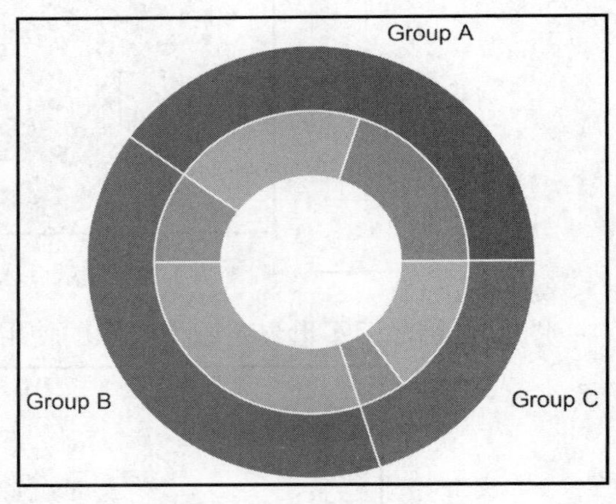

图 2.24　包含子分组的圆环图

圆环图的设计过程应注意以下问题：对子类别使用与当前类别相同的颜色；针对不同的子类别采用不同的量度级别。

2.4.2　堆叠式柱状图

堆叠式柱状图用于显示一个类别如何划分为子类别，以及子类别相对于整个类别的比例。我们可以比较每个柱状栏的总量，或者显示每个分组的百分比。后者也称作 100%堆叠式柱状图，因而可以更容易看到每个分组数量之间的相对差异。

堆叠式柱状图主要用于比较可划分为子变量的变量。

图 2.25 显示了包含 5 个分组的堆叠式柱状图。

图 2.26 显示了一个 100%堆叠式柱状图，其数据与图 2.25 相同。

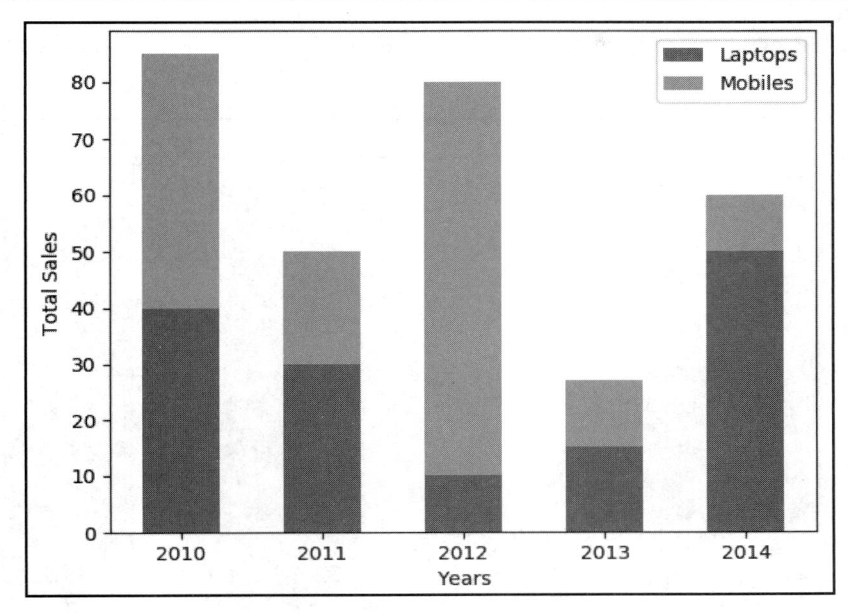

图 2.25 显示笔记本电脑和手机销量的堆叠式柱状图

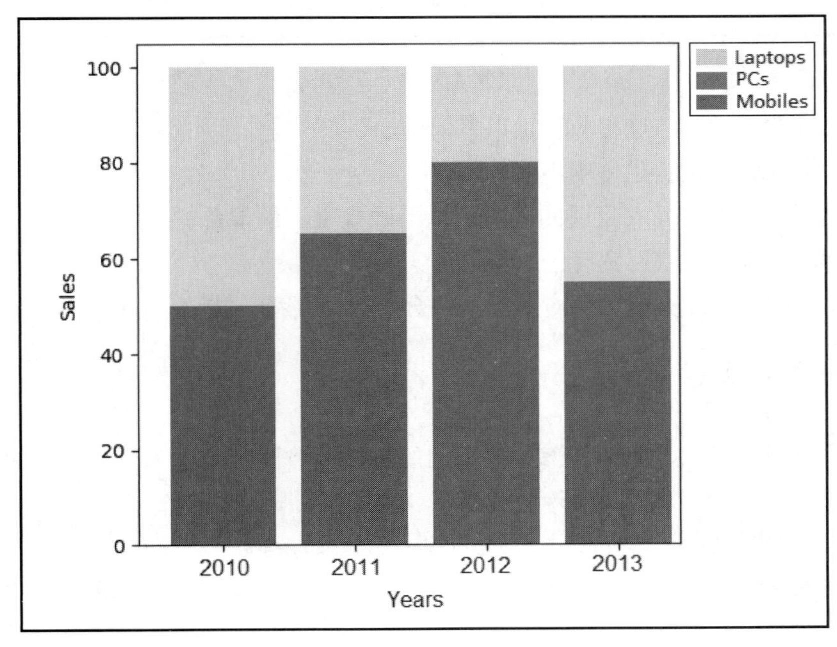

图 2.26 显示笔记本电脑、PC 和手机销量的 100%堆叠式柱状图

图 2.27 显示了一家餐馆一段时期以来的日销售额。其中，非吸烟者每天的总销售额叠加在吸烟者每天的总销售额之上。

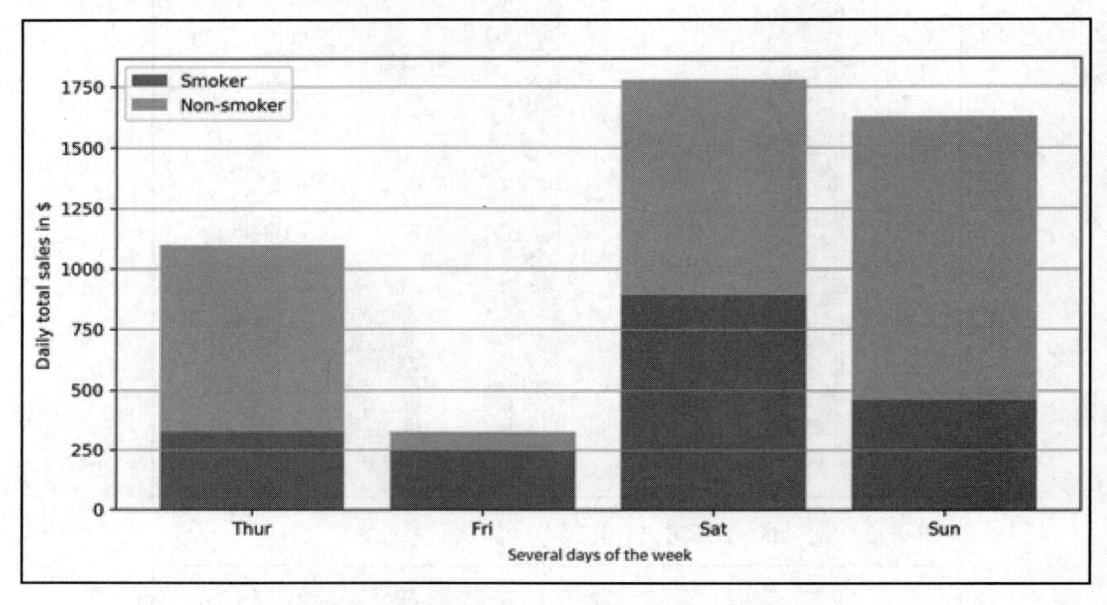

图 2.27　以吸烟者和非吸烟者分类的餐馆日销售额

堆叠式柱状图的设计过程应注意以下问题。

- ❑ 对于堆叠式柱状栏使用不同的颜色。
- ❑ 确保柱状栏之间有足够的间隔，以消除视觉上的混乱。每个柱状栏之间理想的间距准则是柱状栏宽度的一半。
- ❑ 按照字母、序列或数值对数据进行分类，以便统一排序，并使用户易于理解。

2.4.3 堆叠式面积图

堆叠式面积图显示了整体一部分关系间的某种趋势。其中，多个分组中的数值彼此叠加，进而分析个人和整体间的趋势信息。

堆叠式面积图显示了作为整体一部分的时间序列的趋势。

图 2.28 显示了谷歌、Facebook、推特和 Snapchat 等公司 10 年间的净利润堆叠式面积图。

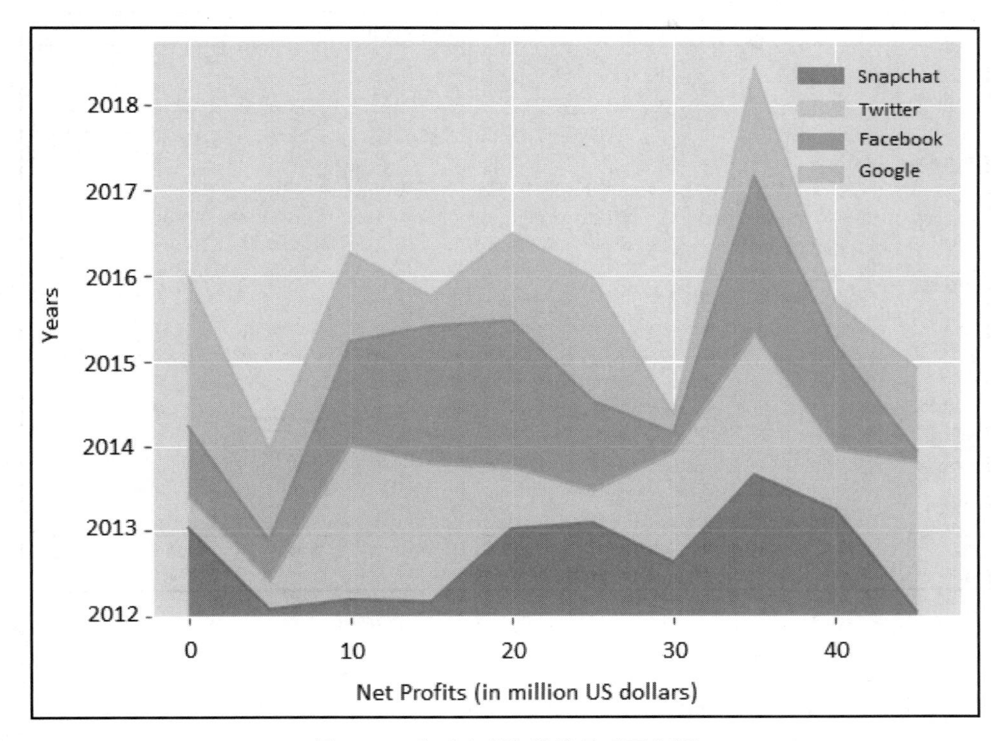

图 2.28 公司净利润的堆叠式面积图

堆叠式面积图的设计过程应注意以下问题：使用透明颜色可有效地改进信息的可见性。

2.4.4 操作 9：智能手机销售额

假设需要比较 5 大智能手机制造商的智能手机销量，并从中查看是否存在某种趋势，具体步骤如下。

（1）考查如图 2.29 所示的线形图，分析每一家制造商的销售情况，并找出与第三季度相比，第四季度表现突出的制造商。

（2）分析各厂家的销售业绩，并预测销售额呈下降趋势和上升趋势的两家公司。

注意：

该操作的具体解决方案可参考本书附录。

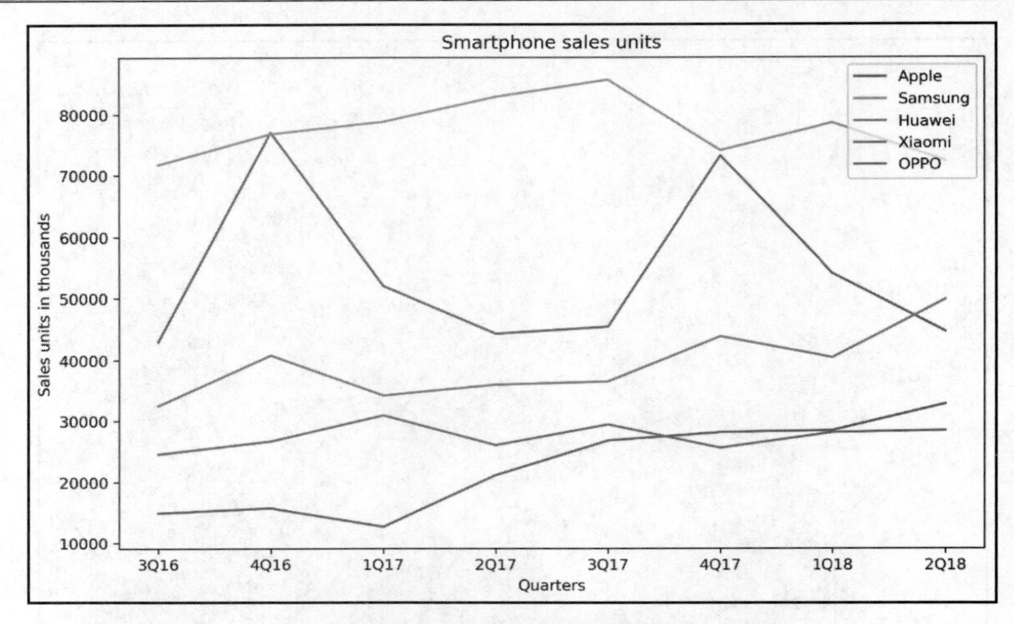

图 2.29　智能手机销售额的线形图

2.4.5　维恩图

维恩图也称作集合图，用于显示不同集合的、有限集合之间所有可能的逻辑关系。相应地，每个集合采用一个圆形加以表示，圆形的大小表示某个分组的重要程度。另外，重叠部分的大小则表示多个分组间的交集。

维恩图用于显示不同集合间的交集。

图 2.30 显示的交集表示两组学生在一个学期内所选的相同课程。

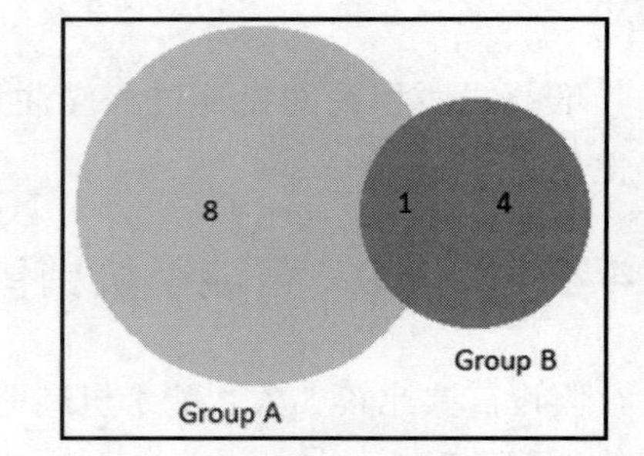

图 2.30　维恩图表示选取相同课程的学生

维恩图的设计过程应注意以下问题：如果超出 3 个分组，应避免使用维恩图，这将会增加理解的难度。

2.5　分　布　图

分布图体现了数据的分布方式。对于单变量，直方图是一种较好的选择方案；而对于多变量，则可采用箱形图或小提琴图。具体来说，小提琴图用于可视化变量的密度，箱形图用于可视化每个变量的中位数、四分位差以及当前范围。

2.5.1 直方图

直方图展示了单一数字变量的分布状态。其中，各条形图案表示一定间隔的频率。直方图有助于获得统计度量的估计值。我们可以看到数值集中于何处，并且可以很容易地检测到异常值。读者可以利用绝对频率值绘制直方图，或者也可以将直方图标准化。

如果打算比较多个变量的分布状态，则可在条形栏上使用不同的颜色。

对于数据集，直方图有助于了解底层分布状态。

图 2.31 显示了某个测试分组的智商分布状态。其中，实线表示平均值，虚线表示标准偏差。

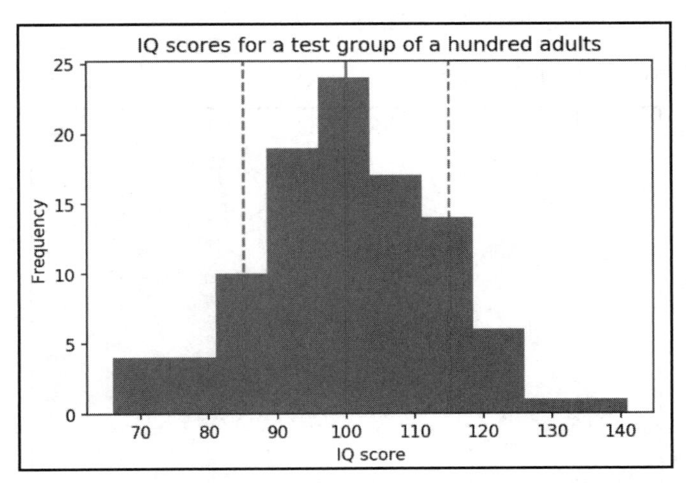

图 2.31 测试分组（由数百位成年人构成）的智商分布状态

在直方图的设计过程中应注意以下问题：尝试使用不同数量的条形栏，因为直方图的形状会有较大的变化。

2.5.2 密度图

密度图显示了数值变量的分布状态，同时也是使用内核平滑的直方图的变体，且支持更平滑的分布结果。与直方图相比，密度图的优点在于更善于确定分布形状，因为直方图的分布形状在很大程度上取决于数据间隔。

图 2.32 显示了基本的密度图。

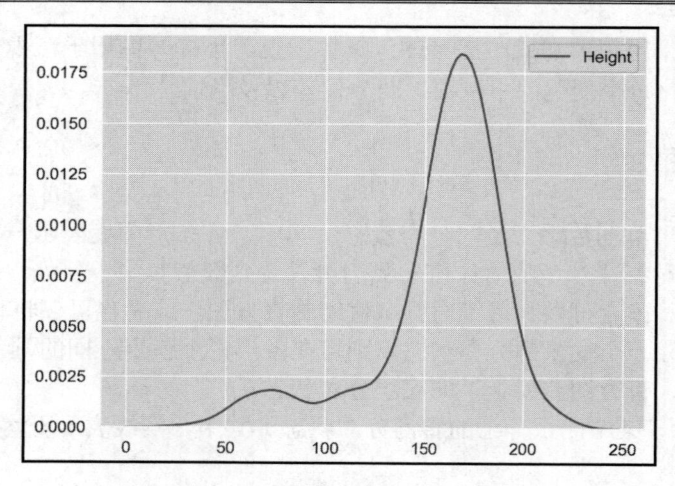

图 2.32　密度图

图 2.33 则显示了基本的多密度图。

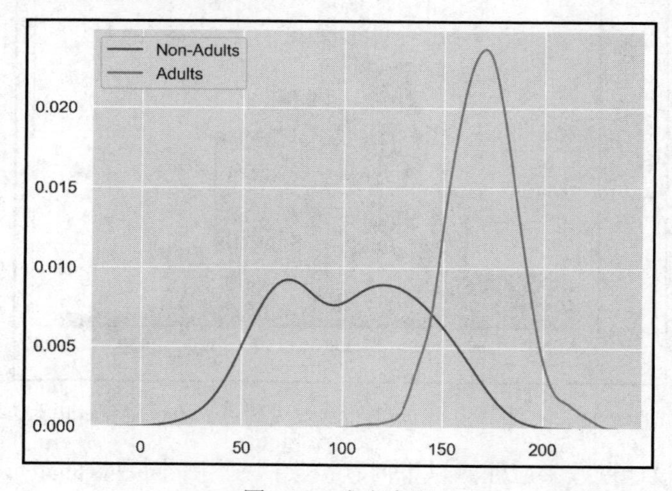

图 2.33　多密度图

密度图的设计过程应注意以下问题：对于多变量密度图的绘制，应采用对比鲜明的颜色。

2.5.3　箱形图

箱形图显示了多个统计度量结果。其中，箱形从数据的下四分位值扩展到上四分位值，进而可对四分位差实现可视化操作。其中，箱形内的水平线表示为中位数。另外，从箱形中扩展的须状图案表示为数据的范围。作为一个选项，它也可以显示数据的异常值——通常采用圆形或菱形表示，并超出须状图案的尾端。

针对多个变量或分组，如果希望比较统计学度量结果，可简单地绘制彼此相邻的多个箱形。

图 2.34 显示了基本的箱形图。

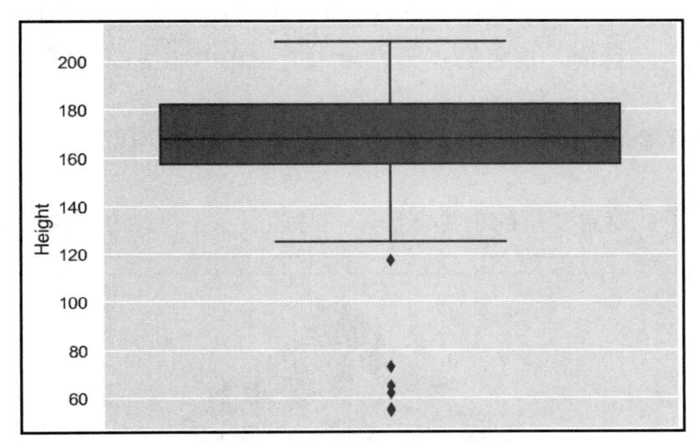

图 2.34 显示单变量的箱形图

图 2.35 则显示了针对多变量的箱形图。

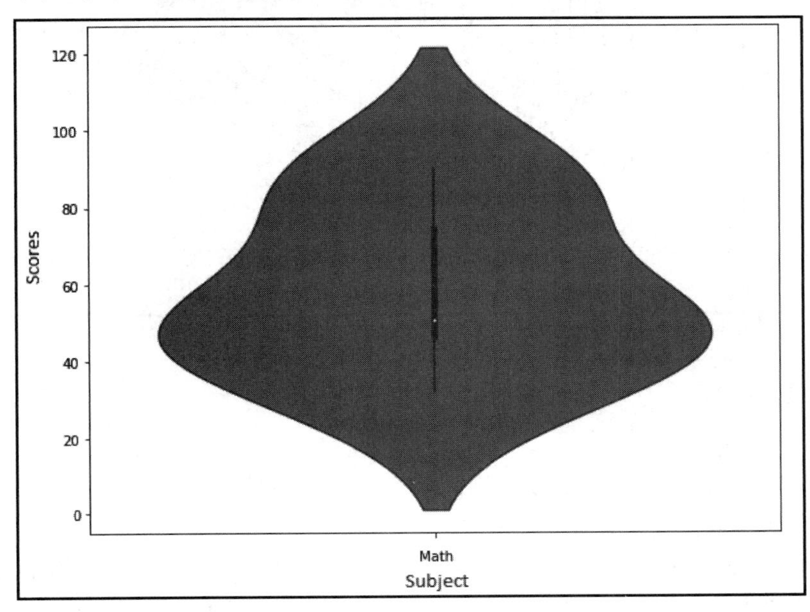

图 2.35 多变量箱形图

2.5.4　小提琴图

小提琴图可视为箱形图和密度图相结合的产物，并对其中的统计学度量和分布状态实现可视化操作。在小提琴图中，中心处的较宽的条状图案表示四分位差，而较细的黑线表示 95%置信区间，白色圆点则表示中值。在中心线的两侧，则对密度进行可视化。

如果希望针对多个变量或分组比较统计学度量结果，则可简单地绘制彼此相邻的多个小提琴图。

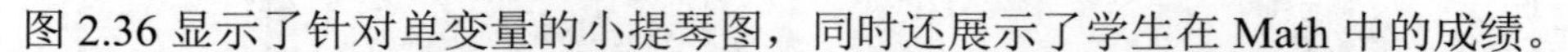

图 2.36 显示了针对单变量的小提琴图，同时还展示了学生在 Math 中的成绩。

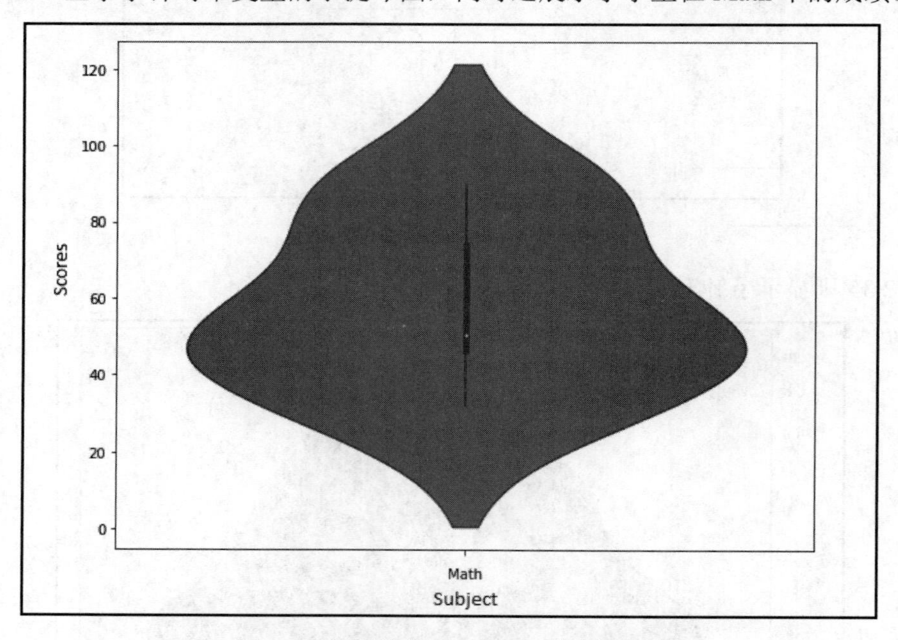

图 2.36　基于单变量（Math）的小提琴图

图 2.37 针对两个变量显示了相应的小提琴图，并展示了学生在 English 和 Math 中的成绩。

图 2.38 显示了针对划分为 3 个分组的单变量的小提琴图，并展示了 English 中 3 组学生的成绩。

小提琴图的设计过程应注意以下问题：按比例缩放轴向，以便可清晰地展现分布状态（而不是呈平坦状态）。

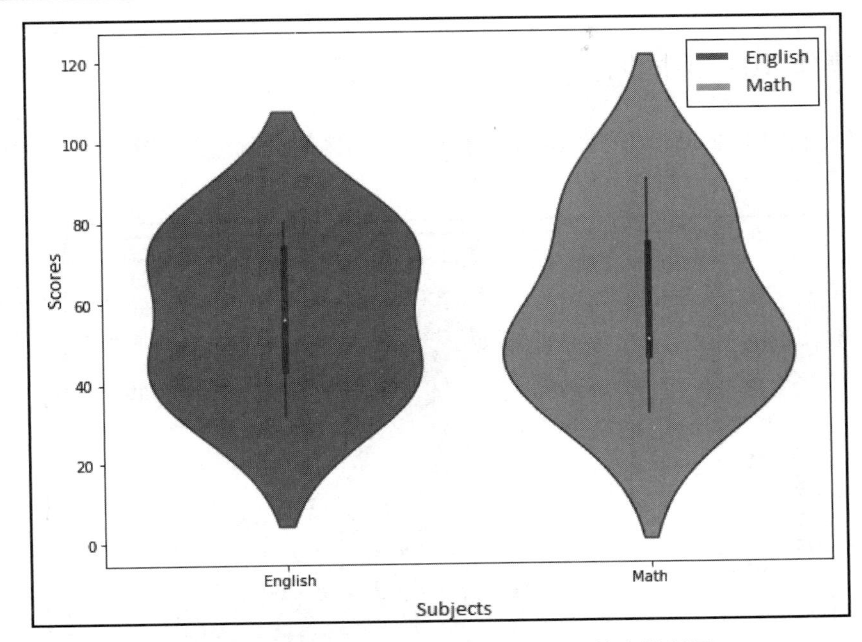

图 2.37 基于多变量（English 和 Math）的小提琴图

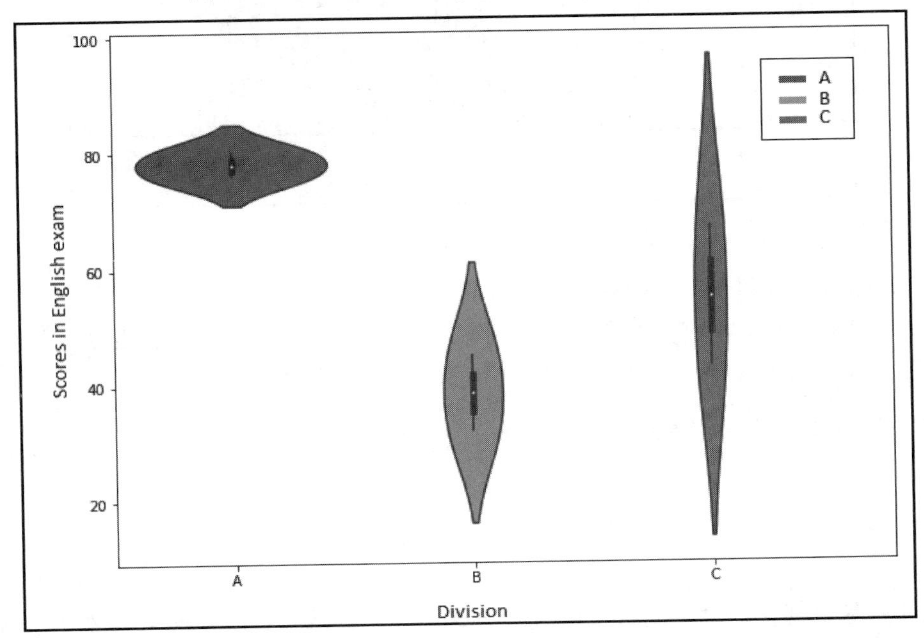

图 2.38 基于多个分类（3 组学生）的小提琴图

2.5.5　操作 10：不同时间区间内列车的频率

假设如图 2.39 所示的直方图显示了在不同时间区间内到达的列车总数，对此，考查以下问题。

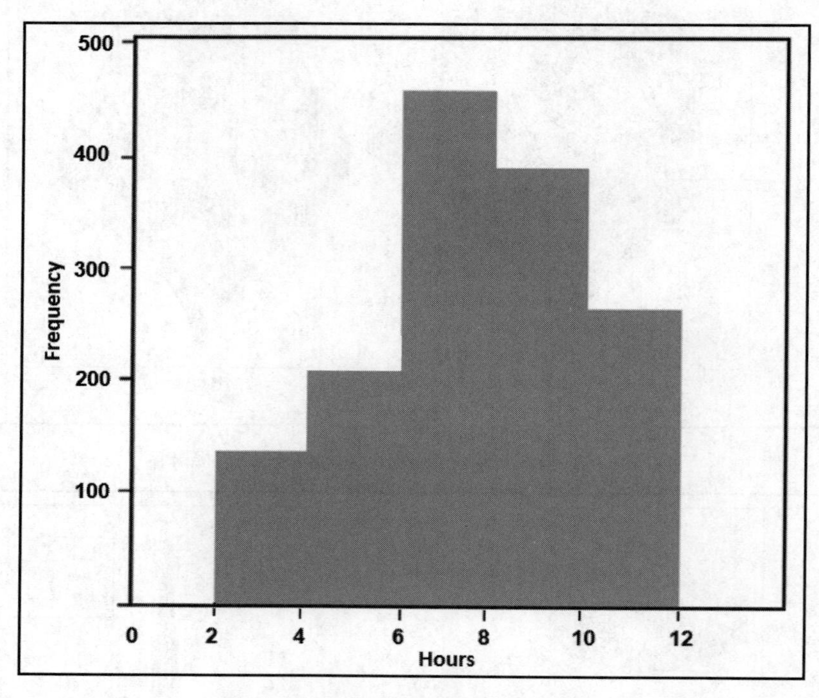

图 2.39　不同时间区间内的到车频率

（1）能否确定到车次数最多的时间区间？

（2）如果在下午 4 点到 6 点之间的到车数量增加 50 辆，直方图会发生什么变化？

注意：

该操作的具体解决方案可参考本书附录。

2.6　地　理　图

地理图是可视化地理空间数据的较好方式。其中，等值区域图可针对不同的国家、州等比较相应的定量值。如果希望显示不同位置间的连接状态，则可采用连接图。

2.6.1　点图

在点图中，每个点代表一定数量的观察结果，且包含相同的尺寸和数值（每个点所表示的观察数量）。这些点并不是用来计数的，它们只是给人一种重要的印象。这里，尺寸和数值是影响可视化效果和观感的重要因素。我们可对圆点使用不同的颜色和符号，以显示多个分类或分组。

地理图主要用于显示地理空间信息的可视化结果。

图 2.40 显示了一幅点图，其中，每个点表示世界范围内特定数量的公交车站。

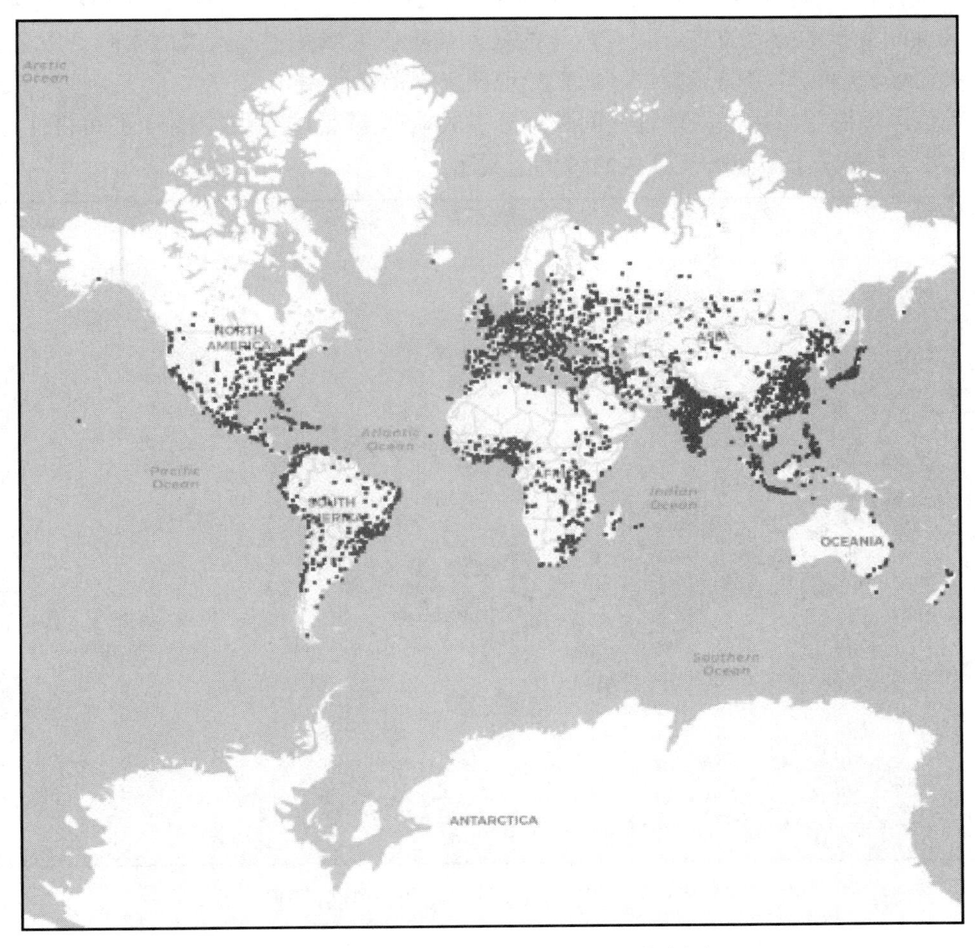

图 2.40　显示世界范围内公交车站的点图

点图的设计过程应注意以下问题。

- 尽量避免显示过多的位置——用户应可浏览地图以获得实际位置的感觉。
- 选择相应的点尺寸和数值，以便在稠密区域中，数据点开始混合。点图应在潜在的空间分布方面给人以良好的观感。

2.6.2 等值区域图

在等值区域图中，每个图块均以相应的颜色加以表示，以对某个变量进行编码。其中，图块代表一个地理区域，例如县和国家。等值区域图提供了一种较好的方式以显示地理区域间变量的变化方式。需要注意的是，在等值区域图中，人类的眼睛一般会更关注较大的区域，因此可能需要按区域划分地图来规范化数据。

等值区域图主要用于将地理空间数据分组成地理区域（如州或国家）的可视化过程。

图 2.4.1 显示了美国天气预报的等值区域图。

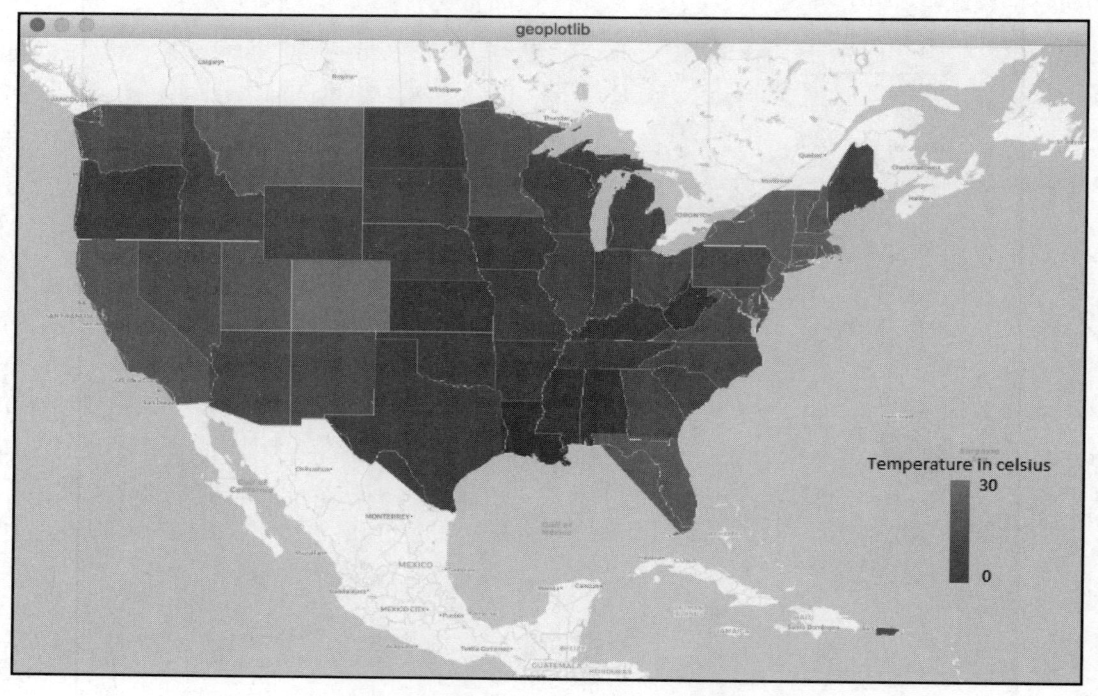

图 2.41　显示美国天气预报的等值区域图

- 使用较深的颜色表示较高值。
- 限制颜色的渐变层次（7 层）。

2.6.3　连接图

在连接图中，每一条直线代表两个位置间特定的连接数量。其中，位置间的连接可通过直线绘制，代表两个位置间的最短距离。

另外，每条直线均具有相同的宽度和数值（每条直线所代表的连接数量）。这一类直线并非是用来计数的，只是向用户表达某种印象。对于可视化结果的作用和观感来说，连接线的尺寸和数值是一项非常重要的因素。

可以采用不同的直线颜色来显示多个类别或分组，或者也可采用颜色图对连接的长度进行编码。

连接图主要用于连接的可视化操作。

图 2.42 显示了世界范围内航线的连接图。

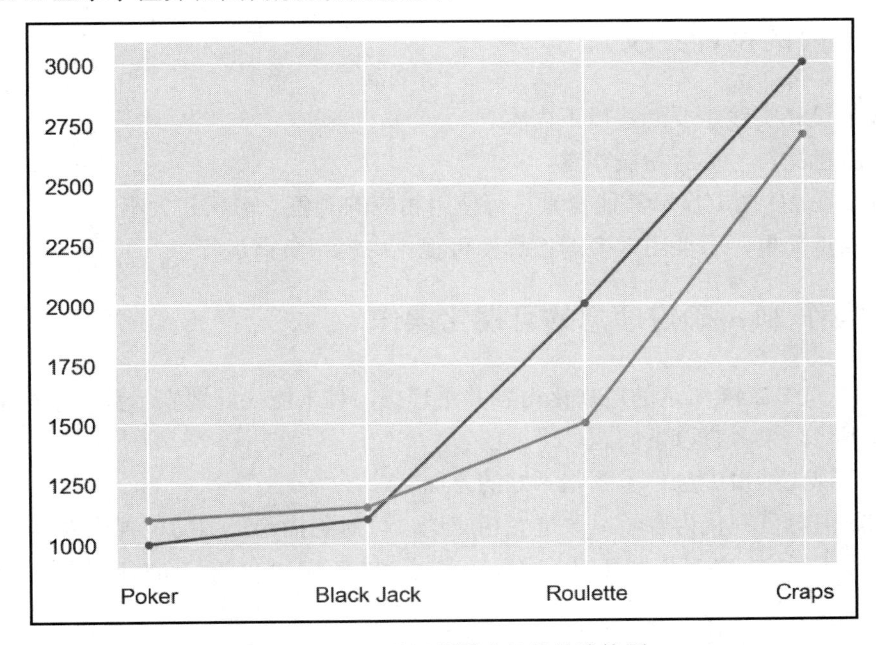

图 2.42　显示世界范围内航线的连接图

连接图的设计过程应注意以下问题。

- 不应显示过多的连接。用户应可正常地浏览地图，进而了解起点和重点的实际位置。
- 选择适宜的直线宽度和数值，以使直线在密集的区域处混合。连接图应能够反映底层空间分布状态的观感。

2.7 良好的设计规则

获得较好的可视化结果涉及以下注意事项。

- 最重要的是，可视化应具备自我解释功能和视觉吸引力。对此，可为 x 轴和 y 轴设置图例、描述性标签和标题。
- 可视化应是一个故事的讲述过程，并为受众群体加以设计。在构建可视化操作之前，需要考查目标受众群体——针对非专业人事构建简单的可视化内容；而对专家级群体，则可创建更具技术含量的细节内容。

2.7.1 一般的设计实践

一般的设计实践主要涵盖以下内容。

- 颜色比符号更容易被察觉。
- 要在 2D 图上显示其他变量，可使用相应的颜色、形状和大小。
- 保持简单，不要用太多的信息使可视化内容超负荷运行。

2.7.2 操作 11：确定理想的可视化操作

图 2.43 和图 2.44 所示的可视化内容并不理想，且未能很好地表示数据。对此，可针对每个可视化结果考查以下问题。

- 可视化结果中包含了哪些不好的方面？
- 如何对可视化内容予以改进？相应地，可对此描绘正确的可视化内容。

第一项可视化任务是根据订阅者的数量来展示排名前 30 位的 YouTube 用户，如图 2.43 所示。

第二项可视化任务是考查游乐场中体验某款游戏项目超过两天的人数，如图 2.44 所示。

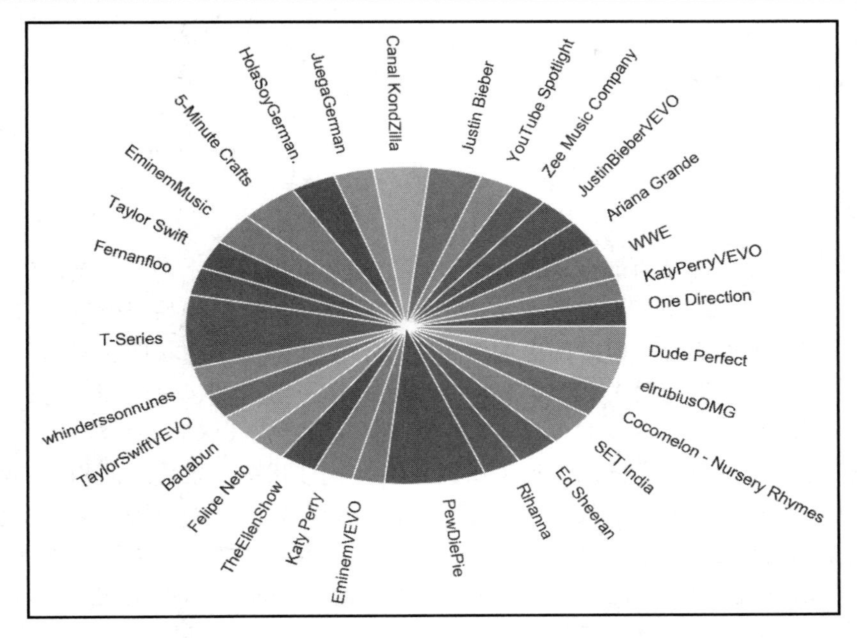

图 2.43 展示排名前 30 位 YouTube 用户的饼图

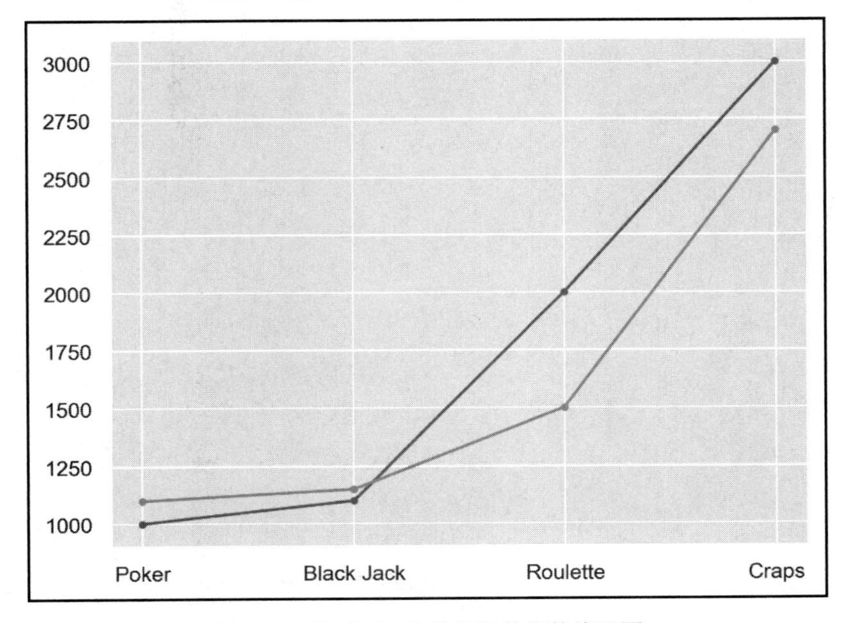

图 2.44 显示两天内游乐场数据的线形图

注意：

具体解决方案可参考本书附录。

2.8　本章小结

本章讨论了较为重要的可视化内容。可视化操作可划分为比较、关系、组合、分布和地理图。针对每种图表，本章分别阐述了相应的描述内容、操作示例以及设计规则。其中，比较图适用于比较一段时间内的多个变量，如线形图、柱状图、雷达图。关系图则适用于显示多个变量间的关系。另外，本章还介绍了散点图、气泡图（可视为散点图的扩展）、相关图以及热图。如果将某项事物看作是整体的一部分内容，那么，合成图则是理想的解决方案。本章分别讨论了饼图、堆叠式柱状图、堆叠式面积图和维恩图。相应地，分布图则深入考查了数据的分布方式，包括直方图、密度图、箱形图和小提琴图。关于地理空间数据，本章讨论了点图、连接图和等值区域图。最后，本章还给出了优良可视化设计方面的一些建议。第 3 章将深入讨论 Matplotlib，并尝试创建自己的可视化内容，其中会涉及本章所学的全部图表。

第 3 章　Matplotlib

本章主要涉及以下内容：

- ❑ 描述 Matplotlib 的基础知识。
- ❑ 利用 Matplotlib 提供的内建图表构建可视化内容。
- ❑ 定制自己的可视化图表。
- ❑ 利用 TeX 编写数学表达式。

本章主要学习如何利用 Matplotlib 定制可视化内容。

3.1　简　　介

Matplotlib 是较为流行的 Python 绘图库，常用于数据科学和机器学习的可视化操作中。2003 年，约翰 • 亨特（John Hunter）发布了 Matplotlib，旨在模拟 MATLAB 软件中的命令（Matplotlib 软件也是当时的科学标准）。Matplotlib 引入了一些特性，如 MATLAB 的全局样式，以便 MATLAB 用户更容易地过渡到 Matplotlib。

在开始与 Matplotlib 协同工作并构建可视化内容之前，下面首先讨论绘图中所涉及的一些概念。

3.2　Matplotlib 中的图表

Matplotlib 中的图表包含了一种内嵌于 Python 对象的层次结构，进而生成一类树形结构。具体来说，每个图表均封装于 Figure 对象中，即可视化的顶层容器，其中可包含多个轴向——基本上，这可视为该顶层容器内的独立图表。

在进一步了解后，还会发现 Python 对象可控制轴向、刻度线、图例、标题、文本框、网格和许多其他对象。相应地，全部对象均可定制。

图表中的主要组件涵盖以下内容。

- ❑ Figure。Figure 是最外层容器并用作绘制的画布，进而可在其中绘制多个图表。Figure 不仅加载 Axes 对象，还可对 Title 进行配置。
- ❑ Axes。Axes 是实际的图表或子图表，这取决于是否希望绘制单一或多项可视化内容。Axes 的子对象中包含了 *x* 轴和 *y* 轴、spine 和图例。

如果从较高的层次上查看这一设计模式，可以看到该层次结构可构建复杂、可定制的可视化内容。

当考查如图 3.1 所示的细节内容时，即可看到可视化内容所涉及的复杂度。Matplotlib 不仅可简化数据的显示过程，还可通过调整 Grid、x-y ticks、tick label 和 Legend 设计整个 Figure。这也表明，可以调整每个图表元素，包括 Title、Legend、Major tick 和 Minor tick，并使画面更富表现力。

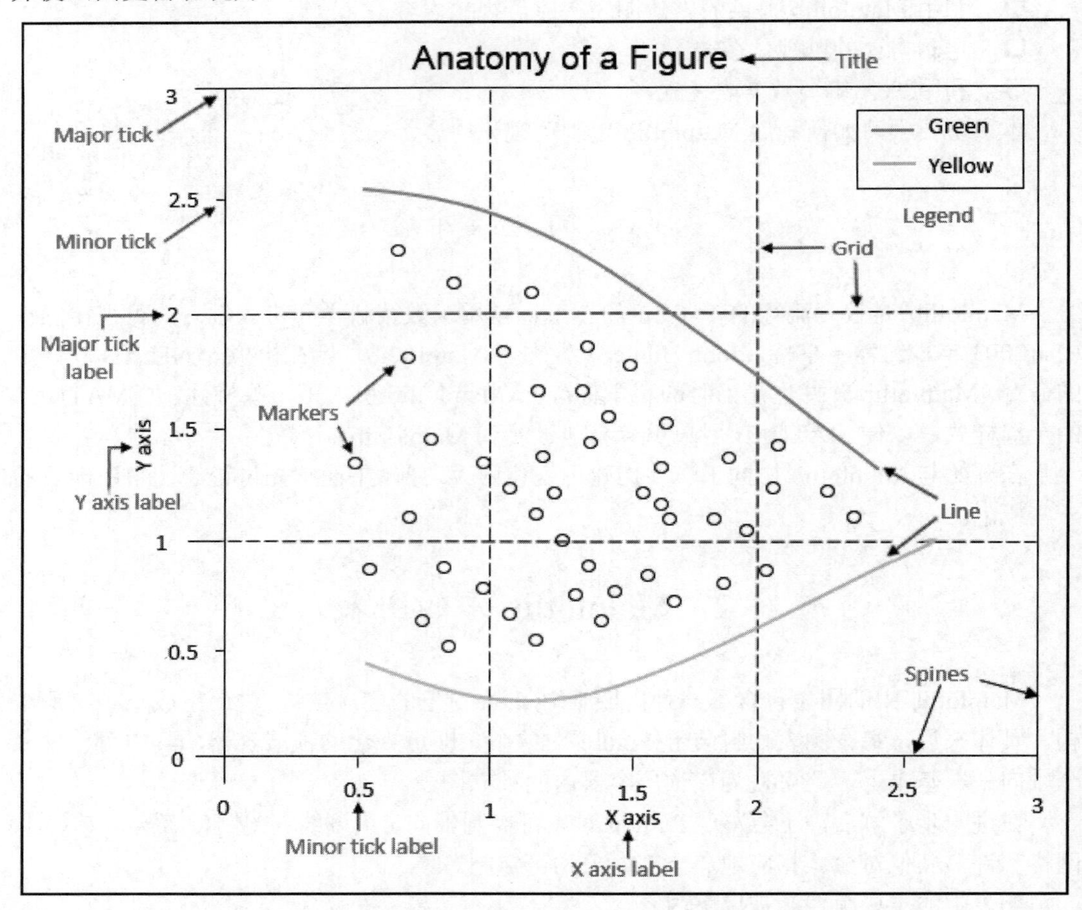

图 3.1　Matplotlib Figure 中的细节内容

当深入考查 Figure 对象的细节内容时，可以发现下列组件。

- Spine：连接轴刻度标记的直线。

- Title：整个 Figure 对象的文本标记。
- Legend：用于描述图表的内容。
- Grid：用作刻度标记延伸的垂直和水平直线。
- X/Y axis label：Spine 下方 X/Y 轴的文本标记。
- Minor tick：Major tick 间小值指标。
- Minor tick label：显示于 Minor tick 处的文本标记。
- Major tick：Spine 上的主要数值指标。
- Major tick label：显示于 Major tick 处的文本标记。
- Line：利用直线连接数据点的绘制类型。
- Markers：使用定义的标记绘制每个数据点的绘图类型。

本书主要介绍 Matplotlib 的子模块 pyplot，它提供了与 MATLAB 类似的绘制机制。

3.3　pyplot 基本知识

pyplot 包含了用于创建可视化内容的简单接口，用户无须显式地配置 Figure 和 Axes，即可绘制数据。也就是说，Figure 和 Axes 以隐式和自动方式进行配置，进而生成期望的输出结果。另外，还可使用别名 plt 引用导入后的子模块，代码如下所示。

```
import matplotlib.pyplot as plt
```

下面将介绍 pyplot 引用过程中的一些常见操作。

3.3.1　创建 Figure

对此，可采用 plt.figure()创建新的 Figure。该函数返回一个 Figure 实例，同时也传递至后台。相应地，后续每个与 Figure 相关的命令均用于当前的 Figure，且无须了解 Figure 实例的存在。

默认状态下，Figure 的宽度值为 6.4 英寸，高度值为 4.8 英寸，且 dpi 为 100。当修改 Figure 的默认值时，可使用参数 figsize 和 dpi。

下列代码片段显示了如何操控一个 Figure。

```
plt.figure(figsize=(10, 5))      #To change the width and the height
plt.figure(dpi=300)              #To change the dpi
```

3.3.2 关闭 Figure

调用 plt.close()可显式地关闭不再使用的 Figure，同时还会有效地清空内存空间。

如果未做特殊说明，当前 Figure 将被关闭。当关闭特定的 Figure 时，可提供一个执行 Figure 实例的引用，或者提供一个 Figure 数字。当获取 Figure 对象的 number 时，可按照下列方式使用 number 属性。

```
plt.gcf().number
```

当使用 plt.close('all')时，将关闭全部 Figure。下列代码展示了如何创建和关闭一个 Figure。

```
plt.figure(num=10)       #Create Figure with Figure number 10
plt.close(10)            #Close Figure with Figure number 10
```

3.3.3 格式化字符串

在绘制实际内容之前，首先简要介绍一下格式化字符串。格式化字符串是指定颜色、Markers 样式和直线样式的一种简洁方式，形如"[color][marker][line]"。其中，每项内容均为可选项。如果 color 是格式化字符串的唯一参数，则可使用任意 matplotlib.colors。Matplotlib 可识别以下各项格式。

- RGB 或 RGBA 浮点数元组，如(0.2, 0.4, 0.3)或(0.2, 0.4, 0.3, 0.5)。
- RGB 或 RGBA 十六进制字符串，如 '#0F0F0F'或 '#0F0F0F0F'。

图 3.2 显示了某种特定格式下的颜色表达方式。

图 3.3 显示了所有的标记选项。

图 3.4 显示了所有的直线样式。

格式	颜色
'b'	blue
'r'	red
'g'	green
'm'	magenta
'c'	cyan
'b'	black
'w'	white
'y'	yellow

图 3.2　在格式化字符串中指定的颜色

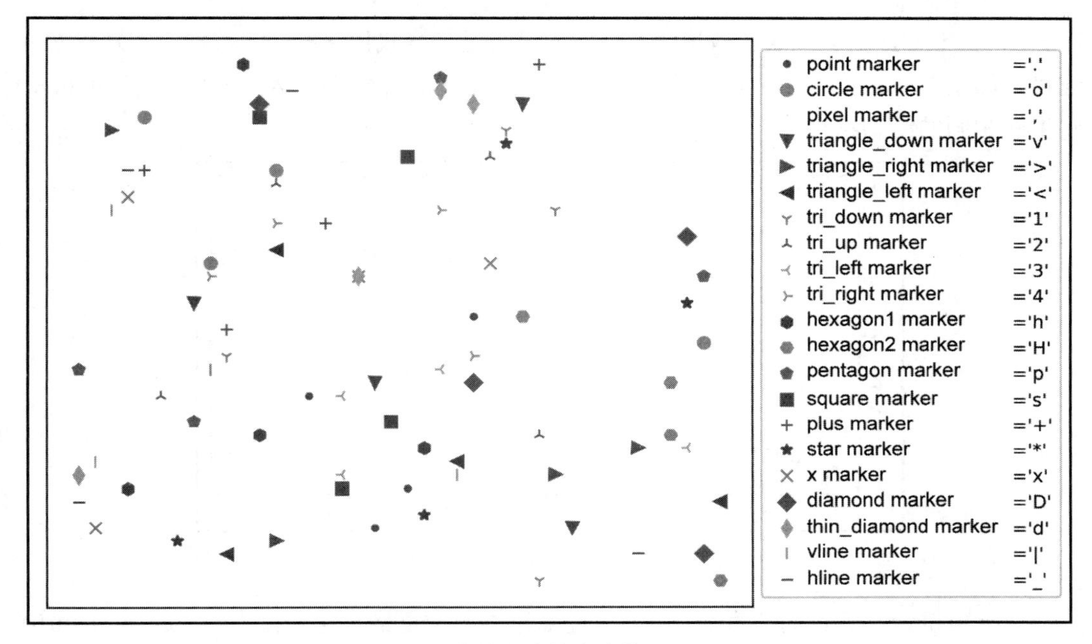

图 3.3 格式化字符串中的 Markers

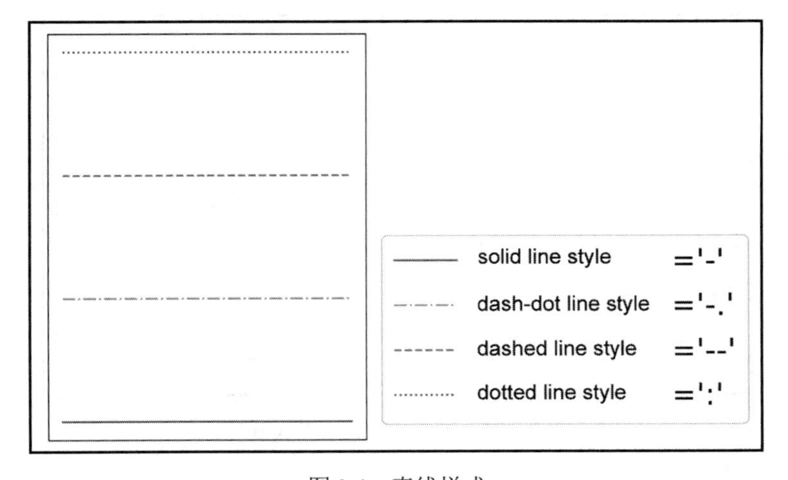

图 3.4 直线样式

3.3.4 绘制机制

利用 plt.plot([x], y, [fmt])，可将数据点绘制为直线和/或标记。该函数返回一个表示绘制数据的 Line2D 对象列表。默认状态下，如果未提供格式化字符串，数据点将通过实线连接，如图 3.5 所示。由于 x 为可选项，且默认值为[0,…, N−1]，因而 plt.plot([2, 4, 6, 8]) 将生成相同的绘制结果。

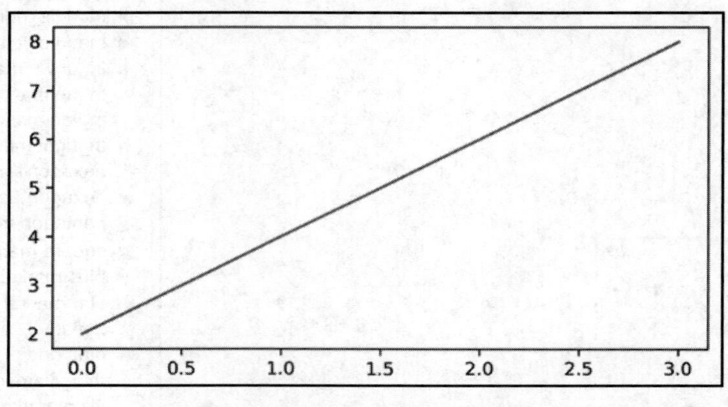

图 3.5 将数据点绘制为一条直线

如果希望绘制标记而非直线，则可通过标记类型指定格式化字符串。例如，plt.plot([0, 1, 2, 3], [2, 4, 6, 8], 'o')将把数据点显示为圆形，如图 3.6 所示。

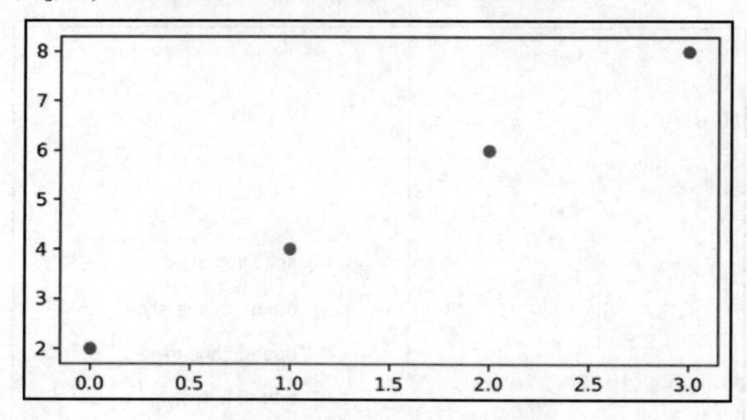

图 3.6 利用标记绘制数据点（圆形）

当绘制多个数据对时，可使用语法 plt.plot([x], y, [fmt], [x], y2, [fmt2], …)。相应地，plt.plot([2, 4, 6, 8], 'o', [1, 5, 9, 13], 's')将生成如图 3.7 所示的结果，类似地，由于当前工作在同一 Figure 和 Axes 上，因而可多次使用 plt.plot。

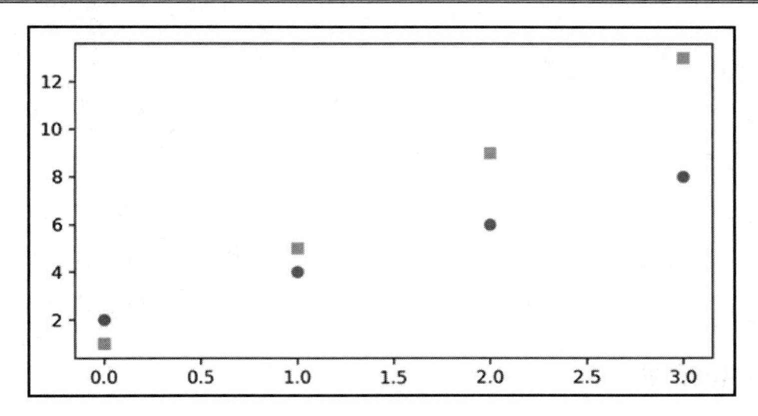

图 3.7　利用多个标记绘制数据点

当进一步定制图表时，可使用 Line2D，而非格式化字符串。例如，下列代码片段展示了如何指定额外的 linewidth 和 markersize。

```
plt.plot([2, 4, 6, 8], color='blue', marker='o', linestyle='dashed',
linewidth=2, markersize=12)
```

3.3.5　利用 pandas DataFrame 绘制

作为数据源，pandas.DataFrame 是一种较为直观的应用方式。此处不提供 x 和 y 值，而是向 data 参数提供 pandas.DataFrame，且针对 x 和 y 提供相应的键，如下所示。

```
plt.plot('x_key', 'y_key', data=df)
```

3.3.6　显示 Figure

plt.show()用于显示一个或多个 Figure。当在 Jupyter Notebook 中显示 Figure 时，可在代码开始处简单地设置%matplotlib inline 命令。

3.3.7　保存 Figure

plt.savefig(fname)用于保存驱动器 Figure。其间，还可进一步指定可选参数，如 dpi、format 或 transparent。下列代码片段展示了如何保存一个 Figure。

```
plt.figure()
plt.plot([1, 2, 4, 5], [1, 3, 4, 3], '-o')
plt.savefig('lineplot.png', dpi=300, bbox_inches='tight')
#bbox_inches='tight' removes the outer white margins
```

提示：

全部操作均在 Jupyter Notebook 中予以实现。读者可访问 GitHub 存储库并下载全部预置模板，对应网址为 https://github.com/TrainingByPackt/Data-Visualization-with-Python。

3.3.8　创建简单的可视化内容

下面将利用 Matplotlib 生成第一个简单图表，具体步骤如下。

（1）打开 Lesson03 文件夹中的 Jupyter Notebook exercise03.ipynb 以实现当前操作。访问该文件路径并输入下列命令：

```
jupyter-lab
```

（2）导入必要的模块，并在 Jupyter Notebook 中启用绘图机制，如下所示。

```
import numpy as np
import matplotlib.pyplot as plt

%matplotlib inline
```

（3）显式地创建一个 Figure，并将 dpi 设置为 200，如下所示。

```
plt.figure(dpi=200)
```

（4）将数据对(x, y)绘制为一个圆形，并通过直线段(1, 1)，(2, 3)，(4, 4)，(5, 3)连接；随后显示对应的图表，对应代码如下所示。

```
plt.plot([1, 2, 4, 5], [1, 3, 4, 3], '-o')
plt.show()
```

上述代码的输出结果如图 3.8 所示。

（5）利用 plt.savefig()方法保存图表。这里，可在该方法中提供相应的文件名或者指定全路径，对应代码如下所示。

```
plt.savefig(exercise03.png);
```

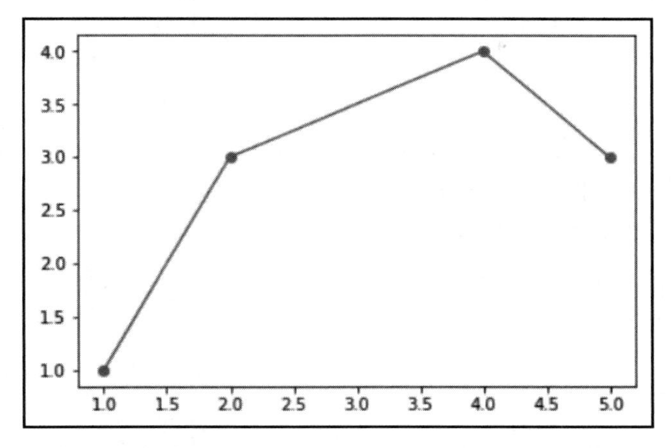

图 3.8　简单的可视化内容：使用数据对并通过直线段连接

3.4　基本的文本和图例功能

除了图例之外，本主题中讨论的所有函数都创建并返回一个 matplotlib.text.Text()实例。本节将对其加以讨论，以便读者了解所有属性也可以用于其他函数。图 3.9 显示了全部文本功能。

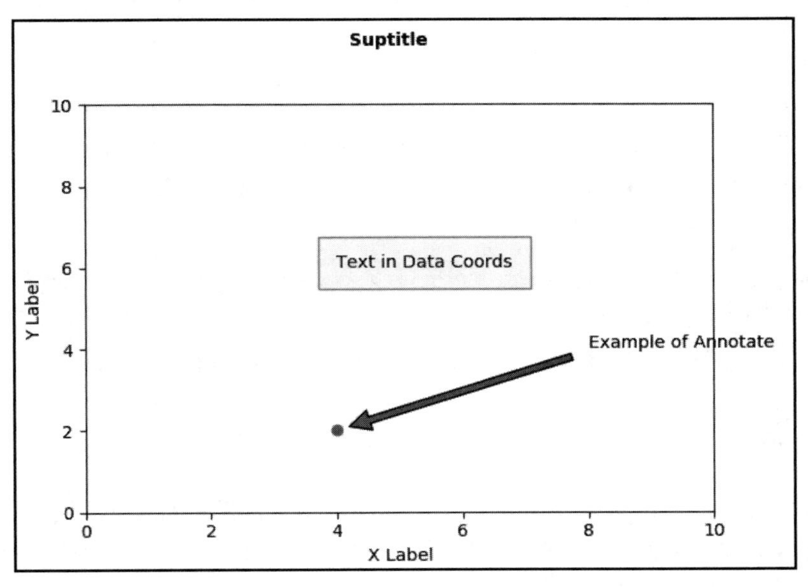

图 3.9　文本的实现结果

3.4.1 标记

Matplotlib 提供了一些标记函数，进而可在 x 和 y 轴上设置标记。其中，plt.xlabel()和 plt.ylabel()函数用于针对当前轴设置标记；而 set_xlabel() 和 set_ylabel()函数则用于设置指定的轴向，对应代码如下所示。

```
ax.set_xlabel('X Label')
ax.set_ylabel('Y Label')
```

3.4.2 标题

标题描述一个特定的图表/图。标题位于中心、左边缘或右边缘的轴上方。标题涵盖了两个选项——可设置 Figure 的标题或 Axes 的标题。具体来说，suptitle()函数针对当前或指定的 Figure 设置标题；而 title()函数则针对当前或指定的轴向设置标题，对应代码如下所示。

```
fig = plt.figure()
fig.suptitle('Suptitle', fontsize=10, fontweight='bold')
```

这将创建一个粗体 Figure 标题，对应的文本为 Suptitle，且字体大小为 10。

3.4.3 文本

文本包含了两个选项——可以向某个 Figure 添加文本，或者向 Axes 添加文本。相应地，函数 figtext(x, y, text)和 text(x, y, text)针对 Figure 在 x 或 y 位置处添加文本，对应代码如下所示。

```
ax.text(4, 6, 'Text in Data Coords', bbox={'facecolor': 'yellow',
'alpha':0.5, 'pad':10})
```

这将生成一个黄色的文本框，对应的文本内容为 Text in Data Coords。

3.4.4 标注

与置于轴向上任意位置处的文本相比，标注则用于注解图标中的某些特性。在标注中，可考查两个位置，即标注位置 xy 和标注文本位置 xytext。另外，参数 arrowprops 也十分有用，这将生成一个指向标注位置的箭头，对应代码如下所示。

```
ax.annotate('Example of Annotate', xy=(4,2), xytext=(8,4),
arrowprops=dict(facecolor='green', shrink=0.05))
```

这将生成一个指向数据坐标(4,2)处的箭头，对应文本位于数据坐标(8,4)处，其内容为 Example of Annotate，如图 3.9 所示。

3.4.5　图例

在向 Axes 添加图例时，需要在创建过程中指定 label 参数。针对当前 Axes 调用 plt.legend()函数，或者针对特定的轴向调用 Axes.legend()函数均会添加图例。另外，loc 参数指定了图例的位置，对应代码如下所示。

```
…
plt.plot([1, 2, 3], label='Label 1')
plt.plot([2, 4, 3], label='Label 2')
plt.legend()
…
```

当前示例的对应结果如图 3.10 所示。

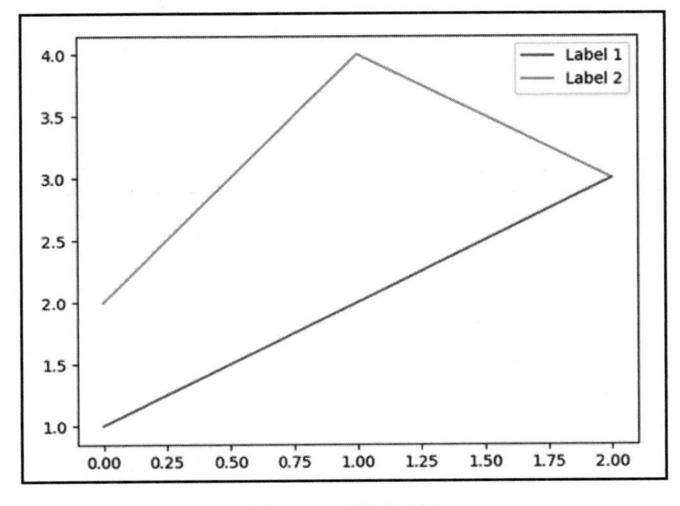

图 3.10　图例示例

3.4.6　操作 12：利用线形图可视化股票的走势

当前操作将显示股票的走势。这里，假设用户对股票投资十分感兴趣，并下载了亚马逊、谷歌、苹果、Facebook 和微软这 5 家公司的股票价格，相关步骤如下。

（1）利用 pandas 读取位于子文件夹 data 中的数据。

（2）采用 Matplotlib 创建线形图，并针对上述 5 家公司显示过去 5 年来的收盘价（全部数据序列），同时添加标记、标题和图例，以生成具有自解释性的可视化内容。另外，还可使用 plt.grid()函数向图表中添加网格。

（3）在执行了上述步骤后，对应的输出结果如图 3.11 所示。

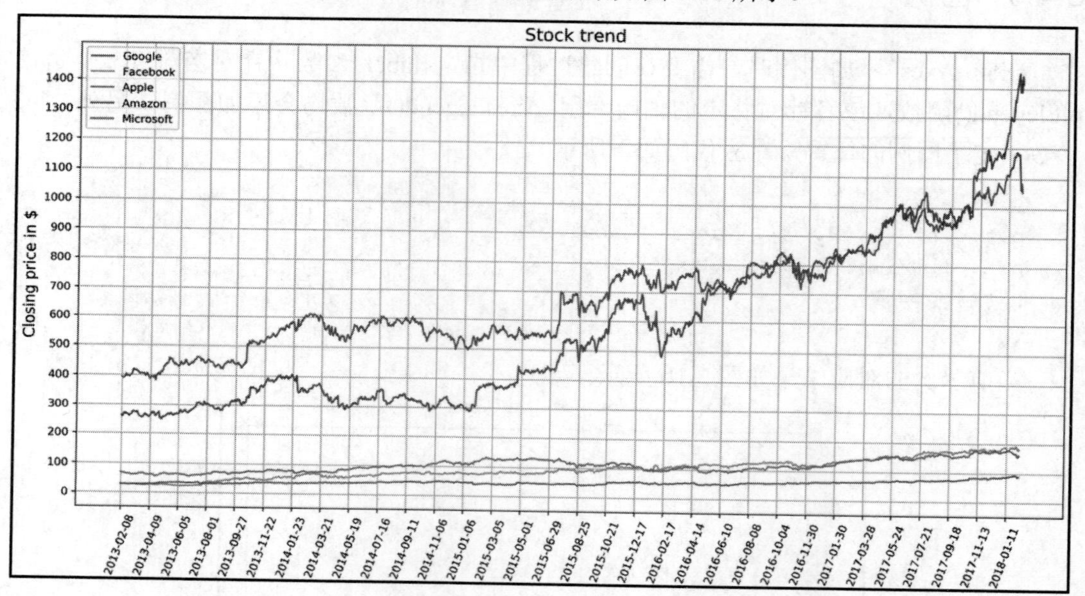

图 3.11　5 家公司的股票走势

注意：

该操作的具体解决方案可参考本书附录。

3.5　基 本 图 表

本节将考查不同类型的基本图表。

3.5.1　柱状图

plt.bar(x, height, [width])函数可创建垂直柱状图；而对于水平柱状图，则可使用

plt.barh()函数。

下列内容展示了某些较为重要的参数。

- x：指定柱状栏的 x 坐标。
- height：指定柱状栏的高度。
- width（可选项）：指定柱状栏的宽度值，其默认值为 0.8。

对应示例代码如下所示。

```
plt.bar(['A', 'B', 'C', 'D'], [20, 25, 40, 10])
```

上述代码将生成一个柱状图，如图 3.12 所示。

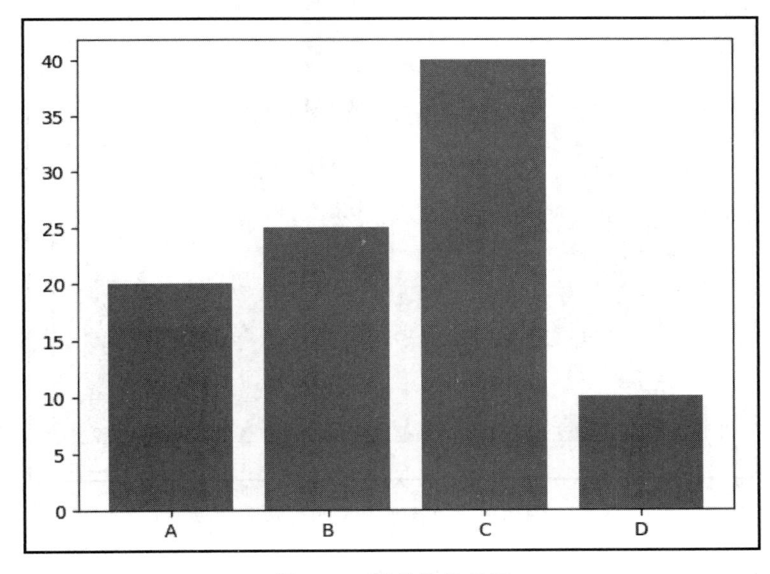

图 3.12　简单的柱状图

如果希望设置子分类，则需要通过移动的 x 坐标多次调用 plt.bar()函数，在稍后的示例和示意图中将会看到这一点。具体来说，arange()函数表示为 NumPy 包中的一个方法，并返回给定区间内间隔均匀的数值。gca()函数则可获得当前 Figure 上当前轴向的实例。set_xticklabels()函数利用给定的字符串标记列表设置 *x* 刻度标记。

对应的示例代码如下所示。

```
…
labels = ['A', 'B', 'C', 'D']
x = np.arange(len(labels))
width = 0.4
```

```
plt.bar(x - width / 2, [20, 25, 40, 10], width=width)
plt.bar(x - width / 2, [30, 15, 30, 20], width=width)
# Ticks and tick labels must be set manually
plt.ticks(x)
ax = plt.gca()
ax.set_xticklabels(labels)
…
```

上述代码将生成包含子分类的柱状图，如图 3.13 所示。

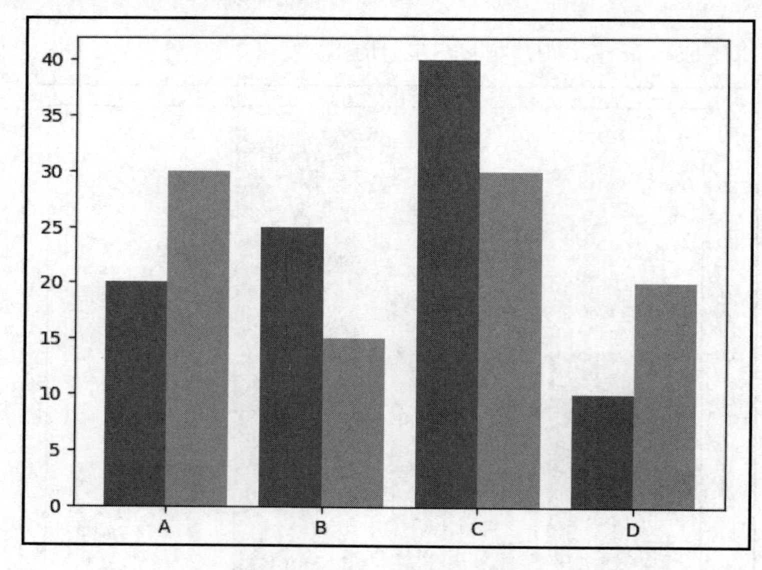

图 3.13　包含子分类的柱状图

3.5.2　操作 13：比较影片评分的柱状图

当前操作将利用柱状图比较影片的评分。此处给出了来自 Rotten Tomatoes 评分的 5 部电影，其中，Tomatometer 表示对某部电影给予正面评价的影评人所占的百分比，Audience Score 是指在满分 5 分的情况下给出 3.5 分或更高分数的观众的百分比。下列各项步骤将在 5 部电影中比较这两种评分。

（1）使用 pandas 读取位于子文件夹 data 中的数据。

（2）使用 Matplotlib 创建柱状图，并比较 5 部电影的上述两类评分。

（3）针对 x 轴，使用电影标题作为 x 轴的标记。y 轴使用以 20 为间隔的百分数，以及间隔为 5 的小刻度。另外，向当前图表中添加图例和合适的标题。

（4）在执行了上述各项步骤之后，输出结果如图 3.14 所示。

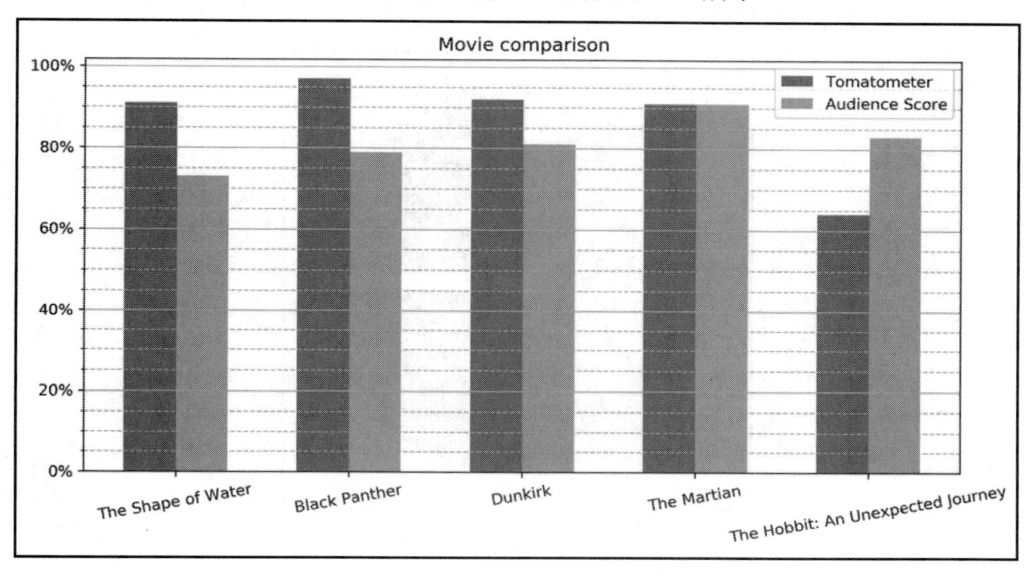

图 3.14　比较 5 部电影评分的柱状图

注意：

当前操作的具体解决方案可参考本书附录。

3.5.3　饼图

plt.pie(x, [explode], [labels], [autopct])函数可用于创建饼图，其中所涉及的较为重要的参数如下所示。

- x：指定切片的大小。
- explode（可选项）：针对每个切片指定半径偏移量。这里，explode 数组应具备与 x 数组相同的长度。
- labels（可选项）：针对每个切片指定标记。
- autopct（可选项）：根据指定的格式化字符串在切片内显示百分比。

对应的示例代码如下所示。

```
...
plt.pie([0.4, 0.3, 0.2, 0.1], explode=(0.1, 0, 0, 0), labels=['A', 'B',
```

```
'C','D'])
...
```

上述代码的输出结果如图 3.15 所示。

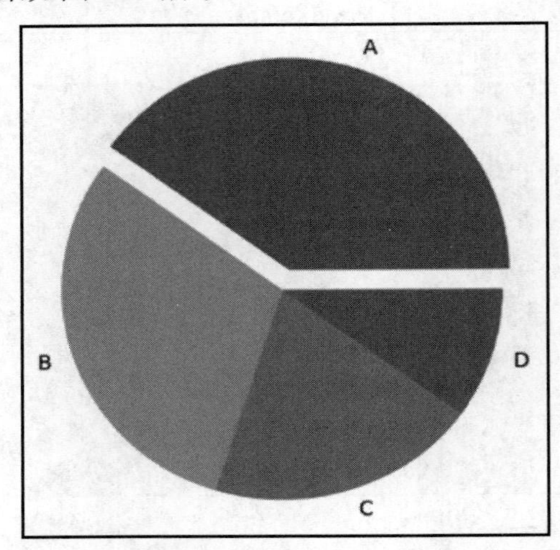

图 3.15　简单的饼图示例

3.5.4　创建耗水量饼图

当前操作将使用饼图可视化耗水量，相关步骤如下。

（1）打开 Lesson03 文件夹中的 Jupyter Notebook exercise04.ipynb，以实现当前操作。访问该文件的路径并输入下列命令：

```
jupyter-lab
```

（2）导入必要的模块，并在 Jupyter Notebook 中启用绘制功能，对应代码如下所示。

```
# Import statements
import pandas as pd
import matplotlib.pyplot as plt

%matplotlib inline
```

（3）使用 pandas 读取子文件夹 data 中的数据，对应代码如下所示。

```
# Load dataset
data = pd.read_csv('./data/water_usage.csv')
```

（4）使用饼图可视化耗水量。其间，利用 explode 参数突出显示某种选择方案，同时显示每个切片的百分比，并添加标题，对应代码如下所示。

```
# Create figure
plt.figure(figsize=(8, 8), dpi=300)
# Create pie plot
plt.pie('Percentage', explode=(0, 0, 0.1, 0, 0, 0), labels='Usage',
data=data, autopct='%.0f%%')
# Add title
plt.title('Water usage')
# Show plot
plt.show()
```

图 3.16 显示了上述代码的输出结果。

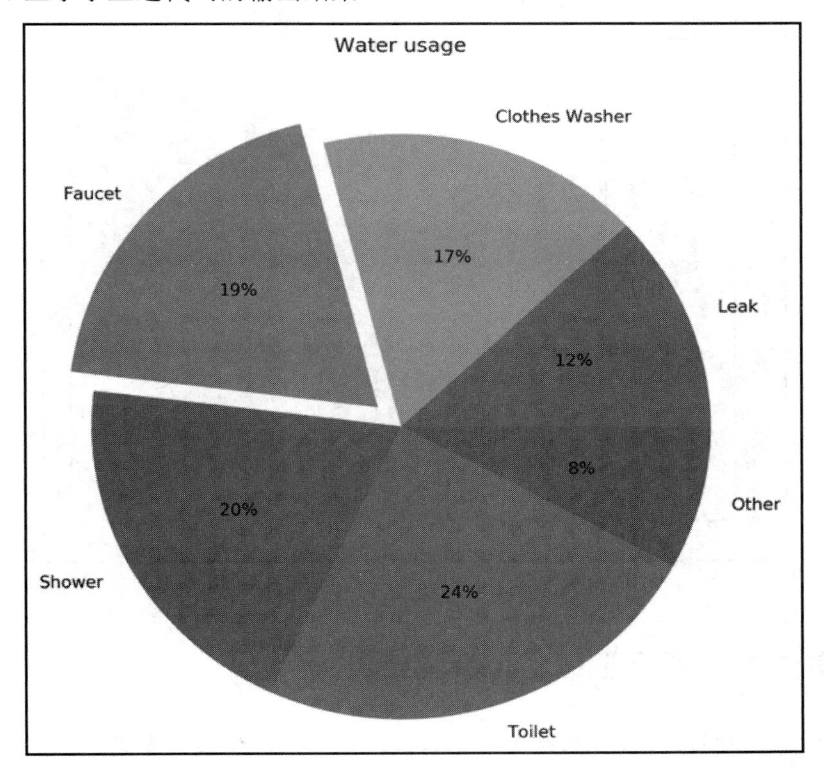

图 3.16　耗水量饼图

3.5.5　堆叠式柱状图

堆叠式柱状图使用与柱状图相同的 plt.bar 函数。对于每个堆叠式柱状栏，都需要调用 plt.bar 函数；同时还需要在第二个堆叠式柱状栏起指定 bottom 参数，对应代码如下所示。

```
…
plt.bar(x, bars1)
plt.bar(x, bars2, bottom=bars1)
plt.bar(x, bars3, bottom=np.add(bars1, bars2))
…
```

上述代码的输出结果如图 3.17 所示。

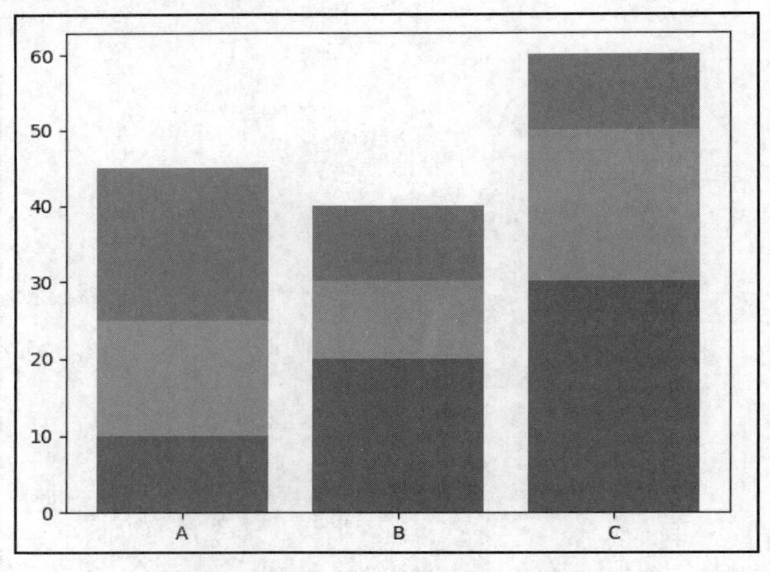

图 3.17　堆叠式柱状图

3.5.6　操作 14：餐厅业绩的可视化结果

当前操作将使用堆叠式柱状图展示某家餐厅的业绩。假设读者是一家餐厅的老板，鉴于政府制定了一项新的法律，餐厅需要将某天设定为戒烟日。为了尽可能减少损失，需要对每天的营业额生成可视化结果，并按照吸烟者和非吸烟者进行分类。具体操作步骤如下。

（1）使用给定的数据集并构建矩阵，其中的元素包含每天的账目总额和吸烟者/非吸烟者的账目总额。

（2）创建堆叠式柱状图，其中涵盖了吸烟者和非吸烟者的账目额度；同时还需要添加图例、标记和标题。

（3）在执行了上述各项步骤之后，对应的输出结果如图 3.18 所示。

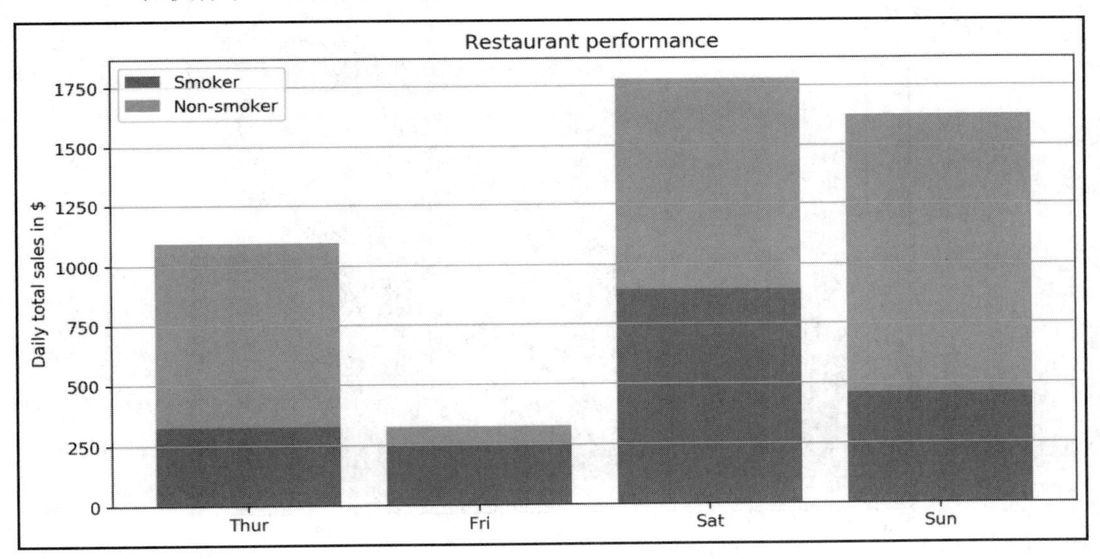

图 3.18　不同日期内餐馆销售额的堆叠式柱状图

注意：

该操作的具体解决方案可参考本书附录。

3.5.7　堆叠式面积图

这里，可利用 plt.stackplot(x, y)创建堆叠式面积图，其中涉及以下较为主要的参数。

- x：指定数据系列的 x 值。
- y：指定数据系列的 y 值。对于多个序列，如 2D 数组或任意数量的 1D 数组，可调用 plt.stackplot(x, y1, y2,y3, …)函数。
- labels（可选项）：针对每个数据系列，将标记指定为列表或元组。

对应代码如下所示。

```
…
plt.stackplot([1, 2, 3, 4], [2, 4, 5, 8], [1, 5, 4, 2])
…
```

上述代码的输出结果如图 3.19 所示。

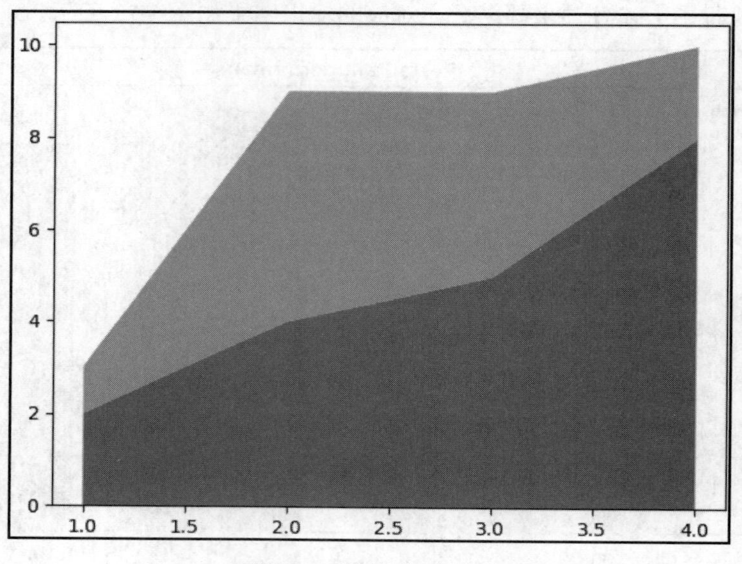

图 3.19　堆叠式面积图

3.5.8　操作 15：利用堆叠式面积图比较智能手机的销售状态

当前操作将利用堆叠式面积图比较智能手机的销售状态。假设读者计划投资 5 大智能手机制造商之一，对此，可将季度销售额作为一个整体予以考查，这可能是投资方向的一个较好的指标，具体步骤如下。

（1）利用 pandas 读取位于子文件夹 data 中的数据。

（2）创建堆叠式面积图，并添加图例、标记和标题。

（3）在执行了上述各项步骤之后，输出结果如图 3.20 所示。

注意：

该操作的具体解决方案可参考本书附录。

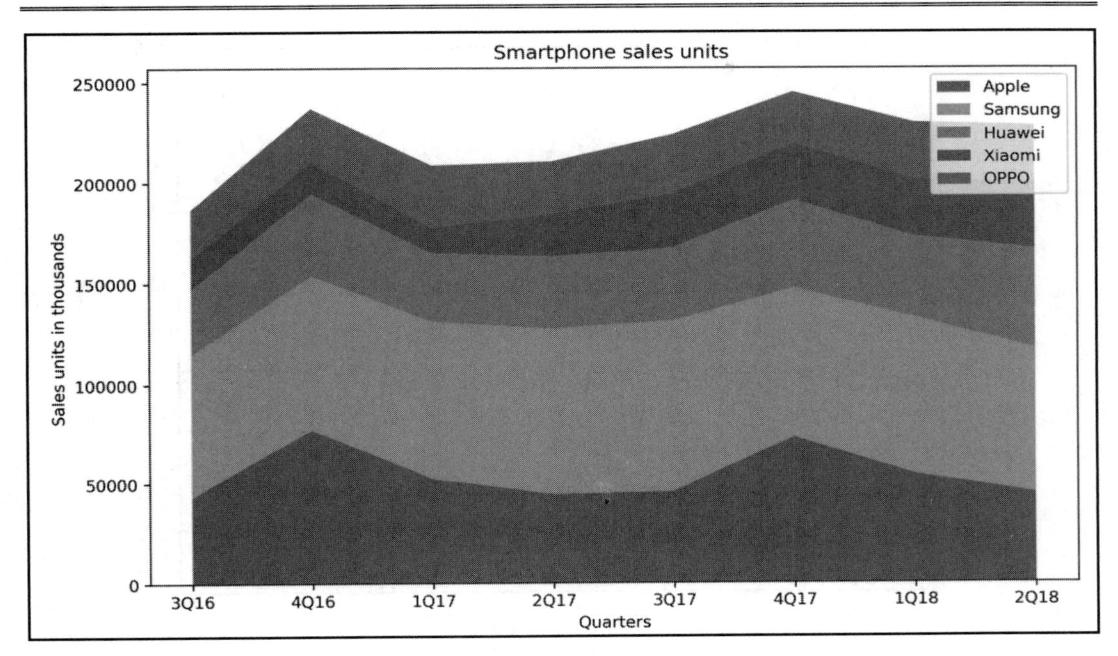

图 3.20　不同智能手机制造商销售额的堆叠式面积图

3.5.9　直方图

这里，可使用 plt.hist(x)创建直方图，其中涉及以下较为重要的参数。

- x：指定输入值。
- bins（可选项）：将直方栏的数量指定为整数，或者将直方栏的各边指定为列表。
- range（可选项）：将直方栏的最低和最高范围指定为一个元组。
- density（可选项）：若该参数为 true，直方图将被视为一个概率密度。

对应示例代码如下所示。

```
...
plt.hist(x, bins=30, density=True)
...
```

上述代码的输出结果如图 3.21 所示。

相应地，plt.hist2d(x, y)将生成一个 2D 直方图，如图 3.22 所示。

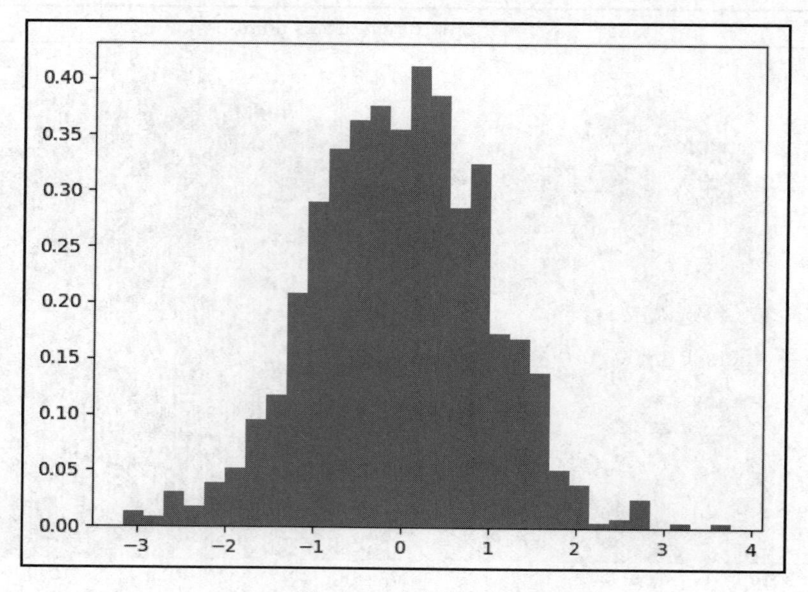

图 3.21　直方图示例

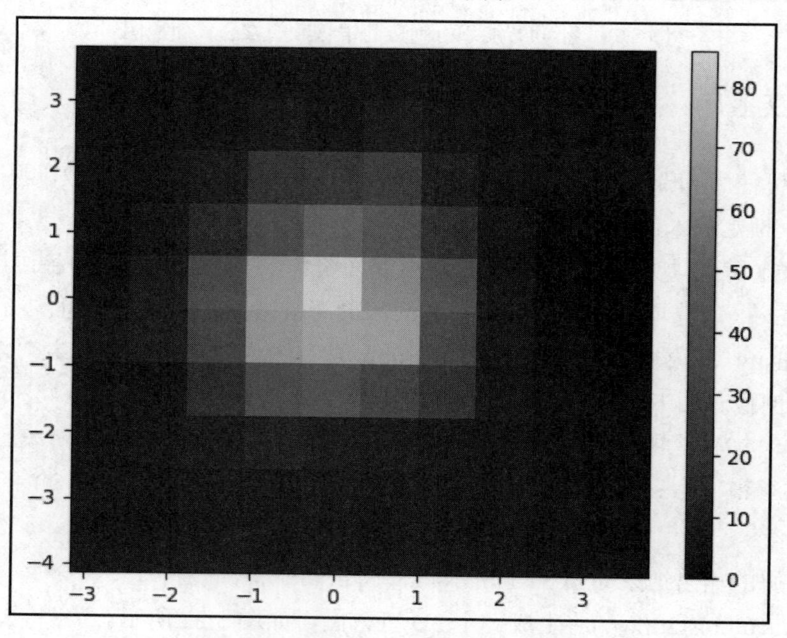

图 3.22　包含颜色栏的 2D 直方图

3.5.10　箱形图

可采用 plt.boxplot(x)函数创建箱形图，其中涉及以下较为重要的参数。

- x：指定输入数据，包括单一箱形的 1D 数组，或者多个箱形的数组序列。
- notch（可选项）：如果该参数为 true，则会向图表中添加刻度（notch），进而表明围绕中位数的置信区间。
- labels（可选项）：将标记指定为一个序列。
- showfliers（可选项）：默认状态下，该参数为 true，异常值被绘制在上限之外。
- showmeans（可选项）：若该参数为 true，则显示算术平均数。

对应示例代码如下所示。

```
...
plt.boxplot([x1, x2], labels=['A', 'B'])
...
```

上述代码的输出结果如图 3.23 所示。

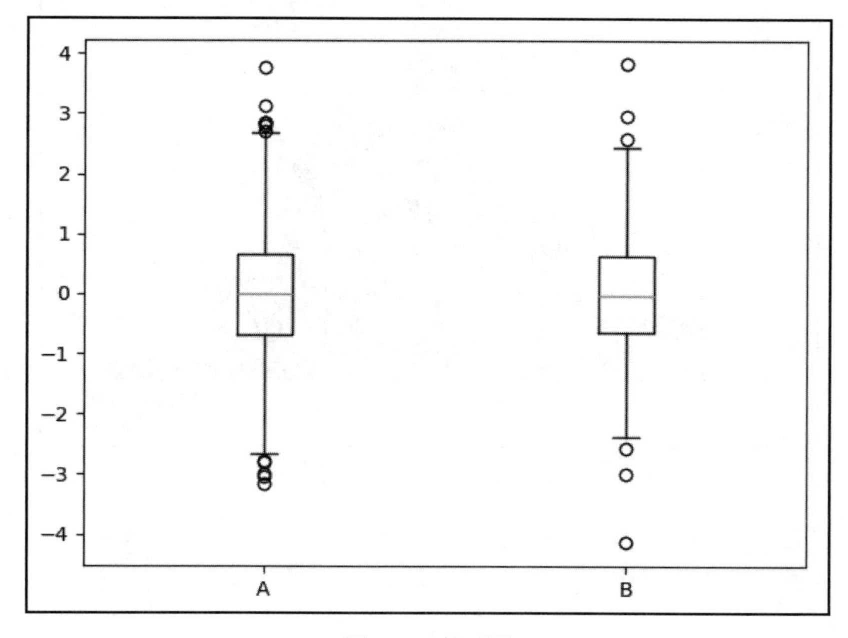

图 3.23　箱形图

3.5.11 操作 16：智商的直方图和箱形图

当前操作将对智商数据进行可视化显示，具体步骤如下。

注意：

函数 plt.axvline(x, [color=⋯], [linestyle=⋯])将在 x 位置绘制一条垂直直线。

（1）针对给定的 IQ 值，利用 10 个直方栏绘制直方图。IQ 值通常分布状态可描述为：平均值为 100 且标准偏差为 15。对此，可将平均值可视化为一条垂直的实线，并利用垂直的虚线表示标准偏差，随后添加标记和标题。

（2）创建箱形图，并对相同的 IQ 值进行可视化，随后添加标记和标题。

（3）针对不同测试分组的每个 IQ 值创建箱形图，随后添加标记和标题。

（4）步骤（1）的输出结果如图 3.24 所示。

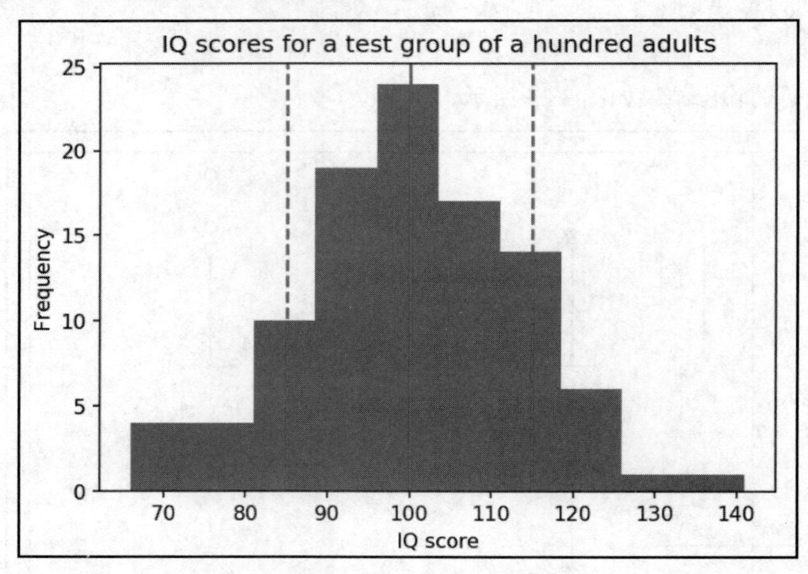

图 3.24 IQ 测试的直方图

（5）步骤（2）的输出结果如图 3.25 所示。

（6）步骤（3）的输出结果如图 3.26 所示。

注意：

该操作的具体解决方案可参考本书附录。

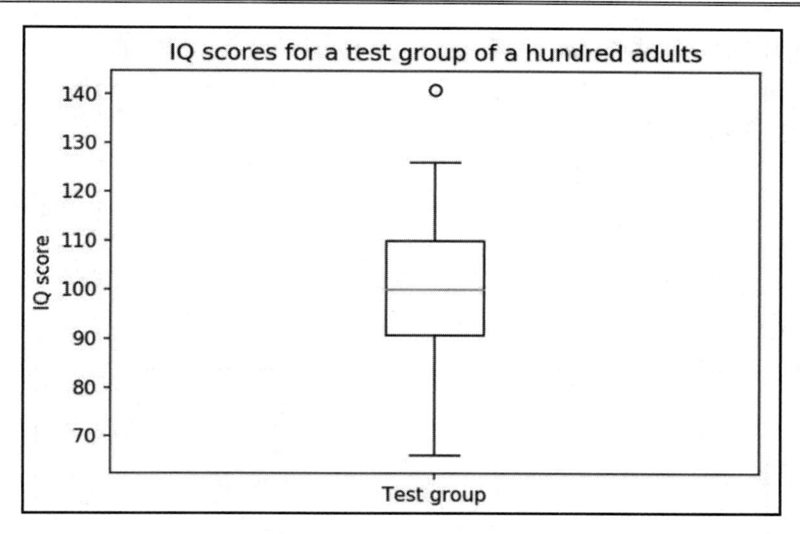

图 3.25　IQ 值的箱形图

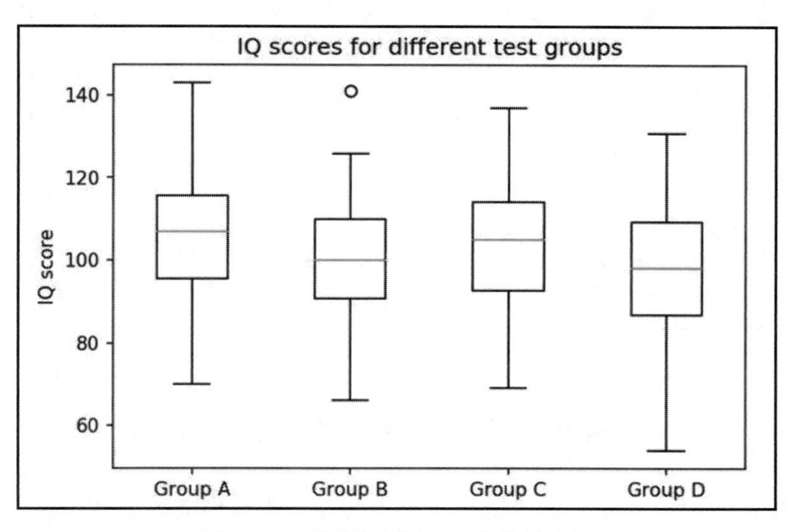

图 3.26　不同测试分组 IQ 值的箱形图

3.5.12　散点图

可用 plt.scatter(x, y)函数创建一幅 x-y 散点图，且具有可选的不同标记或颜色，并涉及以下较为重要的参数。

- x，y：指定数据位置。

- s（可选项）：指定标记大小（平方点）。
- c（可选项）：指定标记颜色。如果指定了一个数字序列，该数字将映射为颜色图中的某种颜色。

对应的示例代码如下所示。

```
...
plt.scatter(x, y)
...
```

上述代码的输出结果如图 3.27 所示。

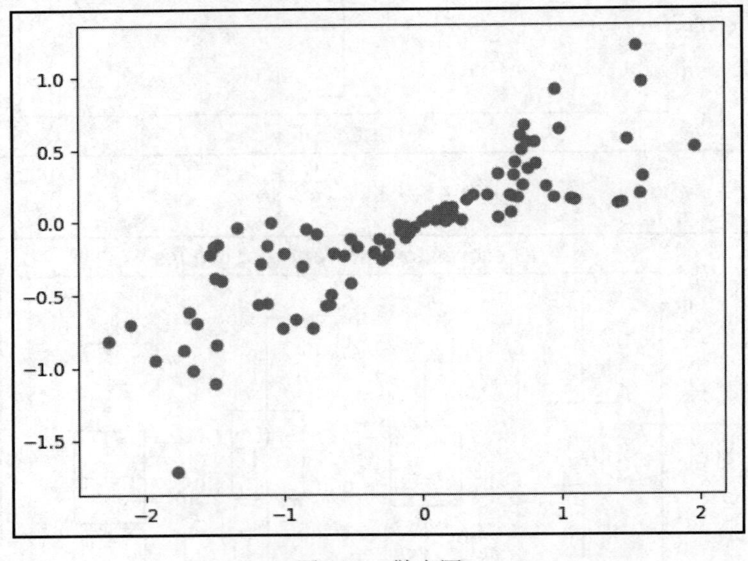

图 3.27　散点图

3.5.13　操作 17：利用散点图可视化动物间的相关性

当前操作将使用散点图显示数据集内的相关性。假设当前数据集中包含了与各种动物相关的信息，并对各种动物属性间的相关性进行可视化操作，具体步骤如下。

注意：

Axes.set_xscale('log')和 Axes.set_yscale('log')分别将 x 轴和 y 轴的刻度更改为对数刻度。

（1）当前所给定的数据集并不完整，可过滤掉某些数据，以使最终样本仅包含体重和最长寿命两项内容，随后根据动物的分类对数据进行排序。

（2）创建散点图，并可视化体重和最长寿命间的相关性。根据分类，针对分组数据样本使用不同的颜色。随后，添加图例、标记和标题。最后，针对 x 轴和 y 轴使用对数刻度。

（3）在执行了上述各项步骤之后，输出结果如图 3.28 所示。

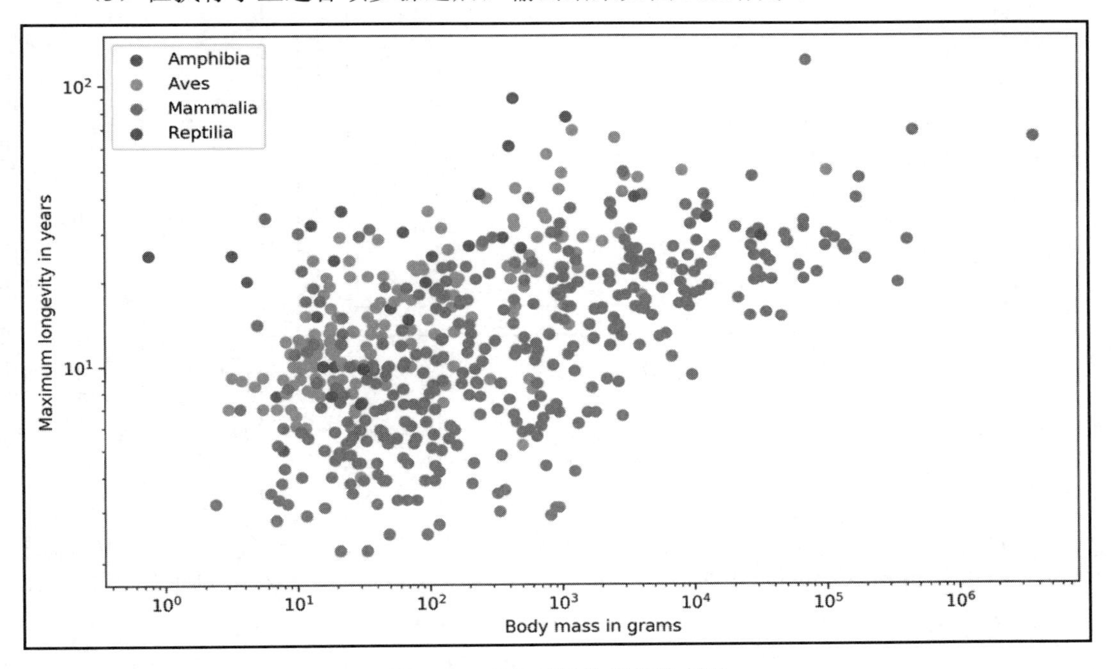

图 3.28　动物统计信息的散点图

注意：

当前操作的具体解决方案可参考本书附录。

3.5.14　气泡图

plt.scatter 函数可用于创建气泡图。当可视化第三个或第四个变量时，可使用参数 s 和 c（颜色），对应的示例代码如下所示。

```
...
plt.scatter(x, y, s=z*500, c=c, alpha=0.5)
plt.colorbar()
...
```

上述代码的输出结果如图 3.29 所示。

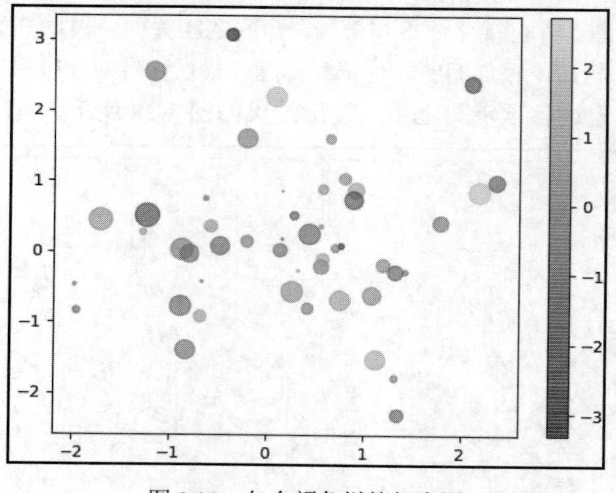

图 3.29　包含颜色栏的气泡图

3.6 布　　局

Matplotlib 提供了多种方式可定义可视化布局。本节首先讨论子图，并使用紧凑布局创建具有较好可视化效果的图表，并于随后介绍 GridSpec，这将提供一种更加灵活的方式创建多个子图。

3.6.1 子图

通常情况下，显示多个彼此相邻的图表十分有用。对此，Matplotlib 提供了子图这一概念，即 Figure 中的多个 Axes。这一类图表可以是图表网格、嵌套图表等。

下列可选方案提供了子图的创建方式。

- 利用 plt.subplots(nrows, ncols)创建一个 Figure 和一个子图集合。
- 利用 plt.subplot(nrows, ncols, index)或 plt.subplot(pos)向当前 Figure 添加子图。其中，索引始于 1。相应地，plt.subplot(2, 2, 1)等价于 plt.subplot(221)。
- 利用 Figure.subplots(nrows, ncols)向指定的 Figure 添加一组子图。
- 利用 Figure.add_subplot(nrows, ncols, index)或 Figure.add_subplot(pos)向指定的 Figure 添加一个子图。

对于共享 x 或 y 轴，需要分别设置参数 sharex 和 sharey，对应轴包含相同的限制、刻度和尺度。

plt.subplot 和 Figure.add_subplot 包含了投影设置选项。对于极坐标投影，可设置

projection='polar'或 parameter polar=True 参数。

对应示例代码如下所示。

```
...
fig, axes = plt.subplots(2, 2)
axes = axes.ravel()
for i, ax in enumerate(axes):
    ax.plot(series[i])
...

...
for i in range(4):
    plt.subplot(2, 2, i+1)
    plt.plot(series[i])
...
```

上述两个示例将生成相同的结果，如图 3.30 所示。

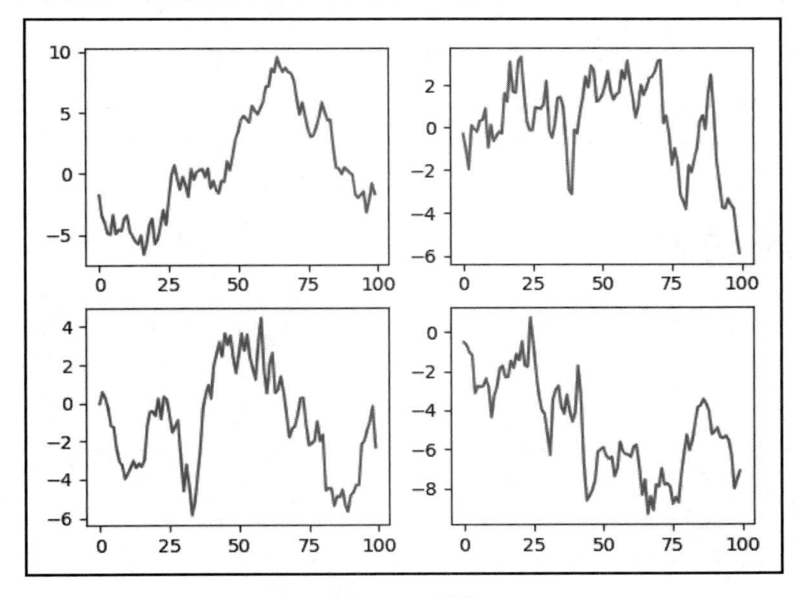

图 3.30　子图

考查以下示例代码。

```
fig, axes = plt.subplots(2, 2, sharex=True, sharey=True)
axes = axes.ravel()
for i, ax in enumerate(axes):
    ax.plot(series[i])
```

相应地，将 sharex 和 sharey 设置为 true 会生成如图 3.31 所示的结果，进而支持更好的比较过程。

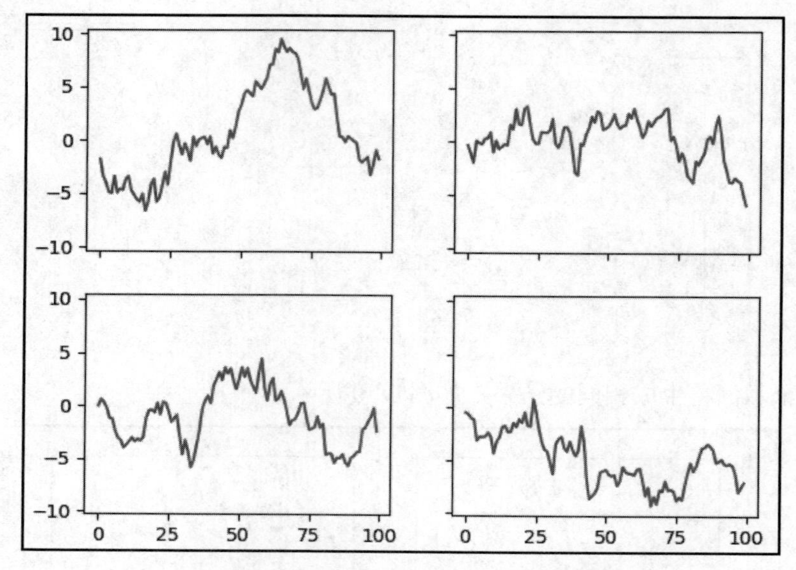

图 3.31　基于共享 x 轴和 y 轴的子图

3.6.2　紧凑型子图

plt.tight_layout()函数可调整子图参数，以便子图与 Figure 实现更好的适配。

如果未使用 plt.tight_layout()，子图间可能会彼此交叠，对应代码如下所示。

```
…
fig, axes = plt.subplots(2, 2)
axes = axes.ravel()
for i, ax in enumerate(axes):
    ax.plot(series[i])
    ax.set_title('Subplot ' + str(i))
…
```

上述代码的输出结果如图 3.32 所示。

相应地，使用 plt.tight_layout()将生成不重叠的子图，对应代码如下所示。

```
…
fig, axes = plt.subplots(2, 2)
axes = axes.ravel()
for i, ax in enumerate(axes):
```

```
    ax.plot(series[i])
    ax.set_title('Subplot ' + str(i))
plt.tight_layout()
...
```

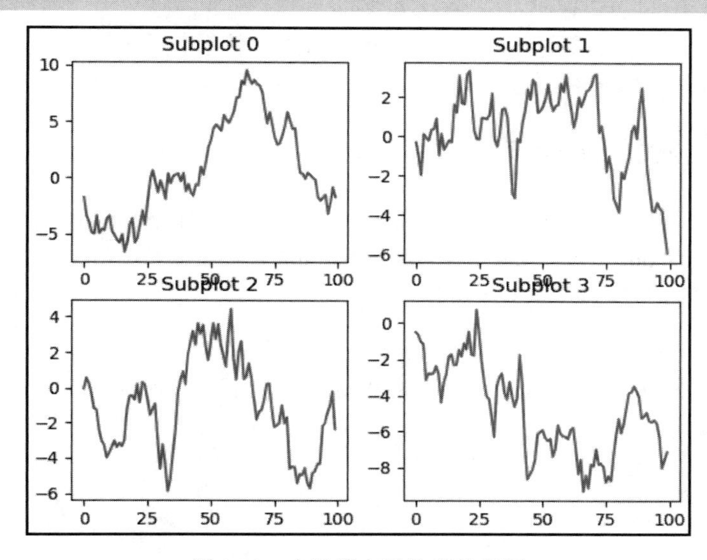

图 3.32　未设置布局选项的子图

上述代码的输出结果将如图 3.33 所示。

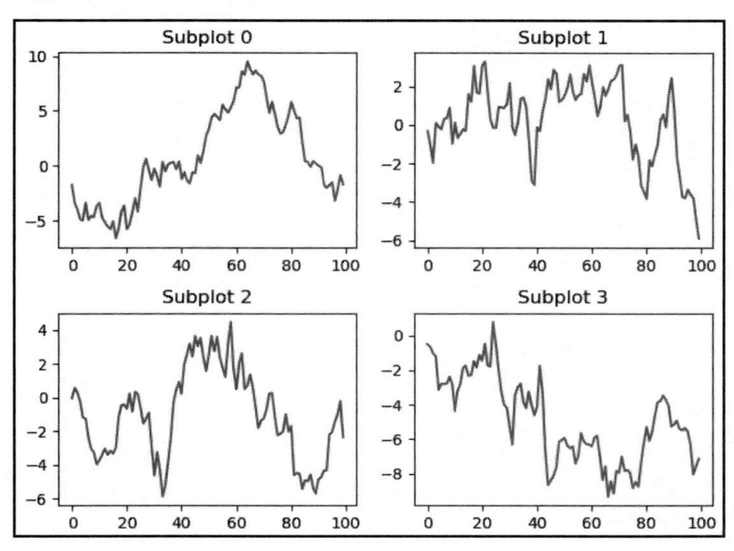

图 3.33　基于紧凑型布局的子图

3.6.3　雷达图

雷达也称作蜘蛛图或 Web 图，并可对多个变量进行可视化。其中，每个变量绘制于自身轴向上，并生成一个多边形。另外，全部轴向以放射状排列，始于中心位置且彼此间等距，同时包含了相同的尺度。

3.6.4　与雷达图协同工作

该操作将逐步显示雷达图的构建方式，具体操作步骤如下。

（1）打开 Lesson03 文件夹中的 Jupyter Notebook exercise05.ipynb 以实现当前操作。访问该文件的路径，并输入下列命令行：

```
jupyter-lab
```

（2）导入必要的模块，并启用 Jupyter Notebook 中的绘图机制，如下所示。

```
# Import settings
import numpy as np
import pandas as pd
import matplotlib.pyplot as plt
%matplotlib inline
```

（3）下列数据集包含了 4 名员工 5 个不同属性的评分数据。

```
# Sample data
# Attributes: Efficiency, Quality, Commitment, Responsible Conduct,
Cooperation
data = pd.DataFrame({
    'Employee': ['A', 'B', 'C', 'D'],
    'Efficiency': [5, 4, 4, 3,],
    'Quality': [5, 5, 3, 3],
    'Commitment': [5, 4, 4, 4],
    'Responsible Conduct': [4, 4, 4, 3],
    'Cooperation': [4, 3, 4, 5]
})
```

（4）创建角度值并关闭当前图表，如下所示。

```
attributes = list(data.columns[1:])
values = list(data.values[:, 1:])
employees = list(data.values[:, 0])
angles = [n / float(len(attributes)) * 2 * np.pi for n in
range(len(attributes))]
# Close the plot
angles += angles[:1]
```

```
values = np.asarray(values)
values = np.concatenate([values, values[:, 0:1]], axis=1)
```

（5）利用极坐标投影创建子图，设置紧凑型布局以消除重叠现象，如下所示。

```
# Create figure
plt.figure(figsize=(8, 8), dpi=150)
# Create subplots
for i in range(4):
    ax = plt.subplot(2, 2, i + 1, polar=True)
    ax.plot(angles, values[i])
    ax.set_yticks([1, 2, 3, 4, 5])
    ax.set_xticks(angles)
    ax.set_xticklabels(attributes)
    ax.set_title(employees[i], fontsize=14, color='r')
# Set tight layout
plt.tight_layout()
# Show plot
plt.show()
```

上述代码的输出结果如图 3.34 所示。

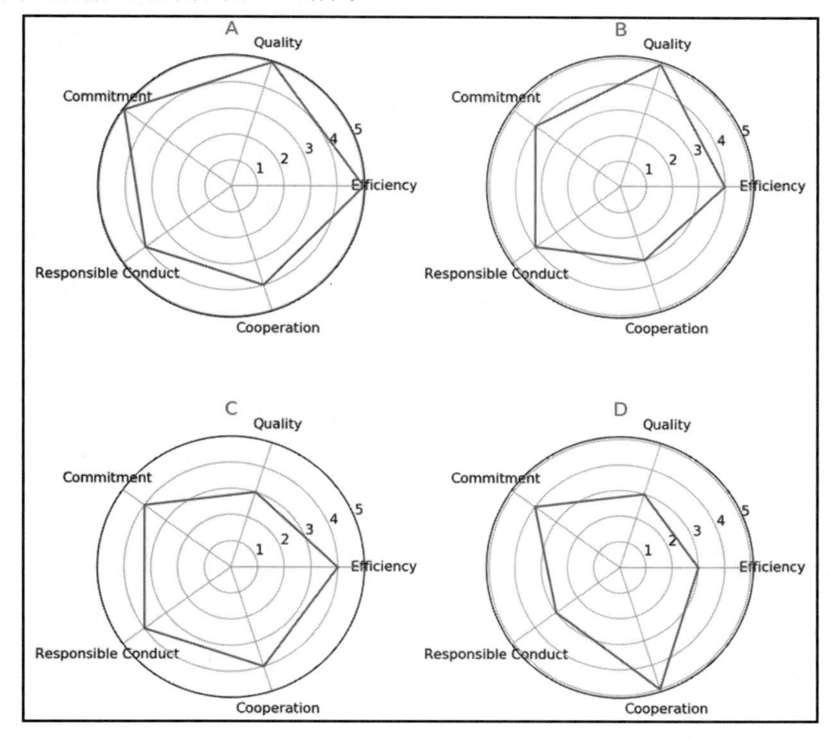

图 3.34　雷达图

3.6.5 GridSpec

matplotlib.gridspec.GridSpec(nrows, ncols)可指定网格的几何形状，并于其中设置子图。对应的示例代码如下所示。

```
…
gs = matplotlib.gridspec.GridSpec(3, 4)
ax1 = plt.subplot(gs[:3, :3])
ax2 = plt.subplot(gs[0, 3])
ax3 = plt.subplot(gs[1, 3])
ax4 = plt.subplot(gs[2, 3])
ax1.plot(series[0])
ax2.plot(series[1])
ax3.plot(series[2])
ax4.plot(series[3])
plt.tight_layout()
…
```

上述代码的输出结果如图 3.35 所示。

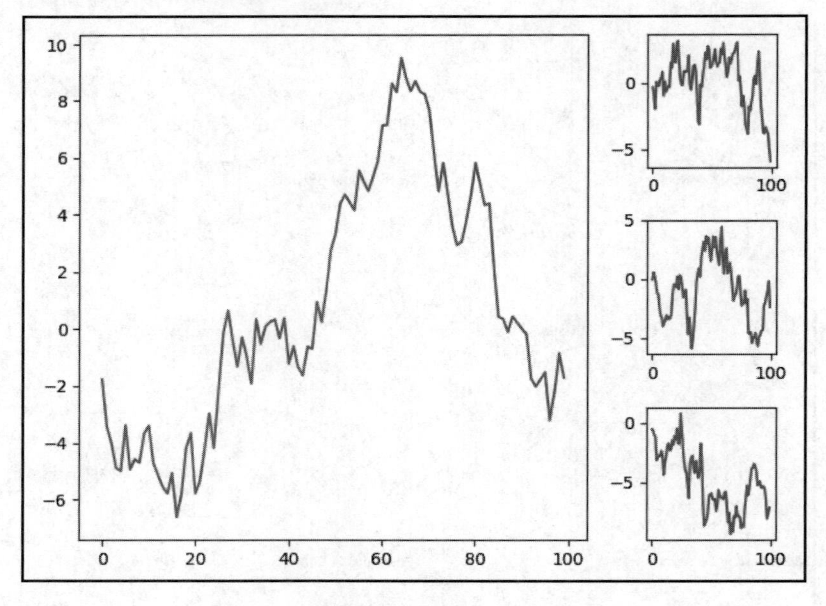

图 3.35　GridSpec

3.6.6　操作 18：基于边缘直方图创建散点图

当前操作将利用 GridSpec 创建基于边缘直方图的散点图，具体操作步骤如下。

（1）给定的数据集 AnAge（前述操作已对其加以使用）并不完整，对此，可过滤数据且仅包含体重和最长寿命的样本，选取体重小于 20000 的所有 Aves 类的样本，

（2）利用约束布局创建 Figure，创建大小为 4×4 的 GridSpec、大小为 3×3 的散点图，以及大小为 1×3 和 3×1 的边缘直方图，随后添加标记和 Figure 标题。

（3）在执行了上述各项步骤后，输出结果如图 3.36 所示。

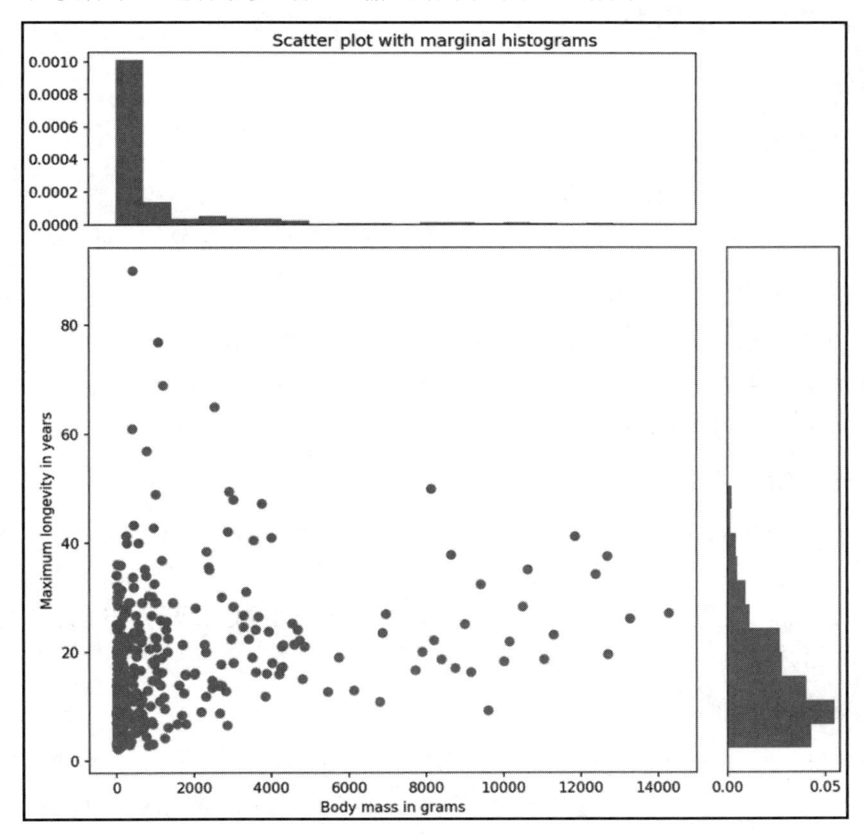

图 3.36　基于边缘直方图的散点图

注意：

当前操作的具体解决方案可参考本书附录。

3.7　图　像

如果可视化内容中需要包含图像，或者与图像数据协同工作，Matplotlib 提供了多个函数可处理图像问题。本节将讨论如何利用 Matplotlib 加载、保存和绘制图像。

提示：

读者可访问 https://unsplash.com/下载当前话题中的图像。

3.7.1　基本的图像操作

图像的基本操作涵盖以下内容。

1．加载图像

对于 Matplotlib 不支持的图像格式，建议使用 Pillow 库加载图像。在 Matplotlib 中，加载图像是图像子模块中的一部分内容。针对该子模块，可使用别名 mpimg，如下所示。

```
import matplotlib.image as mpimg
```

利用 mpimg.imread(fname)读取一幅图像，并将其作为 numpy.array 返回。对于灰度图，返回的数组中包含一个形状（高度和宽度）；对于 RGB 图像，则返回(高度,宽度,3)；对于 RGBA 图像，将返回(高度,宽度,4)。该数组的范围值表示为 0～255。

2．保存图像

利用 mpimg.imsave(fname, array)将 numpy.array 保存为一个图像文件。如果未设置 format 参数，则对应格式简化为扩展文件名。当采用可选的 vmin 和 vmax 参数时，可通过手动方式设置颜色限制。对于灰度图，可选参数 cmap 的默认项是'viridis'，读者可能需要将其修改为'gray'。

3．绘制单幅图像

利用 plt.imshow(img)可显示一幅图像，并返回一个 AxesImage。对于包含形状（高度、宽度）的灰度图，图像数组将通过颜色图进行可视化。这里，默认的颜色图为'viridis'。对于实际的可视化灰度图来说，颜色图需要设置为'gray'，即 plt.imshow(img, cmap='gray')。相应地，灰度图、RGB 图以及 RGBA 图中的数值可表示为 float 或 unit8，对应范围为[1…0]或[255…0]。当采用手动方式定义数值范围时，需要指定参数 vmin 和 vmax。图 3.37

显示了 RGB 图像的可视化结果。

图 3.37　包含默认 viridis 颜色图的灰度图

图 3.38 显示了基于灰色颜色图的灰度图。

图 3.38　基于灰色颜色图的灰度图

图 3.39 显示了一幅 RGB 图像。

某些情况下，可能会对颜色值加以考查。对此，可简单地向图像图表中添加一个颜色栏。这里，建议使用高对比度的颜色图，如'jet'，对应代码如下所示。

```
…
plt.imshow(img, cmap='jet')
plt.colorbar()
…
```

图 3.39　RGB 图像

上述代码的输出结果如图 3.40 所示。

图 3.40　基于'jet'颜色图和颜色栏的图像

另一种考查图像值的方式是绘制一幅直方图。当对图像数组绘制直方图时，该数组需要通过 numpy.ravel 展平，对应代码如下所示。

```
…
plt.hist(img.ravel(), bins=256, range=(0, 1))
…
```

上述代码的输出结果如图 3.41 所示。

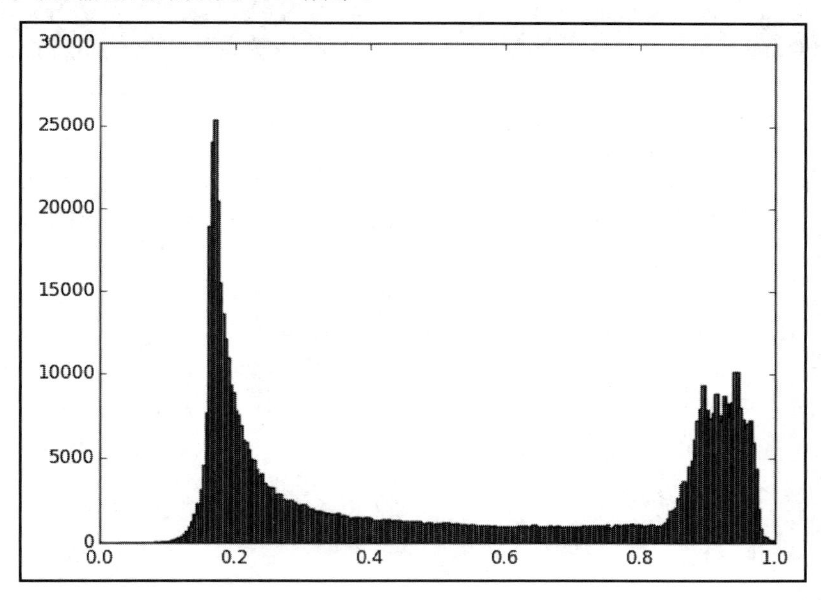

图 3.41　图像值的直方图

4．在网格中绘制多幅图像

当在某个网格中绘制多幅图像时，可简单地使用 plt.subplots，并在每个 Axes 上绘制一幅图像，对应代码如下所示。

```
…
fig, axes = plt.subplots(1, 2)
for i in range(2):
    axes[i].imshow(imgs[i])
…
```

上述代码的输出结果如图 3.42 所示。

图 3.42　一个网格中的多幅图像

在某些场合下，可能需要移除刻度并添加标记。对此，axes.set_xticks([])和 axes.set_yticks([])可分别移除 x 刻度和 y 刻度；而 axes.set_xlabel('label')则可添加标记，对应代码如下所示。

```
…
fig, axes = plt.subplots(1, 2)
labels = ['coast', 'beach']
for i in range(2):
    axes[i].imshow(imgs[i])
    axes[i].set_xticks([])
    axes[i].set_yticks([])
    axes[i].set_xlabel(labels[i])
…
```

上述代码的输出结果如图 3.43 所示。

图 3.43　包含标记的多幅图像

3.7.2　操作 19：在网格中绘制多幅图像

当前操作将在一个网格中绘制多幅图像，具体操作步骤如下。

（1）加载子文件夹 data 中的全部图像。

（2）在 2×2 网格中可视化图像。移除轴向并向每幅图像添加一个标记。

（3）在执行了上述各项步骤之后，输出结果如图 3.44 所示。

图 3.44　2×2 网格中的图像可视化结果

注意：

当前操作的具体解决方案可参考本书附录。

3.8　编写数学表达式

当在代码中需要编写数学表达式时，Matplotlib 支持 TeX。读者可以在任何文本中使用它，方法是将数学表达式放在一对$符号中。由于 Matplotlib 附带了自己的解析器，因而无须安装 TeX。

对应示例代码如下所示。

```
…
plt.xlabel('$x$')
```

```
plt.ylabel('$\cos(x)$')
...
```

上述代码的输出结果如图 3.45 所示。

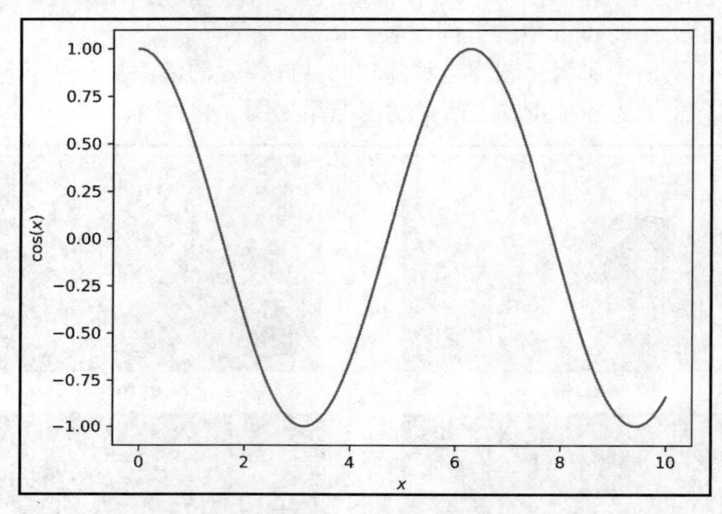

图 3.45　数学表达式

TeX 示例如下所示。

- '$\alpha_i>\beta_i$'生成 $\alpha_i > \beta_i$。
- '$\sum_{i=0}^\infty x_i$'生成 $\sum_{i=0}^{\infty} x_i$。
- '$\sqrt[3]{8}$'生成 $\sqrt[3]{8}$。
- '$\frac{3 - \frac{x}{2}}{5}$'生成 $\frac{3-\frac{x}{2}}{5}$。

3.9　本 章 小 结

本章详细介绍了 Matplotlib 这一最为流行的 Python 可视化库。本章首先讨论了 pylpot 方面的基础知识及其操作，随后深入讨论了基于文本的可视化内容。通过大量的操作实例，本章阐述了 Matplotlib 所提供的诸多绘制函数，包括比较图、合成图以及分布图。最后，本章还介绍了如何可视化图像以及如何编写数学表达式。

第 4 章将学习 Seaborn 库。Seaborn 构建于 Matplotlib 之上，并提供了高层抽象，以进一步丰富可视化内容。除此之外，第 4 章还将介绍某些较为高级的可视化类型。

第 4 章　利用 Seaborn 简化可视化操作

本章主要涉及以下内容：

- ❑ 解释为何 Seaborn 优于 Matplotlib。
- ❑ 设计优良的图表。
- ❑ 创建涵盖洞察结果的 Figure。

本章将考查 Seaborn 与 Matplolib 的不同之处，并利用 Figure 构建有效的图表。

4.1 简　　介

与 Matplotlib 不同，Seaborn 并非是独立的 Python 库，而是构建于 Matplotlib 之上，并提供了高层抽象以进一步丰富统计学可视化信息。Seaborn 的一个较为简洁的特性是能够与 panda 库中的 DataFrame 集成。

当采用 Seaborn 时，我们试图使可视化过程成为数据探索和理解的核心内容。从内部来看，Seaborn 在 DataFrame 以及涵盖全部数据集的数组上进行操作，进而能够执行语义映射和统计聚合，这对于显示信息可视化是必不可少的。此外，Seaborn 还可以单独用于更改 Matplotlib 可视化的样式和外观。

Seaborn 最为显著的特征包含以下内容。

- ❑ 可绘制包含不同主题的精美图表。
- ❑ 用于展示数据集模式的内建调色板。
- ❑ 面向数据集的接口。
- ❑ 支持复杂可视化的高层抽象。

Seaborn 构建在 Matplotlib 之上，同时还解决了使用 Matplotlib 的一些主要难点。

使用 Matplotlib 处理 DataFrame 会增加一些不方便的开销。例如，简单地考查数据集可能会占用很多时间，因为需要执行一些额外的数据整理工作，方可使用 Matplotlib 从 DataFrame 中绘制数据。

但 Seaborn 将在 DataFrame 和全部数据集数组上进行操作，这也简化了相关操作过程。它在内部执行必要的语义映射和统计聚合以生成富含信息的图表。

下列示例代码即采用了 Seaborn 库进行绘制。

```
import seaborn as sns
import pandas as pd
sns.set(style="ticks")
data = pd.read_csv("data/salary.csv")
sns.relplot(x="Salary", y="Age", hue="Education", style="Education",
col="Gender", data=data)
```

上述代码的输出结果如图 4.1 所示。

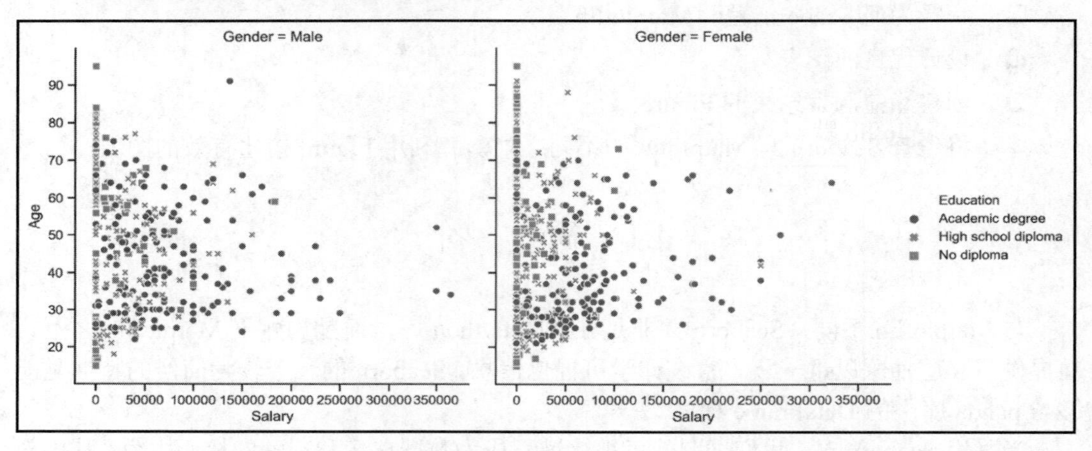

图 4.1　Seaborn 关系图

从内部来看，Seaborn 使用了 Matplotlib 绘制图表。尽管许多任务都可以通过 Seaborn 来完成，但是进一步的定制行为可能需要使用到 Matplotlib。这里只提供了数据集中变量的名称以及它们在图中所扮演的角色。与 Matplotlib 不同，此处不需要将变量转换为可视化的参数。

其他问题还会涉及默认的 Matplotlib 参数和配置。Seaborn 中的默认参数提供了更好的可视化行为，且无须额外的定制操作。稍后将对此类默认参数加以详细的讨论。

对于已经熟悉 Matplotlib 的用户来说，使用 Seaborn 的扩展非常简单，因为核心概念基本相似。

4.2　控制 Figure 观感

如前所述，Matplotlib 实现了高度的可定制化服务，但这也带来了一些负面影响，如难以了解到需要调整哪些设置方可实现更具吸引力的图表。相比之下，Seaborn 则提供了多种定制主题以及高层接口，进而可控制 Matplotlib 图表的外观。

下列代码片段创建了 Matplotlib 中的一个线形图。

```
%matplotlib inline
import matplotlib.pyplot as plt
plt.figure()
x1 = [10, 20, 5, 40, 8]
x2 = [30, 43, 9, 7, 20]
plt.plot(x1, label='Group A')
plt.plot(x2, label='Group B')
plt.legend()
plt.show()
```

基于 Matplotlib 默认参数的输出结果如图 4.2 所示。

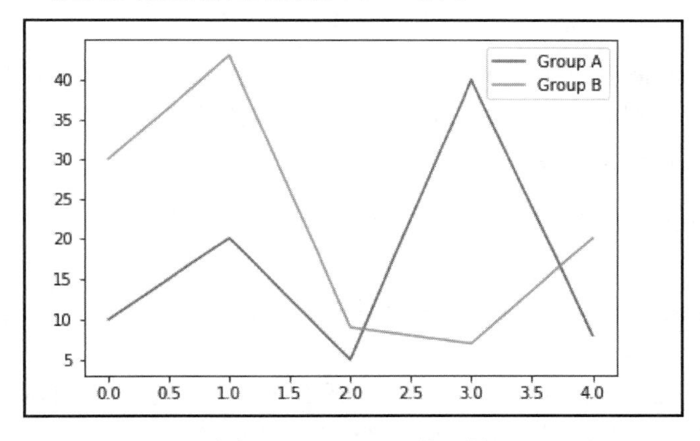

图 4.2　Matplotlib 线形图

当切换至 Seaborn 的默认设置时，仅需要简单地调用 set()函数即可，如下所示。

```
%matplotlib inline
import matplotlib.pyplot as plt
import seaborn as sns
sns.set()
plt.figure()
x1 = [10, 20, 5, 40, 8]
x2 = [30, 43, 9, 7, 20]
plt.plot(x1, label='Group A')
plt.plot(x2, label='Group B')
plt.legend()
plt.show()
```

对应输出结果如图 4.3 所示。

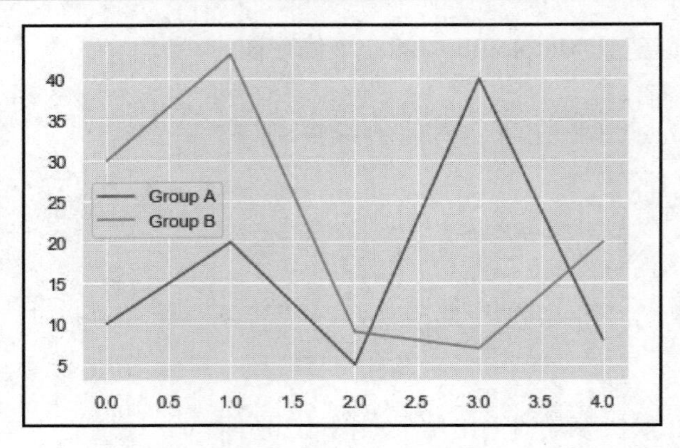

图 4.3　Seaborn 线形图

Seaborn 将 Matplotlib 的参数划分为两个分组。其中，第一个分组中包含了图表的外观参数；而第二个分组则用于缩放各种图形元素，以便可轻松地应用于各种环境中，如用于演示、海报等可视化内容。

4.2.1　图形样式

当对样式加以控制时，Seaborn 提供了两种方法，即 set_style(style, [rc])和 axes_style (style, [rc])。

其中，seaborn.set_style(style, [rc])方法用于设置图表的观感样式，对应的参数如下所示。

- style：参数字典，或者是以下预置集合之一的名称：darkgrid、whitegrid、dark、white 或 ticks。
- rc（可选项）：参数映射以覆盖预设的 Seaborn 样式字典中的值。

对应的示例代码如下所示。

```
%matplotlib inline
import matplotlib.pyplot as plt
import seaborn as sns
sns.set_style("whitegrid")
plt.figure()
x1 = [10, 20, 5, 40, 8]
x2 = [30, 43, 9, 7, 20]
plt.plot(x1, label='Group A')
plt.plot(x2, label='Group B')
plt.legend()
plt.show()
```

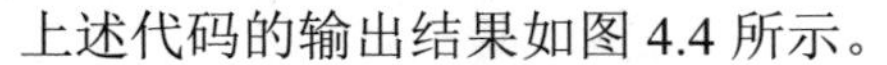
上述代码的输出结果如图 4.4 所示。

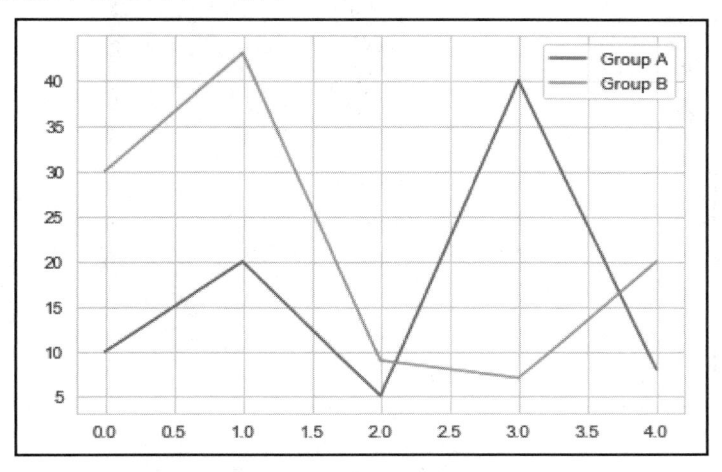

图 4.4　采用白色网格样式的 Seaborn 线形图

seaborn.axes_style(style, [rc])函数针对图表外观样式返回一个参数字典。该函数可用于 with 语句中并临时修改 style 参数。

对应的参数如下所示。

- style：参数字典或以下预置集合之一的名称：darkgrid、whitegrid、dark、white 或 ticks。
- rc（可选项）：参数映射以覆盖预设的 Seaborn 样式字典中的值。

对应的示例代码如下所示。

```
%matplotlib inline
import matplotlib.pyplot as plt
import seaborn as sns
sns.set()
plt.figure()
x1 = [10, 20, 5, 40, 8]
x2 = [30, 43, 9, 7, 20]
with sns.axes_style('dark'):
    plt.plot(x1, label='Group A')
    plt.plot(x2, label='Group B')
plt.legend()
plt.show()
```

这里，外观仅临时变化，对应结果如图 4.5 所示。

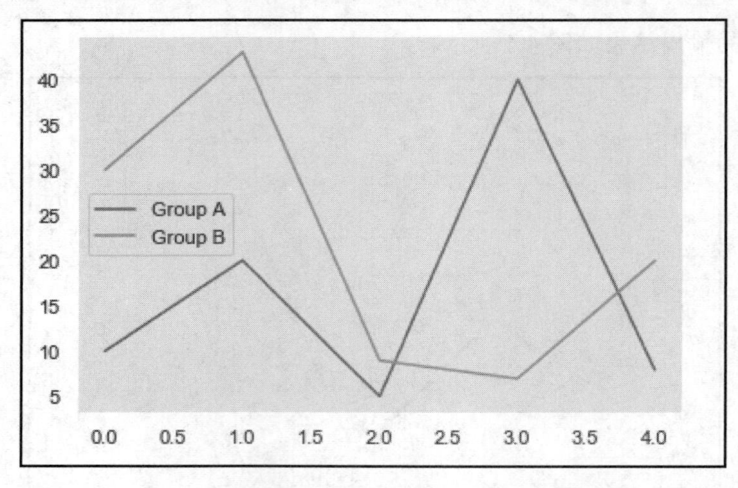

图 4.5　采用 dark 轴向样式的 Seaborn 线形图

对于进一步的定制操作，可向 rc 参数传递一个参数字典，且仅可覆写属于样式定义部分中的参数。

4.2.2　移除轴向

某些时候，可能希望移除上方和右方的轴向。

对此，seaborn.despine(fig=None, ax=None, top=True, right=True, left=False, bottom=False, offset=None, trim=False)函数可从图表中移除上方和右方的轴向。

对应代码如下所示。

```
%matplotlib inline
import matplotlib.pyplot as plt
import seaborn as sns
sns.set_style("white")
plt.figure()
x1 = [10, 20, 5, 40, 8]
x2 = [30, 43, 9, 7, 20]
plt.plot(x1, label='Group A')
plt.plot(x2, label='Group B')
sns.despine()
plt.legend()
plt.show()
```

上述代码的输出结果如图 4.6 所示。

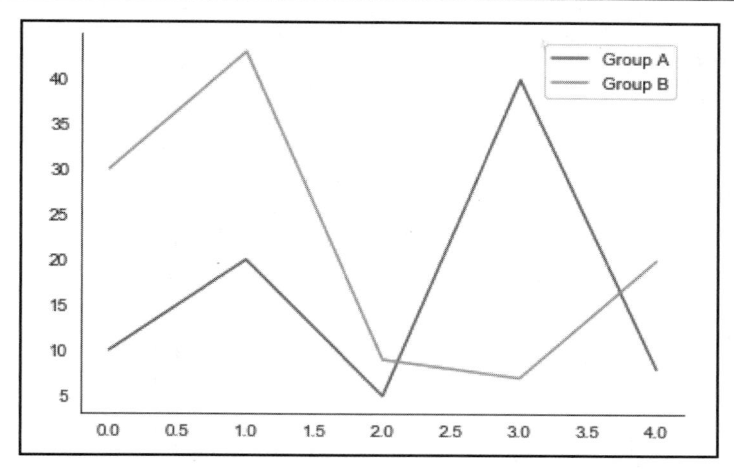

图 4.6　移除了轴向后的 Seaborn 线形图

4.2.3　上下文

一组独立的参数集可控制图表元素的尺度，这是一种简便的方法，进而可使用相同的代码创建图表，并适用于图表大小不一时的这一类上下文。当控制上下文时，可使用两个函数。

函数 seaborn.set_context(context, [font_scale], [rc])负责设置绘制上下文参数，这并不会改变图表的整体样式，但会影响到标记、直线等尺寸。相应地，notebook 表示为基本的上下文，其他上下文还包括 paper、talk 和 poster，即 notebook 参数分别缩放 0.8、1.3 和 1.6 的版本。

对应参数如下所示。

- context：参数字典或以下预置集合之一的名称：paper、notebook、talk 或 poster。
- font_scale（可选项）：缩放因子，可单独缩放字体元素的大小。
- rc（可选项）：参数映射，以覆写预设 Seaborn 上下文字典中的值。

对应示例代码如下所示。

```
%matplotlib inline
import matplotlib.pyplot as plt
import seaborn as sns
sns.set_context("poster")
plt.figure()
x1 = [10, 20, 5, 40, 8]
x2 = [30, 43, 9, 7, 20]
```

```
plt.plot(x1, label='Group A')
plt.plot(x2, label='Group B')
plt.legend()
plt.show()
```

上述代码的输出结果如图 4.7 所示。

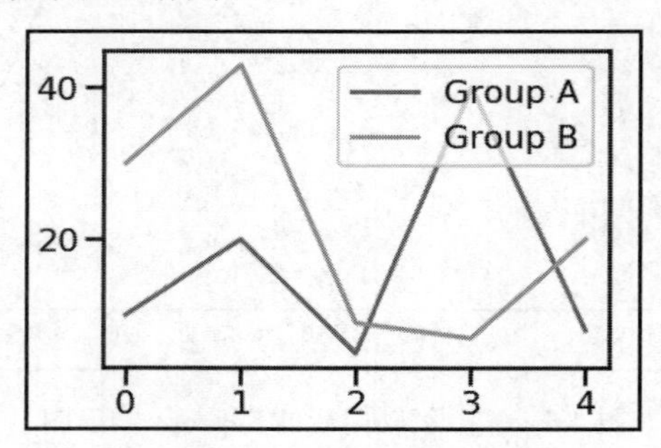

图 4.7　基于 poster 上下文的 Seaborn 线形图

利用 seaborn.plotting_context(context, [font_scale], [rc])函数可返回一个参数字典，并可缩放 Figure 的元素。该函数可临时修改上下文参数。

对应参数如下所示。

- context：参数字典或以下预置集合之一的名称：paper、notebook、talk 或 poster。
- font_scale（可选项）：缩放因子，可单独缩放字体元素的大小。
- rc（可选项）：参数映射，以覆写预设 Seaborn 上下文字典中的值。

4.2.4　操作 20：利用箱形图比较不同测试分组中的 IQ 值

当前操作将使用 Seaborn 库中的箱形图在不同的测试组间比较 IQ 值，具体操作步骤如下。

（1）使用 pandas 读取位于子文件夹 data 中的数据。

（2）访问列中每个分组中的数据，将其转换为一个列表，并将该列表分配至相应分组的变量中。

（3）通过每组数据，利用前面的数据创建 pandas DataFrame。

（4）利用 Seaborn 中的 boxplot 函数对不同测试组中的 IQ 值创建箱形图。

（5）通过 whitegrid 样式，将当前上下文设置为 talk，并移除除底部之外的所有轴向。随后当前图表添加一个标题。

（6）在执行了上述各项操作步骤之后，最终的输出结果如图 4.8 所示。

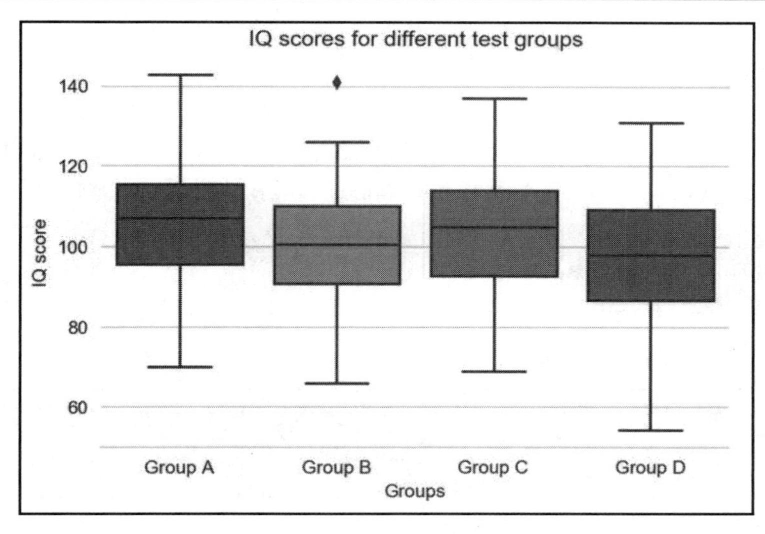

图 4.8　分组中的 IQ 值

注意：

该操作的具体解决方案可参考本书附录。

4.3 调　色　板

色彩是可视化内容中非常重要的因素。如果有效地加以使用，颜色可以显示数据中的模式；如果使用不当，颜色则会隐藏模式。对此，Seaborn 可方便地选择和使用调色板，以适用于当前任务。相应地，color_palette()函数针对色彩生成提供了一个包括诸多方式的一个接口。

利用 seaborn.color_palette([palette], [n_colors], [desat])函数可返回一个颜色列表，因而可定义调色板。

对应参数如下所示。

- palette（可选项）：调色板名称（或 None），并返回当前调色板。
- n_colors（可选项）：调色板中颜色的数量。如果指定的颜色数量大于调色板中的颜色数量，那么颜色将被循环。
- desat（可选项）：每种颜色饱和度降低的比例。

可通过 set_palette()函数针对全部图表设置调色板。该函数接收与 color_palette()函数相同的参数。稍后将解释如何将颜色调色板划分为不同的分组。

4.3.1　分类调色板

分类调色板最适合于区分没有固有顺序的离散数据。Seaborn 中包含了 6 种默认的主题，即 deep、muted、bright、pastel、dark 和 colorblind。下列内容显示了每种主题的示例代码。

```
import seaborn as sns
palette1 = sns.color_palette("deep")
sns.palplot(palette1)
```

上述代码的输出结果如图 4.9 所示。

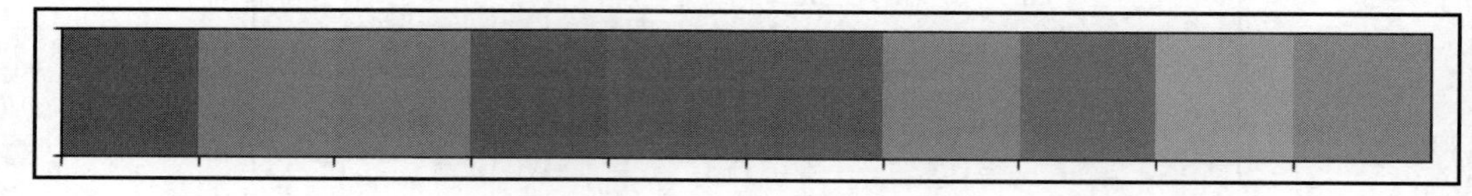

图 4.9　深色调色板

下列代码显示了哑色调色板。

```
palette2 = sns.color_palette("muted")
sns.palplot(palette2)
```

上述代码的输出结果如图 4.10 所示。

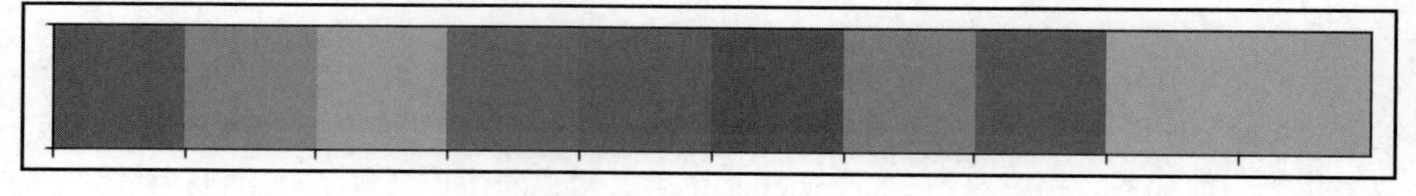

图 4.10　哑色调色板

下列代码显示了亮色调色板。

```
palette3 = sns.color_palette("bright")
sns.palplot(palette3)
```

上述代码的输出结果如图 4.11 所示。

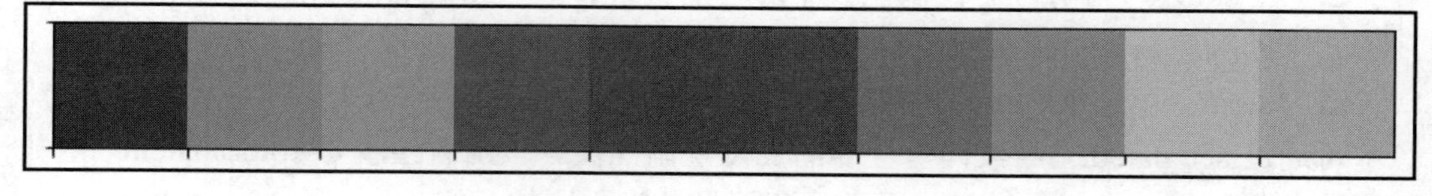

图 4.11　亮色调色板

下列代码显示了浅色系调色板。

```
palette4 = sns.color_palette("pastel")
sns.palplot(palette4)
```

上述代码的输出结果如图 4.12 所示。

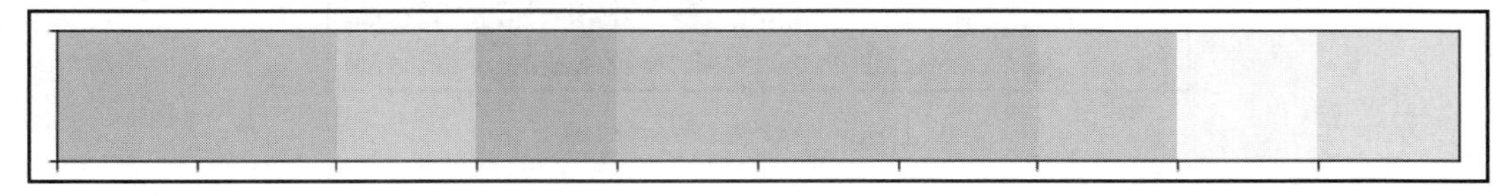

图 4.12　浅色系调色板

下列代码显示了暗色系调色板。

```
palette5 = sns.color_palette("dark")
sns.palplot(palette5)
```

上述代码的输出结果如图 4.13 所示。

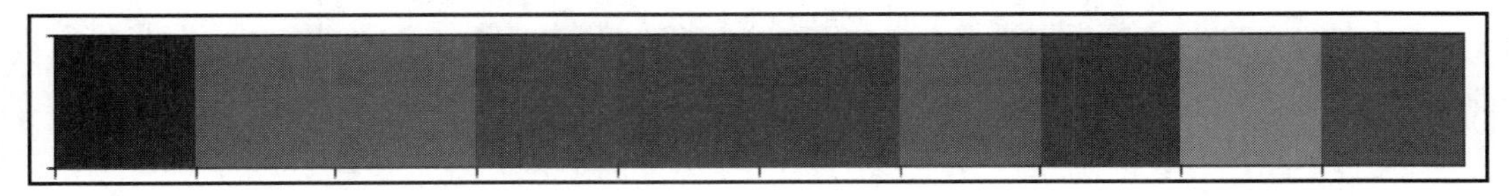

图 4.13　暗色系调色板

下列代码显示了色盲（colorblind）调色板。

```
palette6 = sns.color_palette("colorblind")
sns.palplot(palette6)
```

上述代码的输出结果如图 4.14 所示。

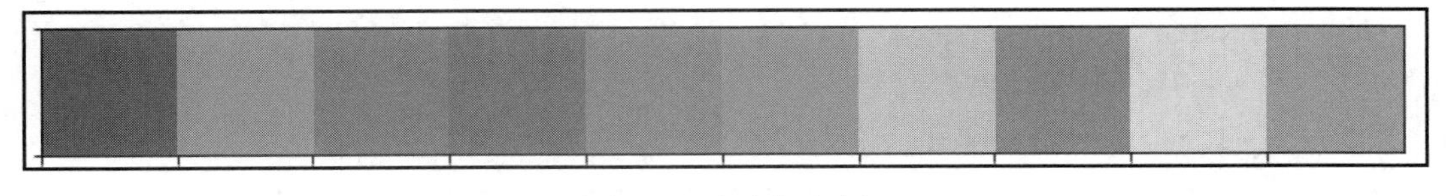

图 4.14　色盲调色板

4.3.2　连续调色板

当数据按照较低值或无关值到较高值或关注值排列时，较好的方式是使用连续调色板。下列代码片段展示了连续调色板。

```
custom_palette2 = sns.light_palette("brown")
sns.palplot(custom_palette2)
```

上述代码的输出结果如图 4.15 所示。

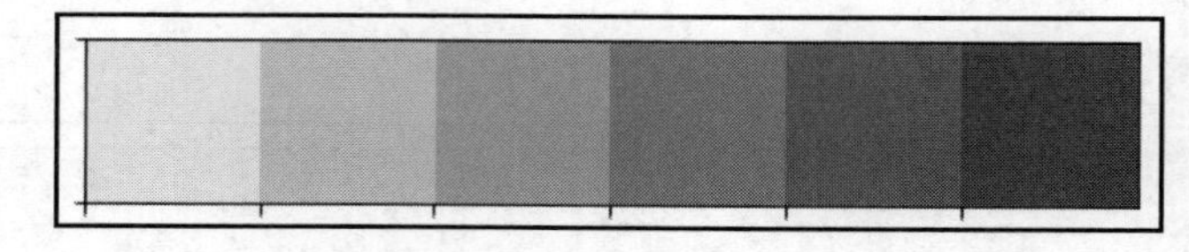

图 4.15　定制的褐色调色板

通过将 reverse 参数设置为 True，还可逆置上述调色板，对应代码如下所示。

```
custom_palette3 = sns.light_palette("brown", reverse=True)
sns.palplot(custom_palette3)
```

上述代码的输出结果如图 4.16 所示。

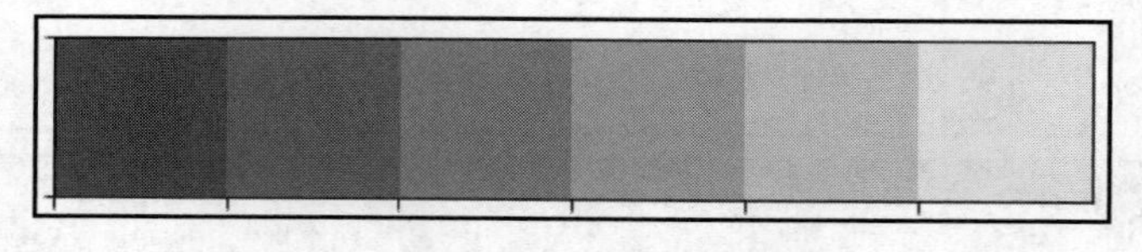

图 4.16　定制的逆置褐色调色板

4.3.3　离散调色板

对于包含良好定义的中点的数据，可使用离散调色板。其中，关注点位于较高值和较低值上。如果根据基线人口针对特定区域绘制人口变化图表，较好的方法是采用离散颜色图显示人口的相对增长和减少。

下列代码片段显示了离散调色板，并于其中使用了 Matplotlib 中的 coolwarm 模板。

```
custom_palette4 = sns.color_palette("coolwarm", 7)
sns.palplot(custom_palette4)
```

上述代码的输出结果如图 4.17 所示。

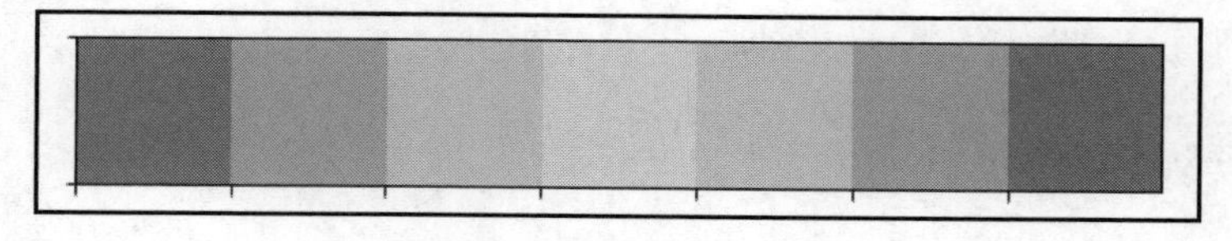

图 4.17　coolwarm 调色板

此外，还可使用 diverging_palette()函数创建定制的离散调色板。对此，可作为参数传递两个 hues（色调度数），以及调色板的总数，对应代码如下所示。

```
custom_palette5 = sns.diverging_palette(440, 40, n=7)
sns.palplot(custom_palette5)
```

上述代码的输出结果如图 4.18 所示。

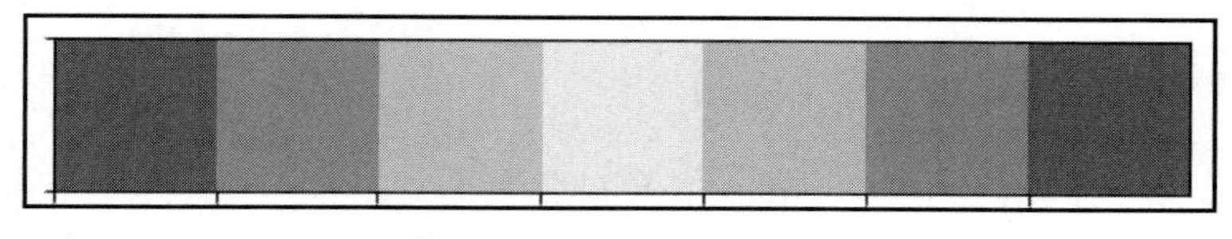

图 4.18　定制的离散调色板

4.3.4　操作 21：利用热图发现航班数据中的模式

当前操作将使用热图获取航班数据中的模式，具体操作步骤如下。

（1）使用 pandas 读取位于子文件夹 data 中的数据。这里，给定的数据包含 2001—2012 年航班乘客的月度图表。

（2）使用热图对给定数据进行可视化操作。

（3）采用自己的颜色图，确保较低值采用深色显示，而较高值则使用亮色显示。

（4）在执行了上述各项操作步骤之后，输出结果如图 4.19 所示。

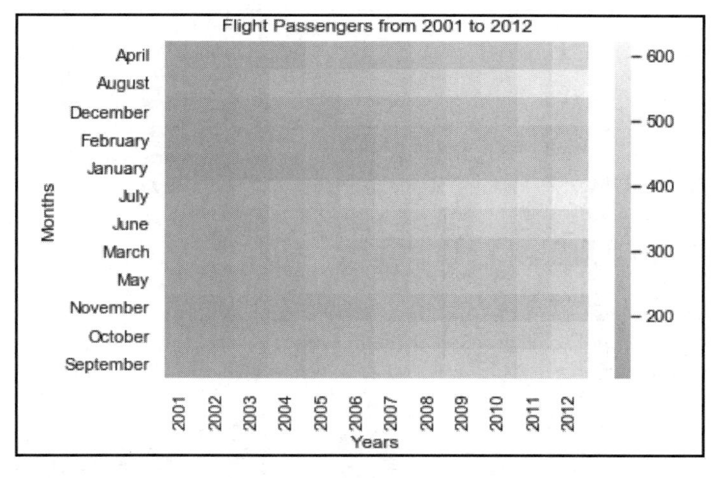

图 4.19　航班乘客数据的热图

注意：

该操作的具体解决方案可参考本书附录。

4.4 Seaborn 中的图表

第 3 章曾讨论了 Matplotlib 中的各种图表，本节将进一步丰富其中的内容。

4.4.1 柱状图

第 3 章曾介绍了如何利用 Matplotlib 创建柱状图。基于子分组的柱状图的创建过程较为枯燥，对此，Seaborn 提供了一种十分方便的方法创建各种柱状图。除此之外，它们也可用于 Seaborn 中，以每个矩形的高度表示集中趋势的估计值，并使用误差栏表示该估计值的不确定性。

下列示例代码展示了这一过程的工作方式。

```
import pandas as pd
import seaborn as sns
data = pd.read_csv("data/salary.csv")
sns.set(style="whitegrid")
sns.barplot(x="Education", y="Salary", hue="District", data=data)
```

上述代码的输出结果如图 4.20 所示。

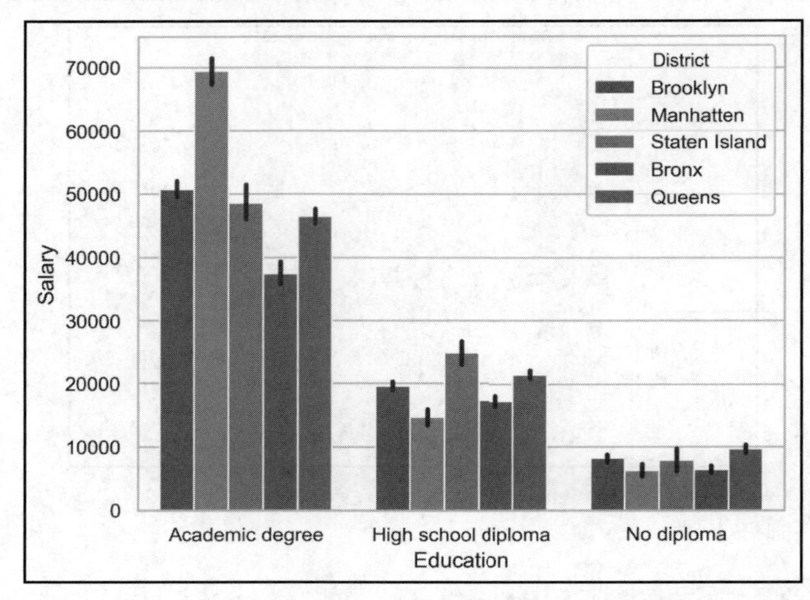

图 4.20　Seaborn 柱状图

4.4.2　操作 22：电影评分比较

当前操作将使用柱状图比较影片的评分结果。这里给出了 5 部来自 Rotten Tomatoes 评分的影片。其中，Tomatometer 是指那些对电影给予正面评价的影评人的百分比；Audience Score 是指在 5 分中给出 3.5 分或更高分数的用户的百分比。下面将在 5 部电影中比较这两项数据，具体操作步骤如下。

（1）使用 pandas 读取位于子文件夹 data 中的数据。

（2）将此类数据转换为 Seaborn 柱状图函数的有效格式。

（3）使用 Seaborn 创建可视化柱状图，并针对 5 部影片比较上述两项评分结果。

（4）在执行了上述各项步骤之后，输出结果如图 4.21 所示。

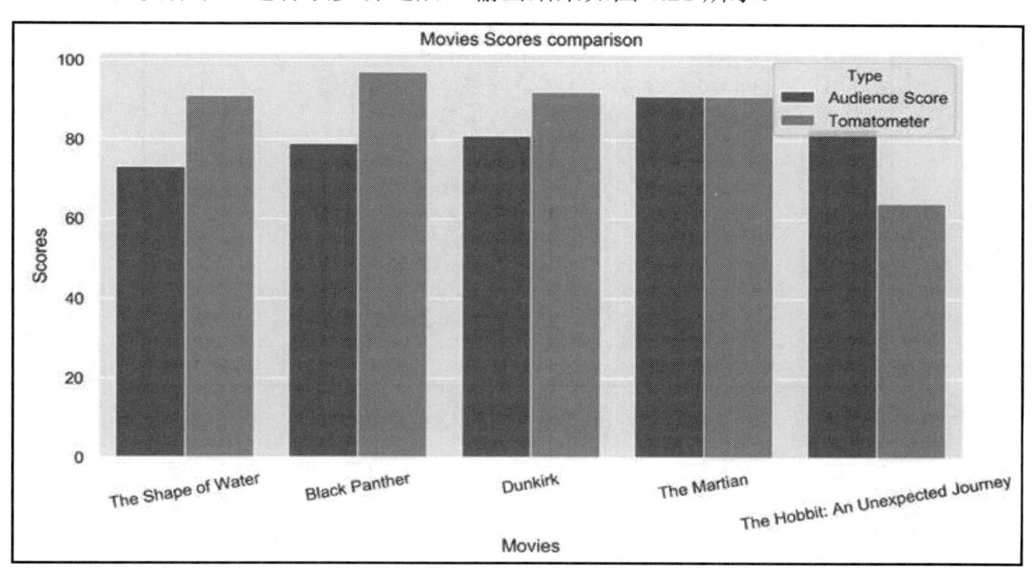

图 4.21　影片评分比较结果

注意：

该操作的具体解决方案可参考本书附录。

4.4.3　核密度估算

通常情况下，显示数据集变量的分布方式十分有用。Seaborn 提供了方便的函数来检查单变量和双变量的分布。查看 Seaborn 中单变量分布的一种可能方法是使用 distplot()函数。这将绘制一个直方图以匹配核密度估算（KDE），对应示例代码如下所示。

```
%matplotlib inline
import numpy as np
import pandas as pd
import matplotlib.pyplot as plt
import seaborn as sns
x = np.random.normal(size=50)
sns.distplot(x)
```

上述代码的输出结果如图 4.22 所示。

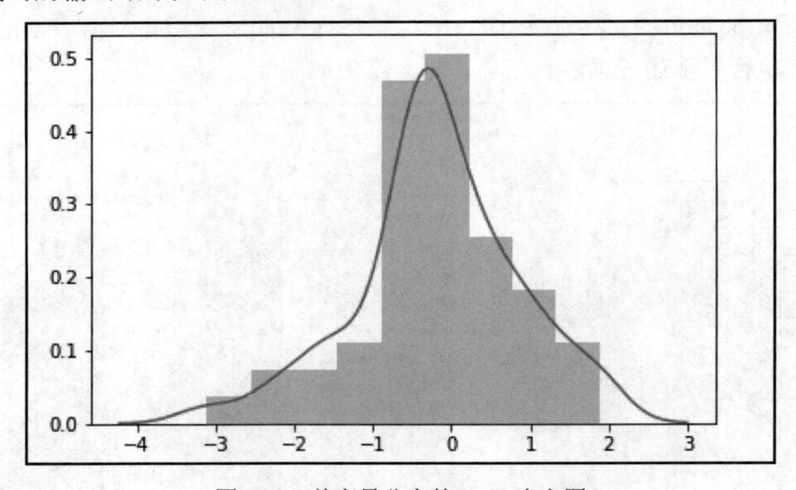

图 4.22　单变量分布的 KDE 直方图

若仅仅对 KDE 进行可视化，Seaborn 则提供了 kdeplot()函数，如下所示。

```
sns.kdeplot(x, shade=True)
```

图 4.23 显示了 KDE 图表，以及曲线下方的阴影区域。

对于双变量分布的可视化操作，需要引入 3 个不同的图表。其中，前两个图表使用 jointplot()函数，这将创建一个多面板图形，显示了两个变量之间的联合关系和相应的边缘分布。

另外，散点图则在 x 轴和 y 轴上将各观察结果显示为点，同时还将针对每个变量显示一幅直方图，对应代码如下所示。

```
import pandas as pd
import seaborn as sns
```

```
data = pd.read_csv("data/salary.csv")
sns.set(style="white")
sns.jointplot(x="Salary", y="Age", data=data)
```

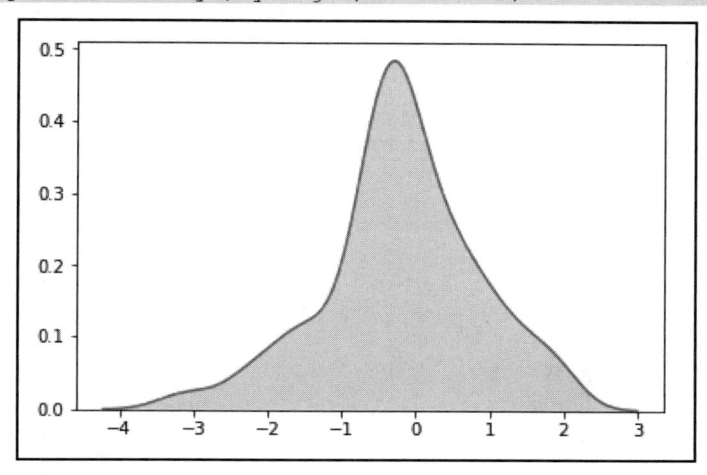

图 4.23 单变量分布的 KDE

图 4.24 显示了包含边缘直方图的散点图。

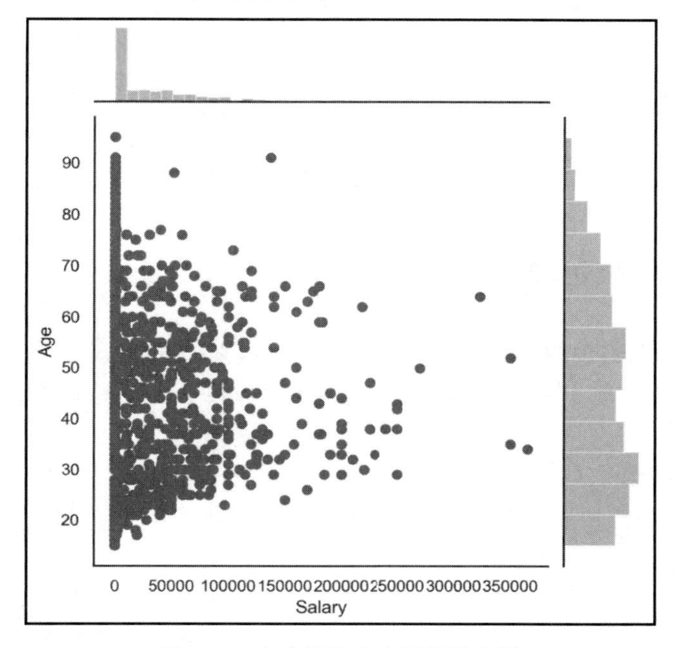

图 4.24 包含边缘直方图的散点图

此外，还可使用 KDE 过程可视化双变量分布，联合分布则以等高线图予以显示，对应代码如下所示。

```
sns.jointplot('Salary', 'Age', data=subdata, kind='kde', xlim=(0,
500000),ylim=(0, 100))
```

上述代码的输出结果如图 4.25 所示。

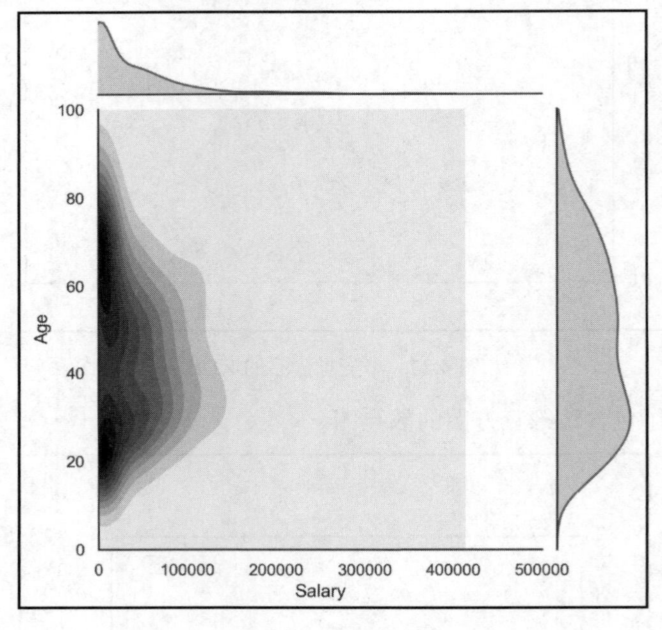

图 4.25　等高线图

4.4.4　相互关系的可视化

为了可视化数据集中的多个成对双变量的分布状态，Seaborn 提供了 pairplot()函数。该函数将生成一个矩阵，其中，非对角线元素可视化每个变量对间的关系，对角线元素则显示边缘分布。

对应代码如下所示。

```
%matplotlib inline
import numpy as np
import pandas as pd
import matplotlib.pyplot as plt
import seaborn as sns
```

```
mydata = pd.read_csv("data/basic_details.csv")
sns.set(style="ticks", color_codes=True)
g = sns.pairplot(mydata, hue="Groups")
```

关系图也称作相关图，如图 4.26 所示。其中，散点图显示了非对角线上的全部变量对，而 KDE 则显示于对角线上。另外，分组则通过不同的颜色予以显示。

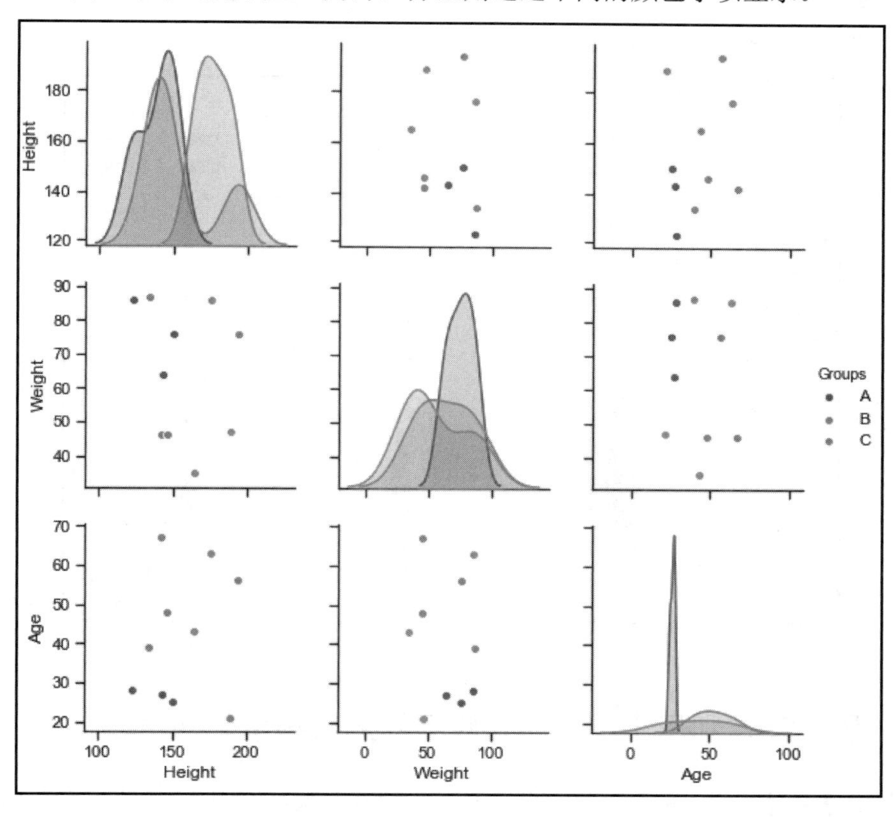

图 4.26　Seaborn 关系图

4.4.5　小提琴图

另一种将统计数据可视化的方法是使用小提琴图，并将箱形图与之前描述的核密度估计过程相结合。小提琴图提供了丰富的变量分布状态。除此之外，箱形图中的四分位和须状值也将显示于小提琴内部。

下列代码显示了小提琴图的应用。

```
import pandas as pd
import seaborn as sns
data = pd.read_csv("data/salary.csv")
sns.set(style="whitegrid")
sns.violinplot('Education', 'Salary', hue='Gender', data=data, split=
True,cut=0)
```

上述代码的输出结果如图 4.27 所示。

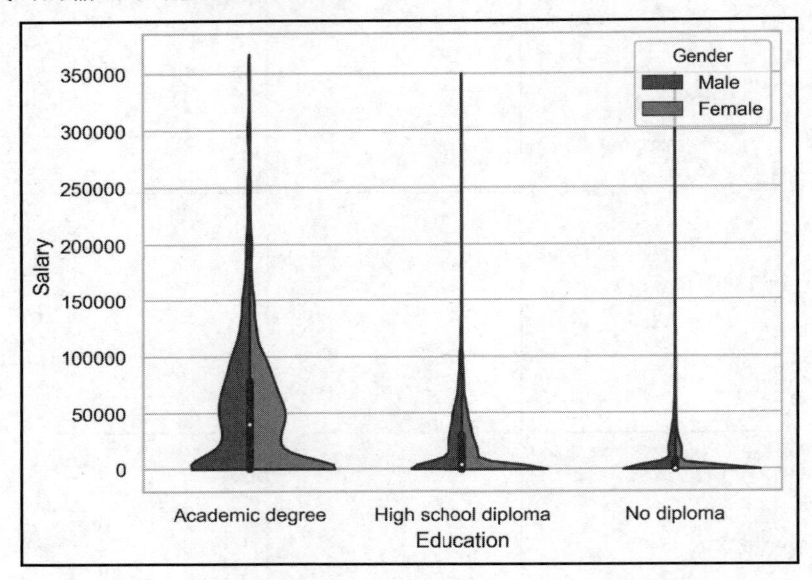

图 4.27　Seaborn 小提琴图

4.4.6　操作 23：利用小提琴图比较不同测试组中的 IQ 值

当前操作通过 Seaborn 库提供的小提琴图比较不同测试组间的 IQ 值，具体操作步骤如下。

（1）使用 pandas 读取位于子文件夹 data 中的数据。

（2）访问列中每个分组中的数据，将其转换为一个列表，并将该列表分配至每个分组的变量中。

（3）根据每个分组数据，使用前述数据创建一个 pandas DataFrame。

（4）利用 Seaborn 的 violinplot 函数针对不同测试分组的每个 IQ 值创建一个箱形图。

（5）使用 whitegrid 样式，将当前上下文设置为 talk，并移除除底部之外的所有轴向。

（6）在执行了上述各项步骤之后，最终输出结果如图 4.28 所示。

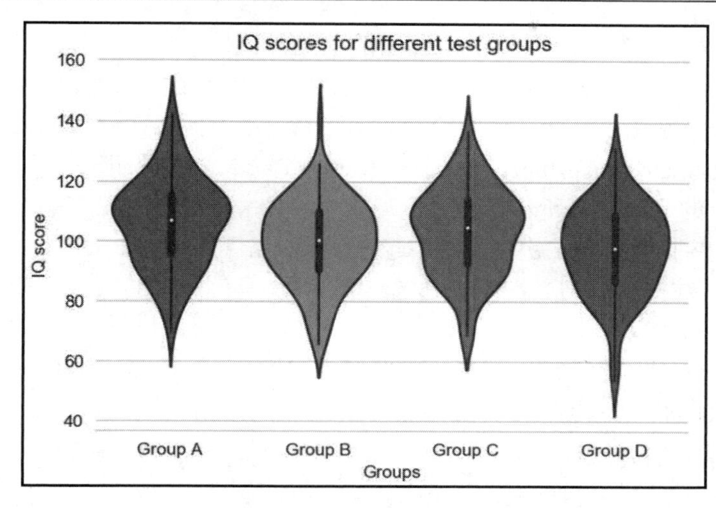

图 4.28　显示不同分组 IQ 值的小提琴图

注意：

该操作的具体解决方案可参考本书附录。

4.5　Seaborn 中的多图表

前述内容曾讨论了多图表，即关系图。本节将采用不同的方法创建多图表。

4.5.1　FacetGrid

FacetGrid 对于多个变量的特定图表的可视化操作十分有用。FacetGrid 可通过高达 3 个维度进行绘制，即 row、col 和 hue。不难发现，前两项与数组的行和列对应，第三个维度则采用不同的颜色进行绘制。相应地，FacetGrid 类需要通过 DataFrame，以及形成网格的行、列和 hue 维度的变量名进行初始化。这一类变量应具备分类或离散特征。

对于条件关系的绘制，seaborn.FacetGrid(data, row, col, hue, ...)将初始化多图表网格。其中所涉及的参数如下所示。

- data：一个整洁（“长格式”）的 DataFrame，其中每一列对应一个变量，每一行对应一个观察值。
- row、col 和 hue：定义给定数据子集的变量，并在网格中独立的面片上进行绘制。
- sharex、sharey（可选项）：在行/列间共享 x/y 轴。

- height（可选项）：每个面片的高度（以英寸计）。

初始化网格不需要在其上绘制任何内容。对应该网格上的数据初始化操作，需要调用 FacetGrid.map()方法。另外，可向绘制的 DataFrame 中提供任意绘制函数和变量名。

相应地，FacetGrid.map(func, *args, **kwargs)将绘制函数应用于网格的每个面片。

其中所涉及的参数如下所示。

- func：接收数据和关键字参数的绘制函数。
- *args：数据中的列名，用于确定绘制变量。每个变量的数据将以指定的顺序传递至 func 中。
- **kwargs：传递至绘制函数中的关键字参数。

下列示例代码利用散点图可视化 FacetGrid。

```
import pandas as pd
import matplotlib.pyplot as plt
import seaborn as sns
data = pd.read_csv("data/salary.csv")
g = sns.FacetGrid(subdata, col='District')
g.map(plt.scatter, 'Salary', 'Age')
```

上述代码的输出结果如图 4.29 所示。

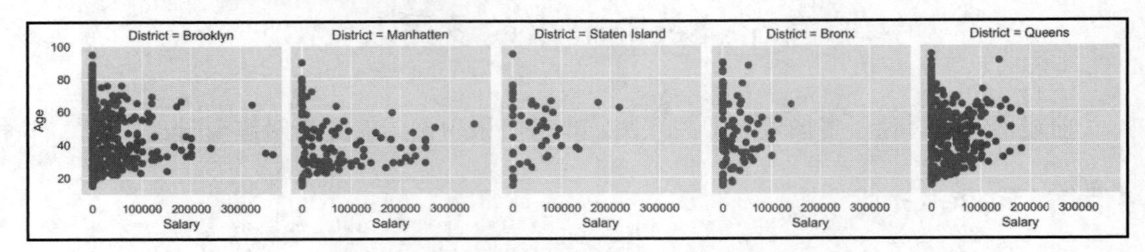

图 4.29　利用散点图绘制的 FacetGrid

4.5.2　操作 24：前 30 个 YouTube 频道

该操作利用 Seaborn 提供的 FacetGrid()函数，对前 30 个 YouTube 频道的订阅者和浏览量进行可视化，并利用包含两列的 FacetGrid 可视化给定数据。其中，第一列显示每个 YouTube 频道的订阅者数量，第二列则显示浏览量，具体操作步骤如下。

（1）使用 pandas 读取位于 data 子文件夹中的数据。

（2）访问列中每个分组的数据，将其转换为一个列表，并将该列表分配至每个对应分组的变量中。

（3）根据每个分组的数据，利用上述数据创建 pandas DataFrame。

（4）创建包含两列的 FacetGrid，并对当前数据进行可视化。

（5）在执行了上述各项操作步骤之后，最终的输出结果如图 4.30 所示。

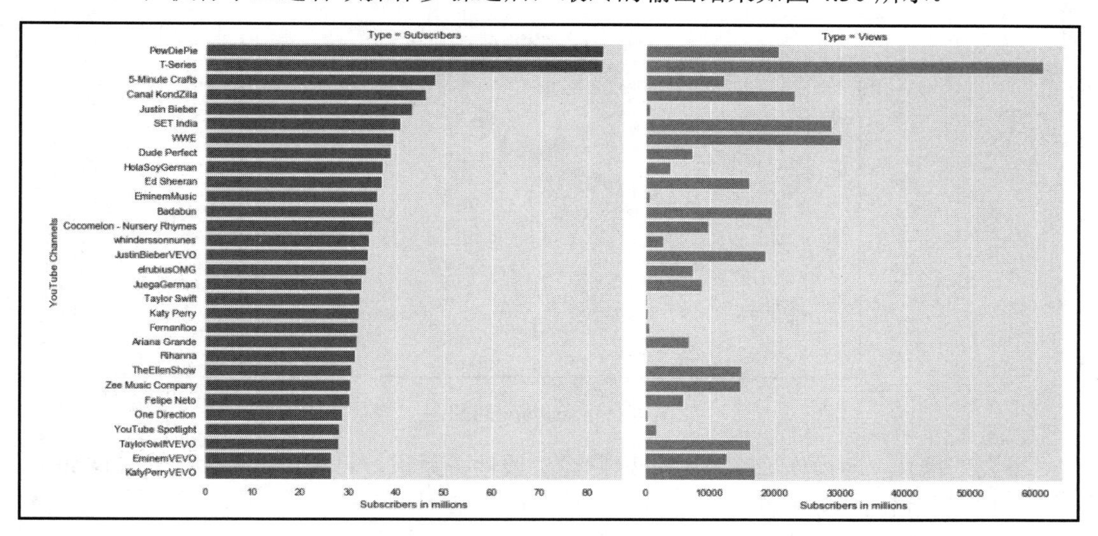

图 4.30　前 30 个 YouTube 频道的订阅者和浏览量

注意：

该操作的具体解决步骤可参考本书附录。

4.6　回　归　图

许多数据集包含多个定量变量，当前目标是找出这些变量之间的关系。

前述内容曾讨论过显示两个变量的联合分布的相关函数，并可估算两个变量间的关系。Seaborn 提供了更为广泛的回归功能，但这里仅讨论线性回归。

为了可视化通过线性回归确定的线性关系，Seaborn 提供了 regplot()函数，下列代码片段提供了简单的示例。

```
import numpy as np
import seaborn as sns
x = np.arange(100)
y = x + np.random.normal(0, 5, size=100)
sns.regplot(x, y)
```

利用 regplot()函数可绘制一幅散点图、一条回归线和该回归的 95%置信区间，如图 4.31 所示。

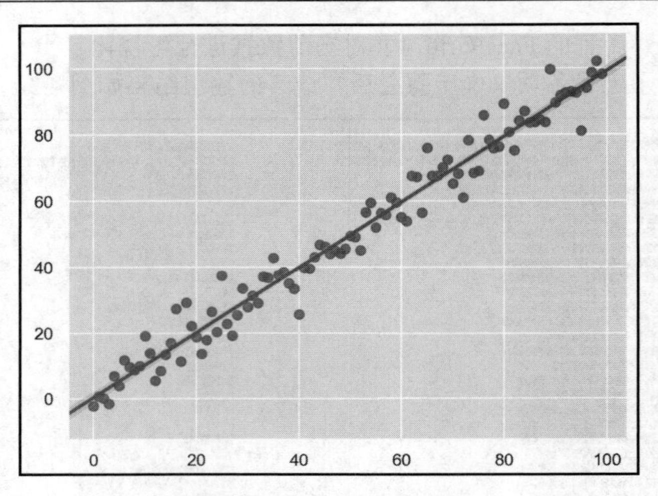

图 4.31　Seaborn 回归图

下面的操作（即操作 25）将通过回归图对线性关系进行可视化，具体操作步骤如下。

（1）使用 pandas 读取位于 data 子文件夹中的数据。

（2）过滤数据，且仅保存包含体重和最长寿命的样本。这里，仅考查 Mammalia 类和体重小于 200000 的样本。

（3）创建回归图并对变量的线性关系进行可视化。

（4）在执行了上述各项操作步骤之后，最终结果如图 4.32 所示。

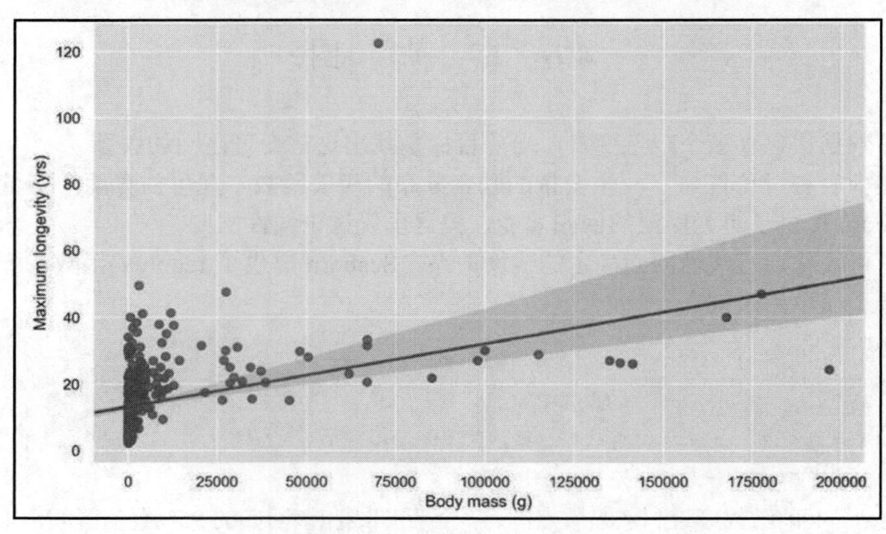

图 4.32　动物属性关系的线性回归

注意：

该操作的具体解决方案可参考本书附录。

4.7　Squarify 库

本节简要介绍一下树形图。树形图将层次结构数据显示为一组嵌套的矩形。其中，每个分组由一个矩形表示，矩形的面积与其值成正比。当采用彩色方案时，即可显示对应的层次结构，即分组、子分组等。与饼图相比，树形图可高效地利用空间。Matplotlib 和 Seaborn 库并未提供树形图，但可使用构建于 Matplotlib 之上的 Squarify 库。对于创建调色板来说，Seaborn 是一个较好的辅助方案。

下列代码片段显示了基本的树形图，且需要使用到 Squarify 库。

```
%matplotlib inline
import matplotlib.pyplot as plt
import seaborn as sns
import squarify
colors = sns.light_palette("brown", 4)
squarify.plot(sizes=[50, 25, 10, 15], label=["Group A", "Group B", "Group C", "Group D"], color=colors)
plt.axis("off")
plt.show()
```

上述代码的输出结果如图 4.33 所示。

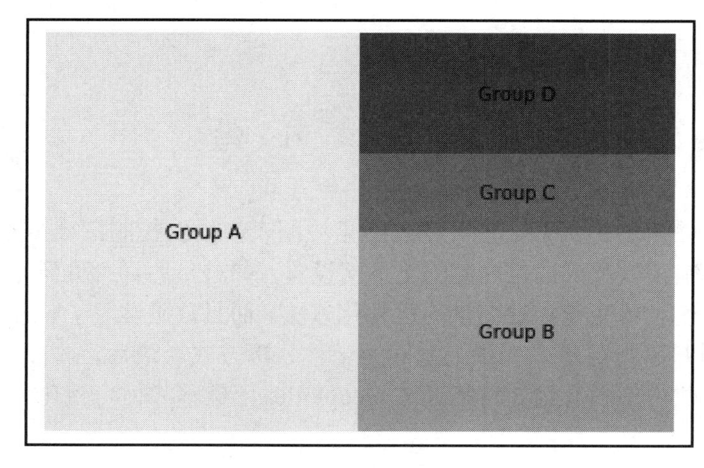

图 4.33　树形图

下列操作（即操作 26）将使用树形图可视化用于不同目的的耗水量的百分比，具体操作步骤如下。

（1）使用 pandas 读取位于子文件夹 data 中的数据。

（2）使用树形图可视化耗水量。

（3）显示每个标题的百分比并添加一个标题。

（4）在执行了上述各项操作步骤之后，最终输出结果如图 4.34 所示。

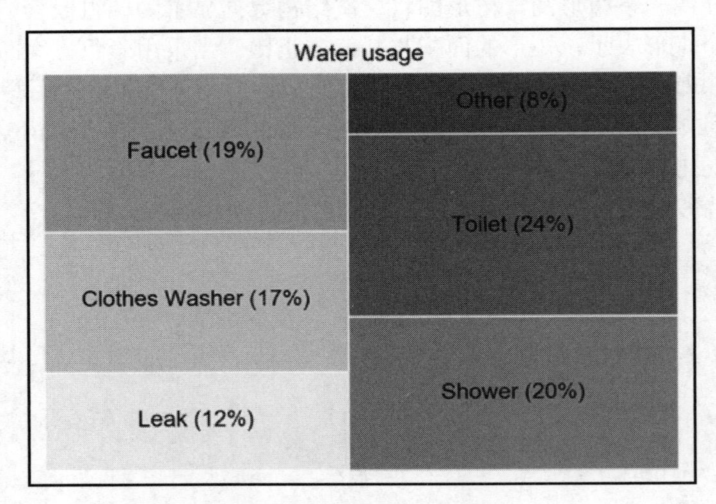

图 4.34　耗水量的树形图

注意：

该操作的具体解决方案可参考本书附录。

4.8　本 章 小 结

本章讨论了如何创建具有丰富可视化信息的图表，以及控制图表外观的各种选项，如图表样式、控制轴以及可视化内容的上下文设置。另外，还详细介绍了调色板。同时，本章还进一步阐述了单变量和双变量的可视化方法。而且，还学习了 acetGrid，进而创建多个图表，而回归图则是两个变量关系间的一种分析方式。最后，本章讨论了 Squarify 库，该库用于创建树形图。第 5 章将通过 Geoplotlib 库展示如何可视化地理空间数据。

第 5 章　绘制地理空间数据

本章主要涉及以下内容：

- ❑ 使用 Geoplotlib 创建地理图形可视化内容。
- ❑ 辨识不同的地理空间图表类型。
- ❑ 描述用于绘制的地理空间数据集。
- ❑ 绘制地理空间信息的重要性。

本章将使用 Geoplotlib 库对不同的地理空间数据进行可视化。

5.1　简　　介

Geoplotlib 是地理空间数据可视化的开源 Python 库，其中涵盖了大量的地理空间可视化操作，并支持硬件加速。此外，Geoplotlib 还针对包含数百万个数据点的大型数据集提供了高性能渲染机制。如前所述，Matplotlib 包含了两种方式可对地理空间数据可视化。然而，考虑到 Matplotlib 的接口过于复杂且难以使用，因而并不适合当前任务。另外，Matplotlib 还限制了地理空间数据的显示方式。虽然 Basemap 和 Cartopy 库可用于绘制世界地图，但此类数据包并不支持图块（map tile）。

另外一方面，Geoplotlib 不仅提供了图块，而且还支持交互操作和简单的动画。Geoplotlib 定义了简单的接口，并可访问功能强大的地理空间可视化操作。

提示：

关于 Geoplotlib 的更多信息，读者可访问 https://github.com/andrea-cuttone/geoplotlib/wikiwiki/User-Guide。

为了进一步理解 Geoplotlib 的相关概念、设计和实现方式，下面首先考查其整体结构。Geoplotlib 的两个输入项是数据源和图块。稍后将会看到，可通过不同的提供商替换图块。相应地，输出则描述了 Jupyter Notebook 中的图像渲染，以及交互式窗口中的操作（缩放和平移地图）。图 5.1 显示了 Geoplotlib 中的组件结构。

Geoplotlib 采用了分层这一概念并可彼此相互叠加，从而为复杂的可视化提供了强大的接口。其中涵盖了多个常见的可视化层，并可方便地设置和使用。

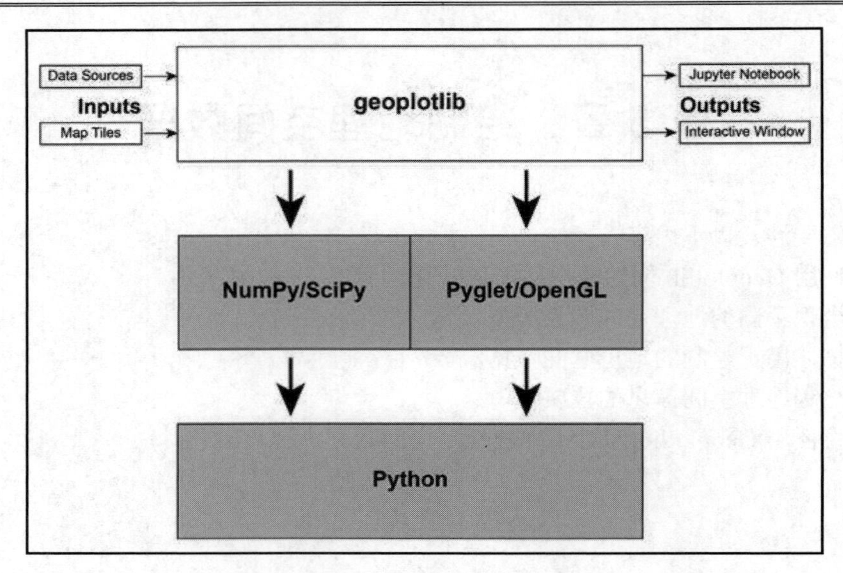

图 5.1　Geoplotlib 的层次结构

从图 5.1 可以看到，Geoplotlib 构建于 NumPy/SciPy 和 Pyglet/OpenGL 之上。这一类库主要关注数值操作和渲染行为。这两个组件均基于 Python，因而可充分利用 Python 生态系统。

5.1.1 Geoplotlib 的设计原理

当深入考查 Geoplotlib 的内部设计时，可以看出，Geoplotlib 是围绕以下 3 个设计原理展开的。

- 简单性。Geoplotlib 抽象了绘制图块的复杂度，并提供了多个层，如点—密度和直方图。Geoplotlib 包含了一个简单的 API，并提供了常用的可视化操作。这一类可视化操作可通过自定义数据予以创建（仅包含几行代码）。如果数据集中包含了 lat 和 lon 列，可将此类数据点显示为地图上的点，这一过程仅需要使用到 5 行代码，如下所示。

```
import geoplotlib
from geoplotlib.utils import read_csv
dataset = read_csv('./data/poaching_points_cleaned.csv')
geoplotlib.dot(dataset)
geoplotlib.show()
```

除此之外，Matplotlib 用户并不会对 Geoplotlib 的语法感到陌生，其语法受到了

Matplotlib 语法的启发。

- 集成性。Geoplotlib 可视化操作完全基于 Python。这意味着，可运行通用的 Python 代码和其他库。例如，pandas 可用于数据整理功能，通过 pandas DataFrame 操控和丰富数据集，并于随后简单地将其转换为 Geoplotlib DataAccessObject（考虑到最佳兼容性），对应代码如下所示。

```
import pandas as pd
from geoplotlib.utils import DataAccessObject

pd_dataset = pd.read_csv('./data/poaching_points_cleaned.csv')

# data wrangling with pandas DataFrames here
dataset = DataAccessObject(pd_dataset)
```

Geoplotlib 可与 Python 生态系统实现完美集成，甚至可以在 Jupyter Notebooks 以内联方式绘制地理空间数据，从而能够快速、迭代地设计可视化内容。

- 性能。如前所述，考虑到采用了基于数值加速操作的 NumPy，以及基于图形加速渲染的 OpenGL，Geoplotlib 能够处理大量的数据。

5.1.2　地理空间可视化

本节将采用等值线图、Voronoi 细分和 Delaunay 三角剖分等地理空间可视化技术，具体解释如下。

1．等值线图

这一类地理图将以着色或彩色方式显示面积区域。其中，着色或颜色由单一数据点或数据集确定。这将生成抽象的地理区域视图，从而可视化不同区域间的关系和差别。

2．Voronoi 细分

在 Voronoi 细分中，每对数据点基本上由一条与两个数据点距离相同的直线隔开。这一分隔行为将生成单元格，这些单元格标记哪个数据点更接近。数据点越近，单元格越小。

3．Delaunay 三角剖分

Delaunay 三角剖分与 Voronoi 细分相关。在将每个数据点连接至共享某条边的其他数据点时，最终将得到三角剖分后的图形。数据点越近，三角形就越小。据此，我们得到了一个关于特定区域点密度的视觉线索。当与颜色梯度相结合时，即可看到关于兴趣点的洞察结果，并可与热图相比较。

5.1.3 简单地理空间数据的可视化

当前操作将考查 Geoplotlib 绘图方法在点密度、直方图和 Voronoi 图方面的基本应用。对此，我们将使用世界各地发生的各种盗猎事件方面的数据，具体操作步骤如下。

（1）打开 Lesson05 文件夹中的 Jupyter Notebook exercise06.ipynb 以完成当前任务。对此，需要访问该文件路径，并在命令行终端中输入下列命令。

```
jupyter-lab
```

（2）执行 Jupyter Notebooks 中的各项操作步骤。

（3）打开 exercise06.ipynb 文件。

（4）首先需要导入所需的依赖项。在当前操作中，鉴于 geoplotlib 包含自己的 read_csv 方法，并可将.csv 文件读取至 DataAccessObject 中，因而无须使用 pandas，对应示例代码如下所示。

```
# importing the necessary dependencies
import geoplotlib
from geoplotlib.utils import read_csv
```

（5）数据的加载方式与 pandas 中的 read_csv 方法相同，如下所示。

```
dataset = read_csv('./data/poaching_points_cleaned.csv')
```

提示：

读者可访问 https://bit.ly/2Xosg2b 获取当前数据集。

（6）数据集存储于 Geoplotlib 提供的 DataAccessObject 类中，该类的功能与 pandas 中的 DataFrame 有所不同，旨在实现简单、快速的数据加载任务，以便创建可视化内容。如果输出该对象，即可看到二者间的差异。这将生成有关当前列的基本概况，以及数据集中所包含的行数量。

```
# looking at the dataset structure
Dataset
```

上述代码的输出结果如图 5.2 所示。

```
DataAccessObject(['id_report', 'date_report', 'description', 'created_date', 'lat', 'lon'] x 268)
```

图 5.2 数据集的结构

可以看到，在图 5.2 中，数据集包含了 268 行和 6 列。其中，每一行唯一地通过 id_report

加以标识。列 date_report 表示盗猎事件发生的日期；另外一方面，列 created_date 表示报告的生成日期；列 description 提供了与事件相关的基本信息；列 lat 和 lon 则表示盗猎事件发生的具体地点。

（7）Geoplotlib 兼容于 pandas 的 DataFrame。如果需要对数据执行某些预处理操作，可直接使用 pandas，如下所示。

```
# csv import with pandas
import pandas as pd
pd_dataset = pd.read_csv('./data/poaching_points_cleaned.csv')
pd_dataset.head()
```

上述代码的输出结果如图 5.3 所示。

	id_report	date_report	description	created_date	lat	lon
0	138	01/01/2005 12:00:00 AM	Poaching incident	2005/01/01 12:00:00 AM	-7.049359	34.841440
1	4	01/20/2005 12:00:00 AM	Poaching incident	2005/01/20 12:00:00 AM	-7.650840	34.480010
2	43	01/20/2005 12:00:00 AM	Poaching incident	2005/02/20 12:00:00 AM	-7.843202	34.005704
3	98	01/20/2005 12:00:00 AM	Poaching incident	2005/02/21 12:00:00 AM	-7.745846	33.948526
4	141	01/20/2005 12:00:00 AM	Poaching incident	2005/02/22 12:00:00 AM	-7.876673	33.690167

图 5.3　数据集的前 5 项

提示：

Geoplotlib 需要数据集中包含 lat 和 lon 列，分别表示基于经纬度的地理信息，进而用于确定绘图方式。

（8）在开始阶段，可使用简单的 DotDensityLayer，并将数据集的每一行绘制为地图上的单一点。Geoplotlib 中定义了 dot 方法，在无须进一步执行配置的情况下生成可视化内容。

注意：

在设置了 DotDensityLayer 后，需要调用 show 方法，这将利用给定层渲染地图。

```
# plotting our dataset with points
geoplotlib.dot(dataset)
geoplotlib.show()
```

上述代码的输出结果如图 5.4 所示。

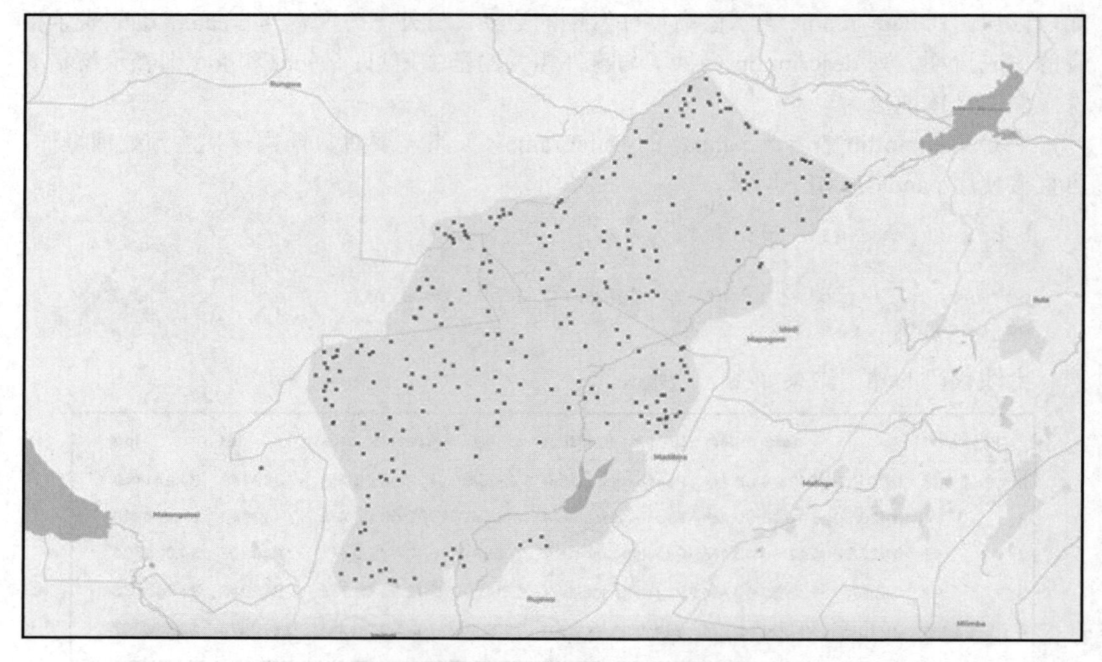

图 5.4　盗猎事件的点密度可视化结果

这里，仅考查集中的 lat 和 lon 值并非是明智之举。如果不将数据点可视化到地图上，就无法得出相关结论并深入了解数据集。当查看渲染后的地图时，即可看到频发区域包含了较多的点，而一般地区则包含了较少的点。

（9）接下来进一步查看点密度。为了更好地可视化该密度，可考查几种方案，其中之一是采用直方图。对此，可定义一个 binsize，进而可在可视化内容中设置直方栏的大小。相应地，Geoplotlib 提供了 hist 方法，并在图块上创建直方图层，对应代码如下所示。

```
# plotting our dataset as a histogram
geoplotlib.hist(dataset, binsize=20)
geoplotlib.show()
```

上述代码的输出结果如图 5.5 所示。

直方图使我们能够较好地理解数据集的密度分布。不难发现，图中显示了一些热点区域。当然，这也反衬出未发生盗猎事件的相关区域。

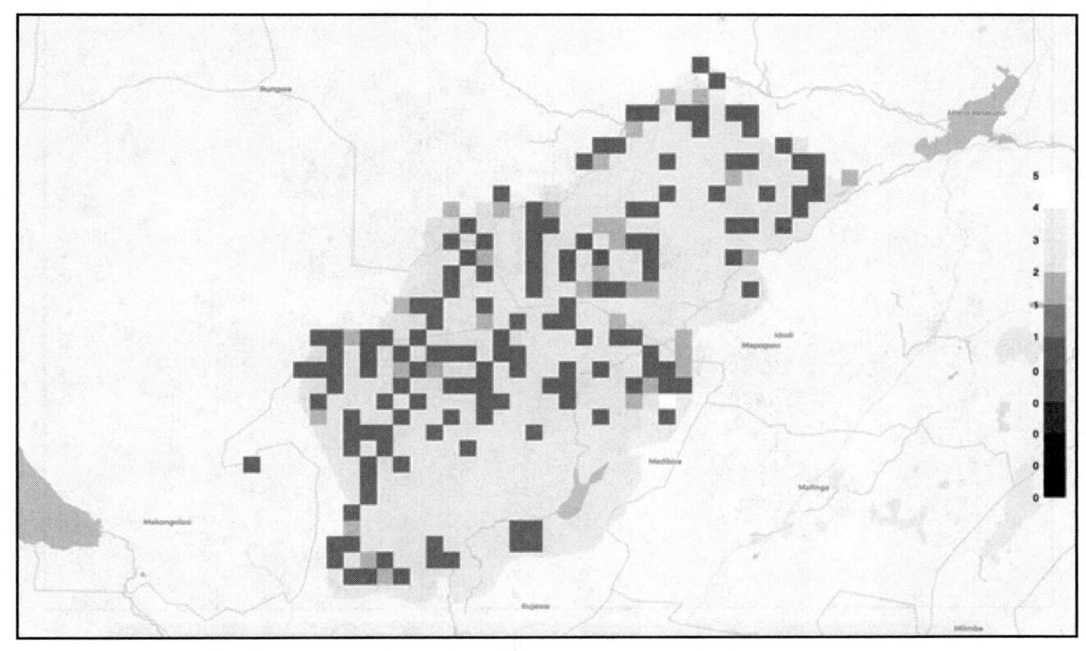

图 5.5　盗猎点的直方图

（10）Voronoi 图也是可视化数据点密度的一种较好的方式。Voronoi 图通过多个参数引入了某些复杂性，如 cmap、max_area 和 alpha，其中，cmap 表示地图的颜色；alpha 表示当前 alpha 的颜色；max_area 则定义为一个常量，表示 Voronoi 区域中的颜色。若希望可视化结果与数据间实现较好的匹配时，这些参数均较为有用，对应示例代码如下所示。

```
# plotting a voronoi map
geoplotlib.voronoi(dataset, cmap='Blues_r', max_area=1e5, alpha=255)
geoplotlib.show()
```

上述代码的输出结果如图 5.6 所示。

在将 Voronoi 可视化结果与直方图间进行比较时，可以看到某些热点区域。具体来说，在图 5.6 中，中心位置偏右区域显示了一个较大的深色区域，而该区域的中心处甚至包含了更深的颜色，而这在直方图中则很容易被忽略。

至此讨论了 Geoplotlib 基本知识。Geoplotlib 包含了诸多方法，且均包含类似的 API，旨在简化方法操作。

图 5.6 盗猎事件的 Voronoi 可视化结果

5.1.4 操作 27：绘制地图上的地理空间数据

当前操作将采用之前所学的 Geoplotlib 数据绘图技巧，获取人口超过 100000 的欧洲城市，具体操作步骤如下。

（1）打开 Lesson05 文件夹中的 Jupyter Notebook activity27.ipynb，以完成当前操作。

（2）在开始与数据协同工作之前，需要导入某些依赖项。

（3）利用 pandas 加载数据集。

（4）在数据集加载完毕后，列出其中需要显示的全部数据类型。

（5）待数据类型正确后，将 Latitude 和 Longitude 分别映射至 lat 和 lon。

（6）在点图上绘制数据点。

（7）获得每个国家的城市数量（前 20 项），并筛选人口数量大于 0 的国家。

（8）在点图中绘制其余数据。

（9）再次筛选人口超过 100000 的城市的剩余数据。

（10）为了较好地理解地图上的数据点密度，可使用 Voronoi 细分层。

（11）进一步将数据筛选至德国和英国等国的城市。

（12）利用 Delaunay 三角剖分层获取人口密度最大的区域。

（13）点图的输出结果如图 5.7 所示。

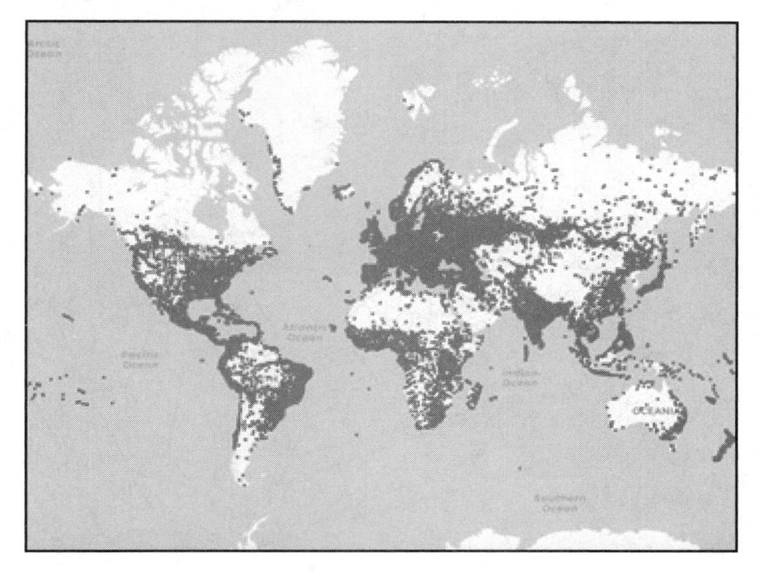

图 5.7　精简后的数据集的点—密度可视化结果

图 5.8 显示了 Voronoi 图的输出结果。

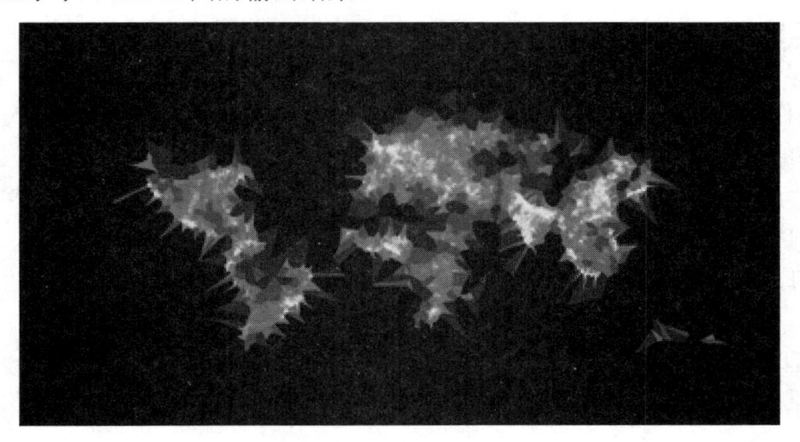

图 5.8　城市人口密度的 Voronoi 图

图 5.9 则显示了 Delaunay 三角剖分的输出结果。

提示：

当前操作的具体解决方案可参考本书附录。

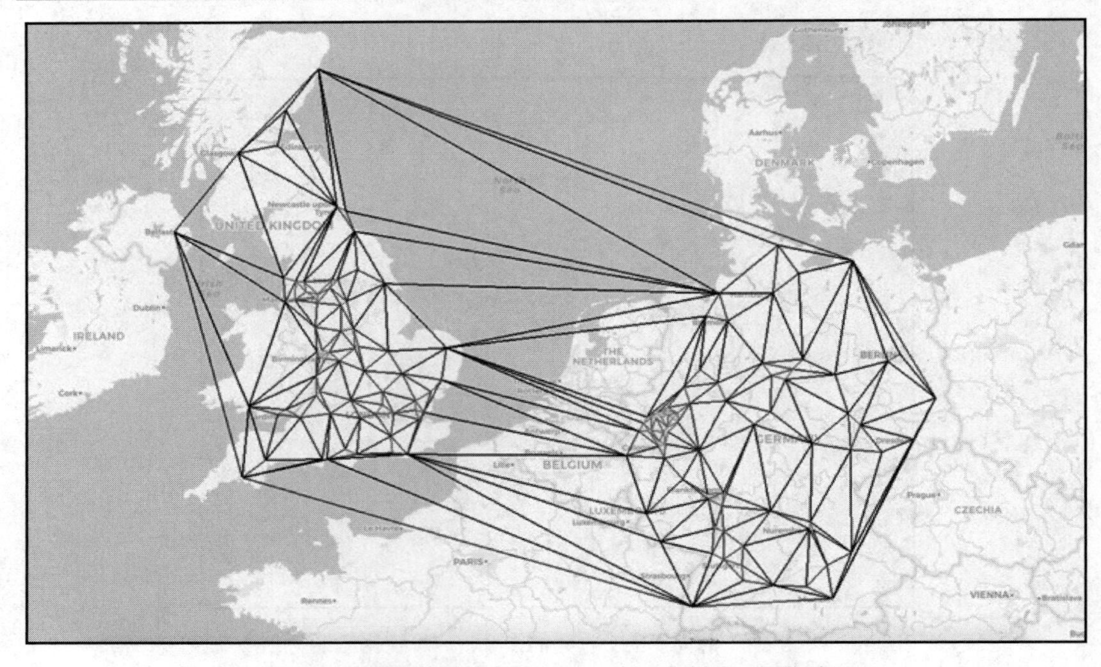

图 5.9　德国和英国城市的 Delaunay 三角剖分可视化结果

5.1.5　采用 GeoJSON 数据的等值线图

当前操作不仅与 GeoJSON 协同工作，同时还将查看等值线图的创建方式。对于显示着色区域内的统计学变量，该图十分有用。

在当前示例中，对应区域表示为美国各州的轮廓线。下列各项操作步骤将利用给定的 GeoJSON 数据创建等值线图。

（1）打开 Lesson05 文件夹中的 Jupyter Notebook exercise07.ipynb 文件，以完成当前操作。

（2）加载依赖项，如下所示。

```
# importing the necessary dependencies
import json
import geoplotlib
from geoplotlib.colors import ColorMap
from geoplotlib.utils import BoundingBox
```

（3）在创建可视化内容之前，需要理解数据集的大致内容。由于 Geoplotlib 中的

geojson 仅需要使用数据集的路径，而非 DataFrame 或对象，因而无须执行加载操作。尽管如此，考虑到仍需查看所处理的数据类型，因而需要打开 GeoJSON 文件，并将其作为 json 对象加载。据此，随后可通过简单的索引机制对其成员进行访问，对应代码如下所示。

```
# displaying one of the entries for the states
with open('data/National_Obesity_By_State.geojson') as data:
    dataset = json.load(data)

    first_state = dataset.get('features')[0]

    # only showing one coordinate instead of all points
    first_state['geometry']['coordinates'] = first_state['geometry']
['coordinates'][0][0]
print(json.dumps(first_state, indent=4))
```

（4）图 5.10 显示了 GeoJSON 文件的通用结构，此处仅关注 NAME、Obesity 以及几何体坐标。

```
{
    "type": "Feature",
    "properties": {
        "OBJECTID": 1,
        "NAME": "Texas",
        "Obesity": 32.4,
        "Shape__Area": 7672329221282.43,
        "Shape__Length": 15408321.8693326
    },
    "geometry": {
        "type": "Polygon",
        "coordinates": [
            -106.623454789568,
            31.9140391520155
        ]
    }
}
```

图 5.10　GeoJSON 文件的通用结构

提示：

地理空间应用程序推荐使用 GeoJSON 文件，以对地理数据执行持久化和交换操作。

（5）取决于 GeoJSON 文件展示的信息，可能会析取其中的某些内容以供后续映射使用。对于 obesity 数据库，需要析取美国各州的名称，如下所示。

```
# listing the states in the dataset
with open('data/National_Obesity_By_State.geojson') as data:
    dataset = json.load(data)
    states = [feature['properties']['NAME'] for feature in dataset.
```

```
get('features')]
    print(states)
```

上述代码的输出结果如图 5.11 所示。

```
['Texas', 'California', 'Kentucky', 'Georgia', 'Wisconsin', 'Oregon', 'Virginia', 'Tennessee', 'Louisia
na', 'New York', 'Michigan', 'Idaho', 'Florida', 'Alaska', 'Montana', 'Minnesota', 'Nebraska', 'Washing
ton', 'Ohio', 'Illinois', 'Missouri', 'Iowa', 'South Dakota', 'Arkansas', 'Mississippi', 'Colorado', 'N
orth Carolina', 'Utah', 'Oklahoma', 'Wyoming', 'West Virginia', 'Indiana', 'Massachusetts', 'Nevada', '
Connecticut', 'District of Columbia', 'Rhode Island', 'Alabama', 'Puerto Rico', 'South Carolina', 'Main
e', 'Arizona', 'New Mexico', 'Maryland', 'Delaware', 'Pennsylvania', 'Kansas', 'Vermont', 'New Jersey',
'North Dakota', 'New Hampshire']
```

图 5.11　美国各州的城市列表

（6）如果 GeoJSON 文件有效，这也意味着包含了期望的结构，随后即可使用 Geoplotlib 中的 geojson 方法。仅通过提供该文件的路径即可绘制坐标，如下所示。

```
# plotting the information from the geojson file
geoplotlib.geojson('data/National_Obesity_By_State.geojson')
geoplotlib.show()
```

在调用了 show 方法后，当前地图将主要显示北美地区。图 5.12 显示了各州的边界线。

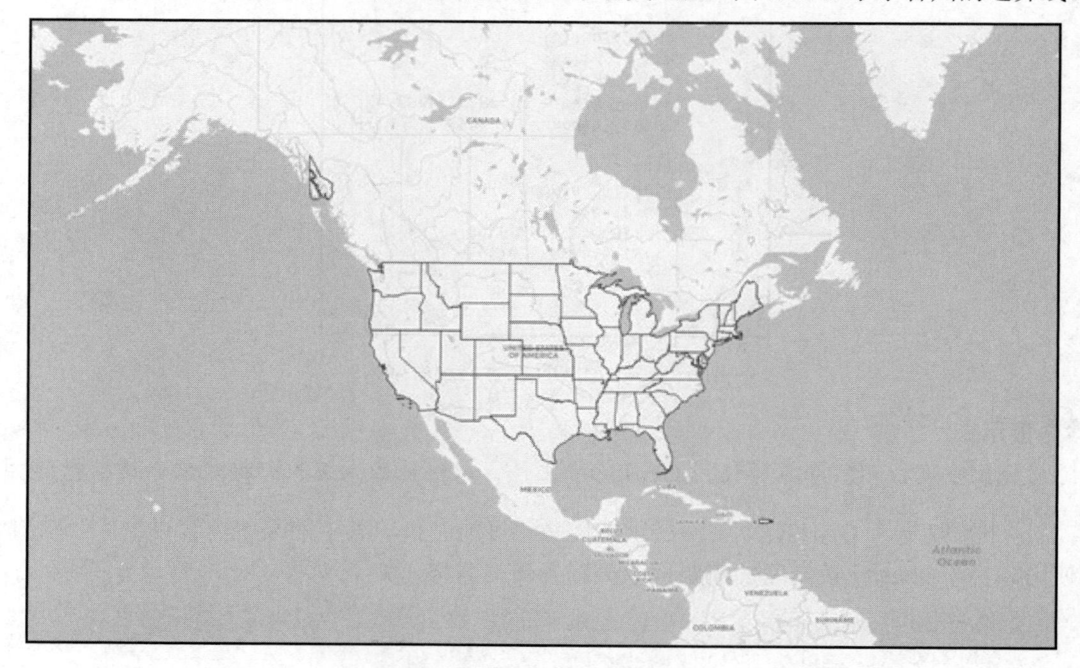

图 5.12　包含各州轮廓线的地图

（7）当分配某种颜色以表示各州肥胖人群时，需要向 geojson 方法提供一个 color 参数。此处并不打算向各州分配一个单一值，而是希望加深显示肥胖人群的百分比。对此，可针对 color 属性提供一个方法。当前只是简单地将 Obesity 属性映射到一个 ColorMap 类对象，这个类对象具有足够的级别，并可实现良好的区分，对应代码如下所示。

```
# converting the obesity into a color
cmap = ColorMap('Reds', alpha=255, levels=40)
def get_color(properties):
    return cmap.to_color(properties['Obesity'], maxvalue=40,scale='lin')
```

（8）随后，将颜色映射分配到 color 参数中。然而，这并不会填充相关区域，因而还需要将 fill 参数设置为 True。除此之外，还需要保持州轮廓线处于可见状态。这里可采用 Geoplotlib 中的分层概念，再次调用相同的方法，提供白色颜色值，并将 fill 参数设置为 False。此外，还应确保当前视图显示国家名 USA。对此，可再次使用 Geoplotlib 提供的常量，对应代码如下所示。

```
# plotting the shaded states and adding another layer which plots the
state outlines in white
# our BoundingBox should focus the USA
geoplotlib.geojson('data/National_Obesity_By_State.geojson',
fill=True,color=get_color)
geoplotlib.geojson('data/National_Obesity_By_State.geojson',
fill=False,color=[255, 255, 255, 255])
geoplotlib.set_bbox(BoundingBox.USA)
geoplotlib.show()
```

（9）在执行了上述各项操作步骤之后，输出结果如图 5.13 所示。

随后，将打开一个新的窗口，并显示包含各种红色阴影的美国各州区域。其中，深色代表较高的肥胖百分比。

提示：

在向图表中赋予更多信息时，还可使用 f_tooltip 参数，向各州提供一个提示框，并显示肥胖人群的名称和百分比。

至此已经利用 Geoplotlib 构建了不同的图表和可视化内容。上述操作考查了 GeoJSON 文件的数据显示过程，同时创建了一幅等值线图。

接下来，将讨论更加高级的定制操作，并通过相关工具生成更加强大的可视化内容。

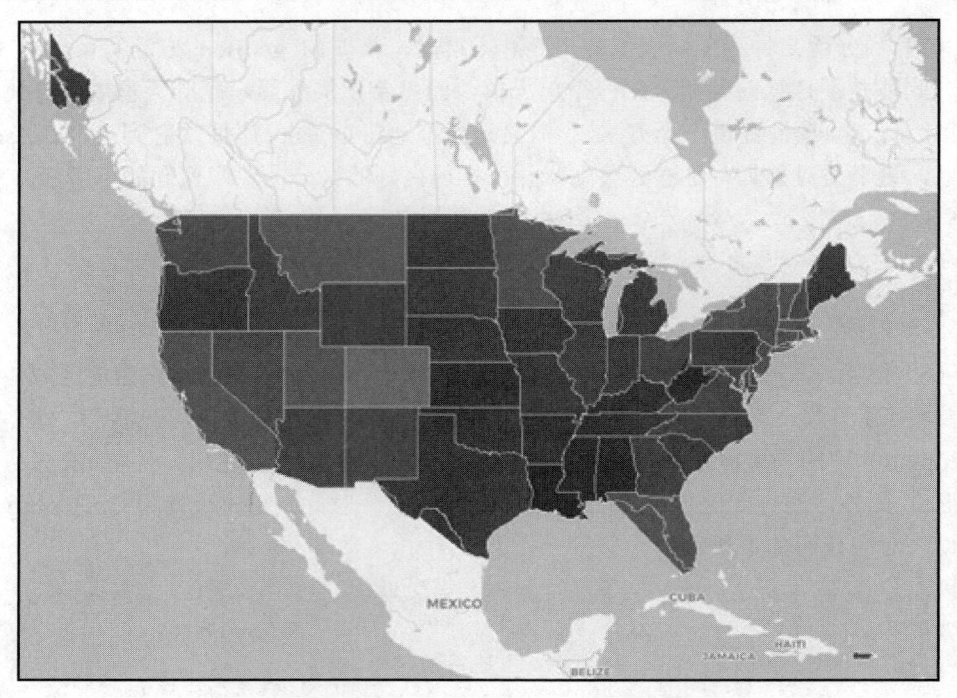

图 5.13　显示各州肥胖人群的等值线图

5.2　图块提供商

Geoplotlib 支持不同的图块提供商，这意味着，OpenStreetMap 图块服务器可视为可视化操作的强有力支持。一些较为常见的图块提供商包括 Stamen Watercolor、Stamen Toner、Stamen Toner Lite 和 DarkMatter。

相应地，可通过以下两种方式调整图块提供商。

- 利用内建的图块提供商。Geoplotlib 提供了一些基于快捷方式的内建图块提供商，其应用方式如下所示。

```
geoplotlib.tiles_provider('darkmatter')
```

- 向 tiles_provider 方法提供自定义对象。通过向 Geoplotlib 的 tiles_provider()方法提供自定义对象，可访问地图块的加载 url，还可进一步查看显示于可视化内容右下角的 attribution。除此之外，还可针对下载文件设置独立的缓存目录。下列代码展示了如何提供一个自定义对象。

```
geoplotlib.tiles_provider({
      'url': lambda zoom, xtile, ytile:
            'http://a.tile.stamen.com/watercolor/%d/%d/%d.png' % (zoom,
xtile, ytile),
      'tiles_dir': 'tiles_dir',
      'attribution': 'Python Data Visualization | Packt'
})
```

tiles_dir 中的缓存机制是不可或缺的，因为每次滚动或放大地图时，如果尚未下载新的地图块，则会对其执行查询操作。考虑到短时间内的诸多请求，图块提供商可能会对该请求予以拒绝。

接下来将会讨论如何切换地图块提供商。初看之下，这一功能可能并不重要，但如果使用得当，该功能可将可视化内容提升一个级别。

Geoplotlib 针对一些可用的和最流行的地图块提供了映射机制。除此之外，Geoplotlib 还可提供自定义对象，并包含了某些图块提供商的 url，具体操作步骤如下。

（1）打开 Lesson05 文件夹中的 Jupyter Notebook exercise08.ipynb，以实现当前操作。对此，需要访问该文件路径，并在命令行终端中输入下列命令。

```
jupyter-lab
```

（2）此处并不打算使用任何数据集，而是关注地图块和图块供应商，因此，仅导入 geoplotlib 即可，如下所示。

```
# importing the necessary dependencies
import geoplotlib
```

（3）如前所述，Geoplotlib 包含了分层方案以实现绘制功能，这意味着，可简单地显示地图块，且无须在最上方添加任何绘制层，对应代码如下所示。

```
# displaying the map with the default tile provider
geoplotlib.show()
```

上述代码的输出结果如图 5.14 所示。

这将显示一幅空的世界地图——当前尚未确定任何图块提供商。默认状态下，这将使用 CartoDB Positron 地图块。

（4）Geoplotlib 为公共地图块提供商提供了一些快速访问器。在 tiles_provider 方法中，可简单地向其设置提供商的名称即可，如下所示。

```
# using map tiles from the dark matter tile provider
geoplotlib.tiles_provider('darkmatter')
geoplotlib.show()
```

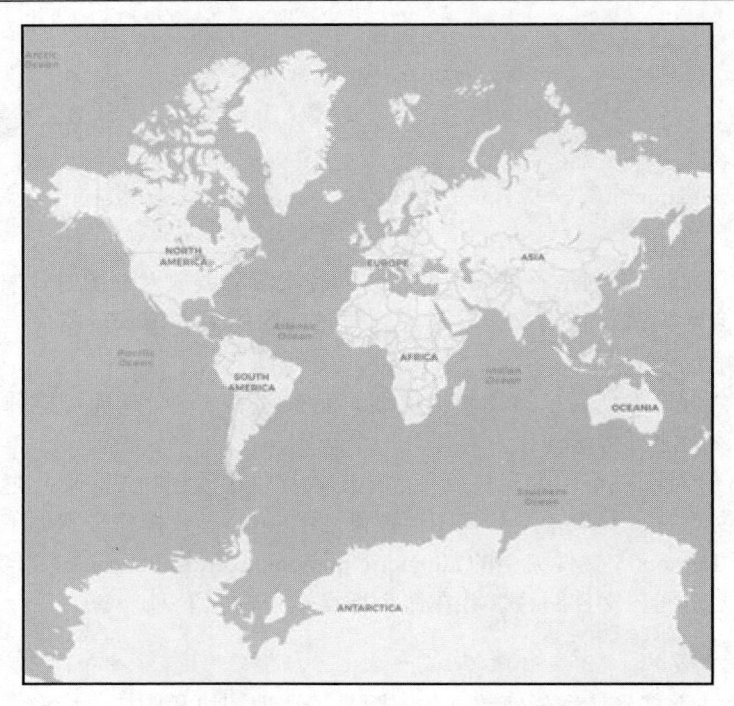

图 5.14　采用默认图块提供商的世界地图

上述代码的输出结果如图 5.15 所示。

图 5.15　采用 darkmatter 地图块的世界地图

当前操作使用了 darkmatter 地图块，可以看到，此类地图块颜色较深，并展示了相应的可视化内容。

提示：

除此之外，还可通过类似方式使用不同的地图块，如 watercolor、toner、toner-lite 和 positron。

（5）当使用 geoplotlib 未涉及的图块提供商时，可向 tiles_provider 方法传递一个自定义对象，这将把当前视口信息映射至对应的 url 中。另外，tiles_dir 参数定义了图块的缓存位置。当修改 url 时，还需要调整 tiles_dir，进而可立刻查看到变化结果。attribution 选项则可在右下角位置处显示自定义文本，对应的示例代码如下所示。

```
# using custom object to set up tile provider
geoplotlib.tiles_provider({
    'url': lambda zoom, xtile, ytile: 'http://a.tile.openstreetmap.fr/
hot/%d/%d/%d.png' % (zoom, xtile, ytile),
    'tiles_dir': 'custom_tiles','attribution': 'Custom Tiles Provider -
Humanitarian map style | Packt Courseware'
})
geoplotlib.show()
```

上述代码的输出结果如图 5.16 所示。

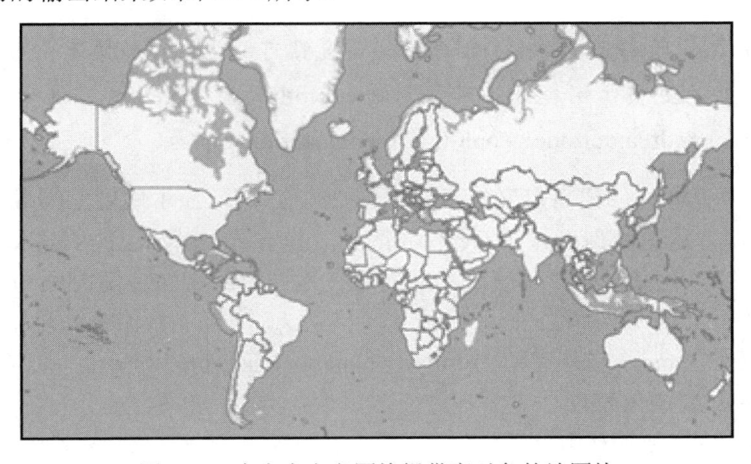

图 5.16　来自自定义图块提供商对象的地图块

某些地图块提供商包含了较为严格的限制。因此，当进行快速缩放操作时，可能会显示警告消息。

至此已经介绍了如何修改图块提供商，进而丰富了可视化内容的可定制性。当然，这也带来了另一层复杂性，这完全取决于产品理念，以及使用默认的地图块或是更具“艺术性”的地图块。

接下来，将讨论如何创建自定义层，以深化所学习的知识。其间，将了解 BaseLayer 类的基本结构，以及如何创建自定义层。

5.3　自定义层

前述内容讨论了利用内建层进行地理空间户数可视化的基础知识，以及调整图块提供商的相关方法，本节将重点介绍如何定义定制层。自定义层可创建更加复杂的数据可视化内容，并可向其中添加交互行为和动画内容。在创建自定义层时，首先可定义一个扩展了 BaseLayer 类（该类由 Geoplotlib 提供）的新类。除了__init__方法（用于初始化类级别变量）之外，还需要扩展 BaseLayer 类的 draw 方法。

根据可视化内容的性质，可能还需要实现 invalidate 方法，该方法关注地图的投影变化，如放大可视化内容。draw 和 invalidate 方法均接收一个 Projection 对象，该对象主要考查二维视口中的经纬度映射。这些映射后的点可以传递给 BatchPainter 对象的一个实例，该对象提供一些基本的元素，如点、线和形状，以便将这些坐标绘制到地图上。

提示：

Geoplotlib 工作于 OpenGL 上，因而可实现复杂可视化内容的快速、高性能操作。关于创建自定义层的更多示例，读者可访问 Geoplotlib 的 GitHub 存储库，对应网址为 https://github.com/andrea-cuttone/geoplotlib/tree/master/examples。

接下来将考查如何创建自定义层（即操作 28），进而显示地理空间数据，并实现数据点的动画效果。这里将深入讨论 Geoplotlib 的工作方式，以及层的创建和绘制方式。对应的数据集中包含了空间和时间信息，从而可在地图上绘制航班随时间的变化状态，具体操作步骤如下。

（1）打开 Lesson05 文件夹中的 Jupyter Notebook activity28.ipynb，以实现当前操作。

（2）导入必要的依赖项。

（3）利用 pandas 加载数据集。

（4）考查数据集及其特性。

（5）数据集中包含了名为 Latitude 和 Longitude 的列（而非 lat 和 lon），将这些列重命名为精简版本。

（6）自定义层可实现航班数据的动画效果，这也意味着，需要与数据的 timestamp 协同工作。date 和 time 是两个独立的列，因而需要对其进行合并。相应地，可使用已有的 to_epoch 方法创建新的 timestamp 列。

（7）创建新的 TrackLayer，该类扩展了 Geoplotlib 中的 BaseLayer。

（8）针对 TrackLayer，实现__init__、draw 和 bbox 方法。当调用 TrackLayer 时，通过 BoundingBox 关注 Leeds。

（9）在执行了上述各项操作步骤之后，输出结果如图 5.17 所示。

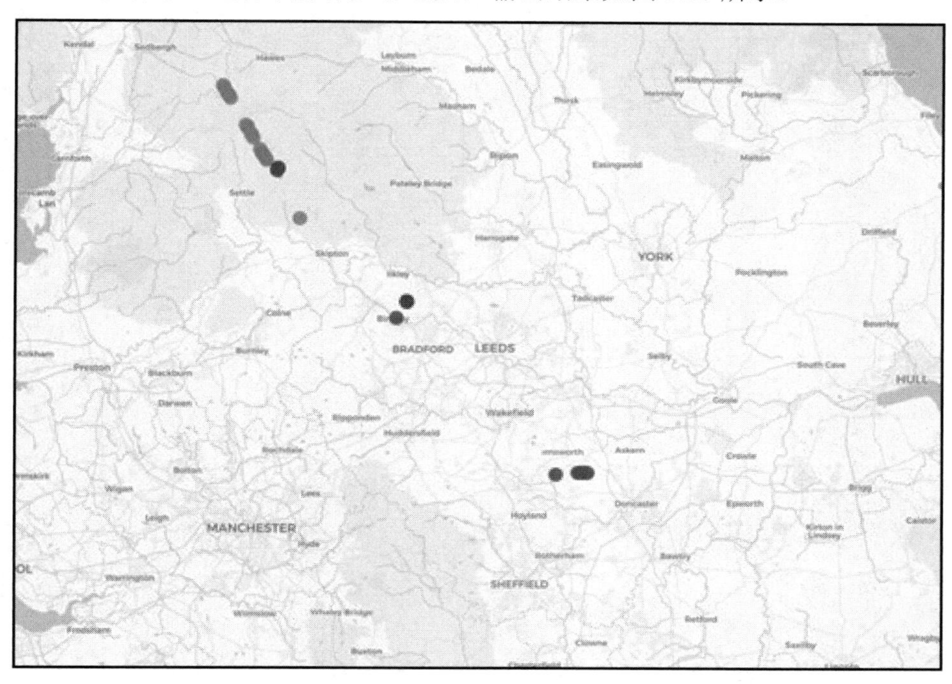

图 5.17　Leeds 的航班跟踪信息

提示：

该操作的具体解决方案可参考本书附录。

5.4　本 章 小 结

本章介绍了 Geoplotlib 中的各种概念及其相关方法，并快速浏览了内部处理过程，以及如何将相关库应用于自身的问题描述上。大多数时候，内建的绘图方法即可满足相关要求。对于动画或交互式可视化内容，则需要创建自定义层。

第 6 章将讨论 Bokeh 库，同时还将构建可轻松集成至 Web 页面中的可视化内容。随后将把所学知识进行整合，以实现 Python 数据可视化操作。

第 6 章　基于 Bokeh 的交互式操作

本章主要涉及以下内容：

- 使用 Bokeh 创建基于 Web 的可视化内容。
- 解释两个接口之间的差异。
- 确定何时使用 Bokeh 服务器。
- 创建交互式可视化内容。

本章将利用 Bokeh 库设计交互式图表。

6.1　简　　介

自 2013 年以来，Bokeh 就一直存在，并于 2018 年发布了 1.0.4 版。它以现代 Web 浏览器为目标，向用户呈现交互式可视化内容，而不是静态图像。

下列内容展示了 Bokeh 中的某些特性。

- 简单的可视化：通过不同的接口，面向多种层次的用户。Bokeh 为快速和简单的可视化操作，以及复杂和可定制的可视化内容提供了相应的 API。
- 支持动画可视化内容：这是一种基于 Web 的处理方案，可方便地整合多个图表，并利用可连接的可视化内容创建独特和有影响力的仪表板，从而构建交互式可视化内容。
- 支持多种语言：除了 Matplotlib 和 geoplotlib 之外，Bokeh 不仅支持 Python 库，同时还支持 JavaScript 以及其他较为流行的语言。
- 多种方式执行任务：之前提到的交互式操作可通过多种方式被添加。最简单的内建方式是在可视化中缩放和平移，这已经让用户能够更好地控制他们想要看到的内容。除此之外，还可以授权用户过滤和转换数据。
- 精美的图标样式：技术栈是基于 Tornado 后端和 D3 前端，这也构成了图表的默认样式。

本书使用了 Jupyter Notebook，值得一提的是，Bokeh 在 Notebook 中已得到了本地支持，包括其交互性操作。

6.1.1 Bokeh 的基本概念

Bokeh 的基本概念在某些方面可以与 Matplotlib 相媲美。Bokeh 中包含了一个图形作为根元素，其中包含了诸如标题、轴和字形（glyphs）等子元素。相应地，字形需要添加至某个图形中，并可呈现出不同的形状，如圆形、条栏和三角形以显示某个图形。图 6.1 所示的层次结构显示了 Bokeh 的基本概念。

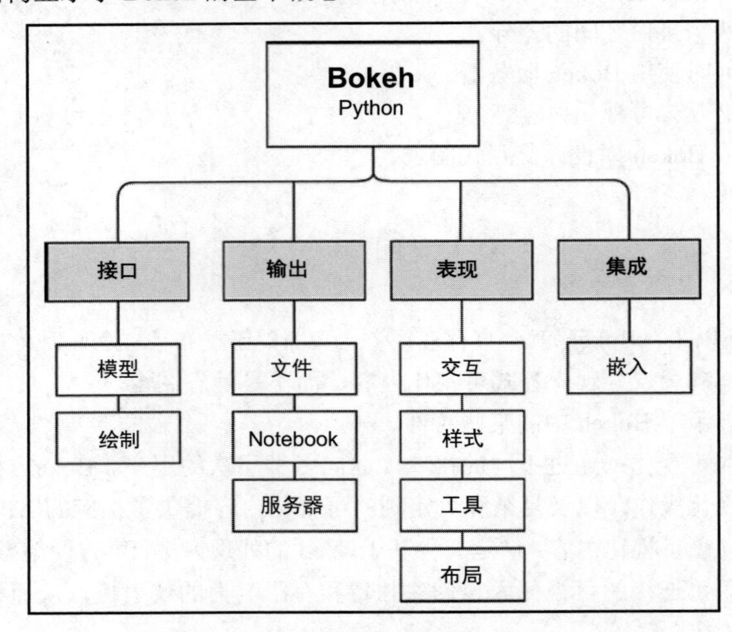

图 6.1　Bokeh 的基本概念

6.1.2 Bokeh 中的接口

基于接口的方法为用户提供了不同层次的复杂性，这些用户要么只想用很少的可定制参数创建一些基本的图标，要么想要完全控制可视化内容，并定制图表中的每个元素。这种分层的解决方案可划分为两种级别。

- 绘制机制：该层是可定制的。
- 模型接口：该层较为复杂并提供了一种开放的解决方案以对图表加以设计。

注意：

模型接口对于所有图表来说是一种基础的构建模块。

以下内容展示了接口中分层方案的两种级别。

1．bokeh.plotting

该中级接口包含了某些可与 Matplotlib 兼容的 API，其工作流是创建一个图形，并于随后使用渲染图中数据点的不同字形进一步丰富该图形。与 Matplotlib 相比，子元素（如轴、网格和检查器）的组合（提供了通过缩放、平移和悬停来查看数据的基本方法）不需要额外的配置。

需要注意的是，即使设置过程可自动完成，依然可通过手动方式配置此类子元素。当使用该接口时，BokehJS 所用的场景图的创建过程也将被自动加以处理。

2．bokeh.models

这一底层接口由两个库构成，即称之为 BokehJS 的 JavaScript 库（显示浏览器中的图表），以及 Python 库（提供了开发者接口）。从内部来看，Python 中产生的定义将构建 JSON 对象，并加载浏览器中 JavaScript 所体现的声明。

模型接口公开了如何组装和配置 Bokeh 图表和微件（允许用户与显示的数据交互的元素）的完整控制。这也意味着，开发人员可确保场景图（描述可视化内容的对象集合）的正确性。

6.1.3　输出

Bokeh 的输出过程较为直观，取决于具体的需求，存在 3 种方法可完成此项任务。

- show()方法：这也是一种基本选项，可将图表显示于 HTML 页面上。
- 内联 show()方法：当与 Jupyter Notebook 协同工作时，show()方法可在 Notebook 中显示图表（使用内联绘制机制）。
- output_file()方法：利用 output_file()方法将可视化内容直接保存在某个文件中，且不会产生任何开销。这将在包含文件名的既定路径上生成一个文件。

Bokeh 服务器是提供可视化内容的一种功能强大的方法，下面将对此加以讨论。

6.1.4　Bokeh 服务器

如前所述，Bokeh 生成场景图 JSON 对象，并由 BokehJS 库予以解释，进而创建可视化输出内容。对于其他语言来说，该过程可包含统一的格式，从而生成相同的 Bokeh 图表和可视化结果，而与所用的语言无关。

进一步讲，如果保持可视化结果间的同步状态，情况又如何？这也使我们能够创建更复杂的可视化内容，同时借助于 Python 提供的工具。这样，我们不仅可以过滤数据，还可以在服务器端进行计算和操作，从而实时更新可视化结果。

除此之外，由于我们持有了数据的入口点，因而可以创建由流而不是静态数据集提供的可视化内容，这种设计方案使我们能够拥有更复杂的系统和更强大的功能。

通过这种体系结构方案可以看到，文档由服务器端提供，随后移至浏览器的客户端，并插入 BokehJS 库中。该插入操作将触发基于 BokehJS 的解释行为，并于随后生成可视化结果。图 6.2 描述了 Bokeh 服务器的工作机制。

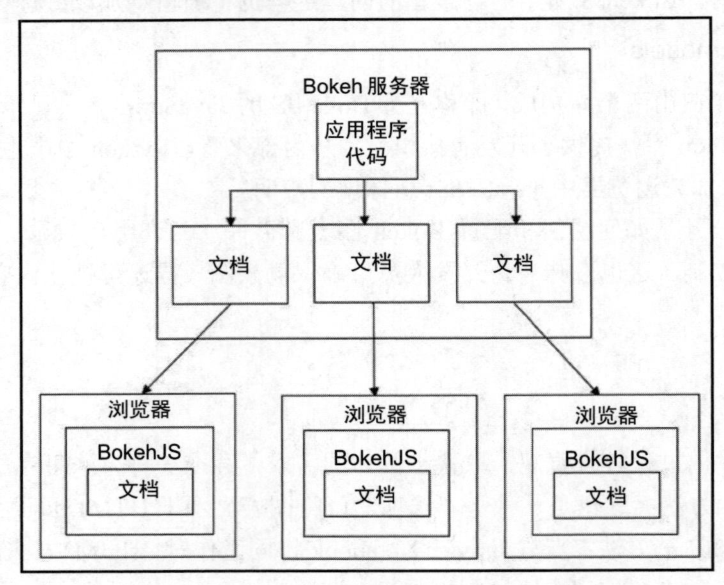

图 6.2　Bokeh 服务器的工作机制

6.1.5　演示

在 Bokeh 中，借助于不同的特性，如交互、样式、工具和布局，演示过程可使可视化内容更具交互性。

交互性是 Bokeh 中值得关注的特性，基本上可划分为两种交互类型，即被动式交互和主动式交互。

被动式交互是指用户既不修改数据也不改变显示数据。在 Bokeh 中，这称作检查器。如前所述，检查器包含了缩放、平移和数据上的悬停等属性，该工具使得用户可进一步查看其数据，例如，仅通过放大可视化数据点的子集，即可获得较好的洞察结果。

主动式交互则可直接修改所显示的数据，这将引入数据子集的选取、基于参数的数据集的筛选操作。微件则是较为突出的主动式交互行为，用户可通过处理程序简单地对所显示的数据进行操控。具体来说，微件可以是按钮、滑块和复选框等工具。回顾一下之前讨论的输出样式，这一类微件可用于独立应用程序和 Bokeh 服务器中。这将有助于我们巩固最近学过的理论概念，并进一步明确各项关系。Bokeh 中的一些交互行为包括选项卡面板、下拉菜单、多选框、单选框、文本输入框、复选框、数据表和滑块。

6.1.6　集成

嵌入式 Bokeh 可视化可以采取以下两种形式。

- HTMNL 文档：表示为独立的 HTML 文档，且具有自解释特征。
- Bokeh 应用程序：由 Bokeh 服务器支持，这也意味着提供了某种连接，如针对高级可视化的 Python 工具。

与 Seaborn 中的 Matplotlib 相比，Bokeh 稍微复杂一些，而且与其他库一样，它也存在自身的缺点。然而，一旦了解了基本的工作流程，即可从 Bokeh 中获取收益。通过简单地添加交互特性，并为用户提供重要功能，可对可视化表达内容实现进一步的扩展。

提示：

to_bokeh 方法是一个值得关注的特性，该方法可利用 Bokeh 绘制 Matplotlib 图形，且不会产生任何配置开销。关于 to_bokeh 方法，读者可访问 https://bokeh.pydata.org/en/0.12.3/docs/user_guide/compat.html 以了解更多信息。

接下来将通过前述理论知识构建多个简单的可视化操作，以进一步理解 Bbokeh 及其两个接口。在讨论了基本应用后，还将对 plotting 和 models 接口进行比较，并在应用过程中查看二者间的差异。随后，还将与微件协同工作，并向可视化内容中添加交互行为。

提示：

本章中的全部练习和操作均采用 Jupyter Notebook 和 Jupyter Lab 进行开发，读者可访问 https://bit.ly/2T3Afn1 下载相关文件。

6.1.7　利用 Bokeh 进行绘制

在该练习中，将使用高级接口，旨在提供用于快速可视化创建的简单接口。另外，当前练习将使用 world_population 数据集，该数据集包含了不同国家近几年来的人口数据。对此将采用相应的 plotting 接口，并查看德国和瑞士的人口密度，具体操作步骤如下。

（1）打开 Lesson06 文件夹中的 exercise09_solution.ipynb Jupyter Notebook，以实现当前练习。对此，需要访问该文件的路径，并在命令行终端中输入下列命令：

```
jupyter-lab
```

（2）如前所述，此处将使用 plotting 接口，因此，从 plotting 中唯一需要导入的元素是 figure（初始化一个图形）和 show 方法（显示图表），对应代码如下所示。

```
# importing the necessary dependencies
import pandas as pd
from bokeh.plotting import figure, show
```

（3）需要注意的是，如果需要在 Jupyter Notebook 中显示图表，还应从 Bokeh 的 io 接口中导入并调用 output_notebook 方法，代码如下所示。

```
# make bokeh display figures inside the notebook
from bokeh.io import output_notebook
output_notebook()
```

（4）利用 pandas 加载 world_population 数据集，代码如下所示。

```
# loading the dataset with pandas
dataset = pd.read_csv('./data/world_population.csv', index_col=0)
```

（5）通过在 DataFrame 上调用 head 方法进行快速测试，以确保数据集已被成功加载，代码如下所示。

```
# looking at the dataset
dataset.head()
```

上述代码的输出结果如图 6.3 所示。

（6）当设置 x 轴和 y 轴时，需要执行数据的析取操作。其中，x 轴加载在列中显示的所有年份；y 轴加载国家的人口密度值。这里首先讨论与德国相关的数据，代码如下所示。

```
# preparing our data for Germany
years = [year for year in dataset.columns if not year[0].isalpha()] de_vals
= [dataset.loc[['Germany']][year] for year in years]
```

Country Name	Country Code	Indicator Name	Indicator Code	1960	1961	1962	1963	1964	1965
Aruba	ABW	Population density (people per sq. km of land ...	EN.POP.DNST	NaN	307.972222	312.366667	314.983333	316.827778	318.666667
Andorra	AND	Population density (people per sq. km of land ...	EN.POP.DNST	NaN	30.587234	32.714894	34.914894	37.170213	39.470213
Afghanistan	AFG	Population density (people per sq. km of land ...	EN.POP.DNST	NaN	14.038148	14.312061	14.599692	14.901579	15.218206
Angola	AGO	Population density (people per sq. km of land ...	EN.POP.DNST	NaN	4.305195	4.384299	4.464433	4.544558	4.624228
Albania	ALB	Population density (people per sq. km of land ...	EN.POP.DNST	NaN	60.576642	62.456898	64.329234	66.209307	68.058066

图 6.3　利用 head 方法加载数据集 world_population 中的前 5 行数据

（7）在析取了所需的数据后，可调用 Bokeh 中的 figure 方法创建新的图表。通过提供 title、x_axis_label 和 y_axis_label 这一类参数，可定义显示于当前绘图中的描述内容。待图表创建完毕后，即可向其中添加字形。在当前示例中，将使用一条简单的直线。通过在 x 和 y 值一侧提供 legend 参数，即可在可视化内容中设置图例，对应代码如下所示。

```
# plotting the population density change in Germany in the given years
plot = figure(title='Population Density of Germany',
x_axis_label='Year',y_axis_label='Population Density')
plot.line(years, de_vals, line_width=2, legend='Germany')
show(plot)
```

上述代码的输出结果如图 6.4 所示。

（8）接下来需要添加另一个国家。在当前示例中，将使用与瑞士相关的数据。这里将采用与德国相同的技术析取瑞士方面的数据，代码如下所示。

```
# preparing the data for the second country
ch_vals = [dataset.loc[['Switzerland']][year] for year in years]
```

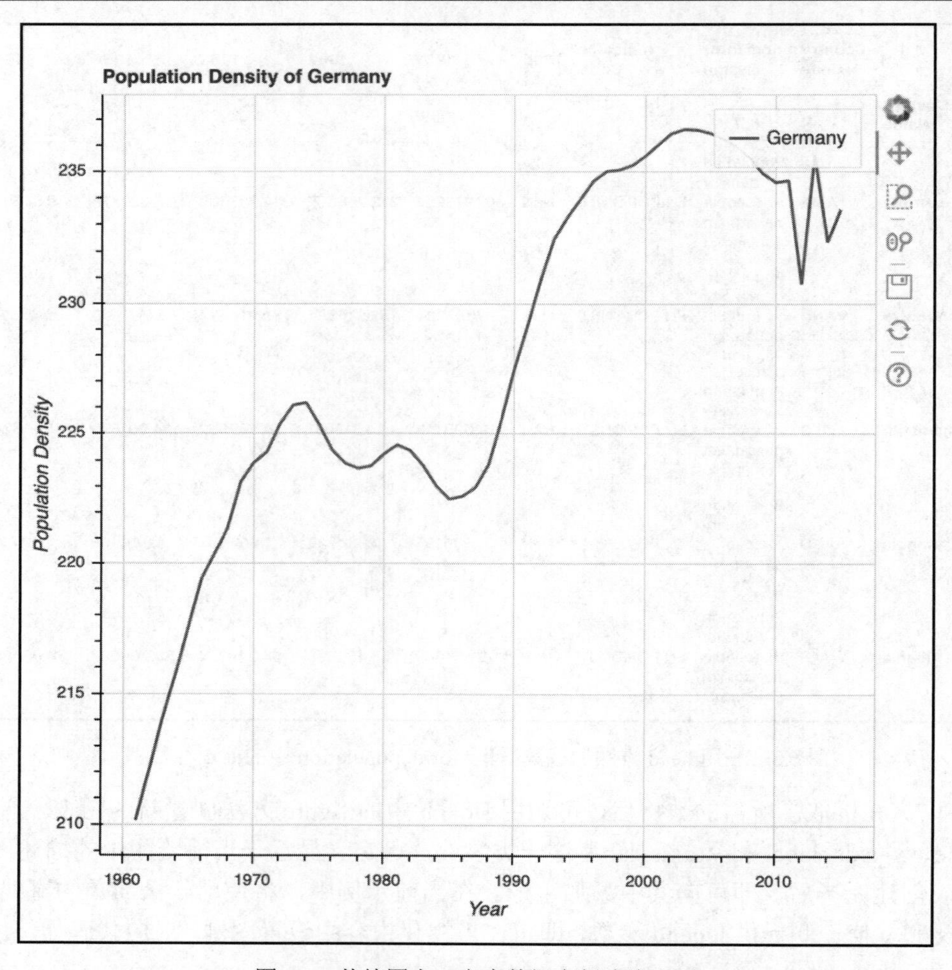

图 6.4　从德国人口密度数据中创建线形图

（9）此处，可向图形图表中简单地加入多个字形层。除此之外，还可将不同的字形叠加在一起，进而提供特定的、经数据改进后的视觉效果。在当前示例中，需要向图表中添加一条橘黄色直线，以显示来自瑞士的数据。除此之外，我们还希望对数据中的每个数据项都使用圆圈，以便更好地了解实际数据点的位置。通过使用相同的图例名称，Bokeh 在图例中创建了一个组合项，代码如下所示。

```
# plotting the data for Germany and Switzerland in one visualization,
# adding circles for each data point for Switzerland
plot = figure(title='Population Density of Germany and Switzerland',
```

```
x_axis_label='Year', y_axis_label='Population Density')
plot.line(years, de_vals, line_width=2, legend='Germany')
plot.line(years, ch_vals, line_width=2, color='orange',
legend='Switzerland')
plot.circle(years, ch_vals, size=4, line_color='orange', fill_
color='white', legend='Switzerland')
show(plot)
```

上述代码的输出结果如图 6.5 所示。

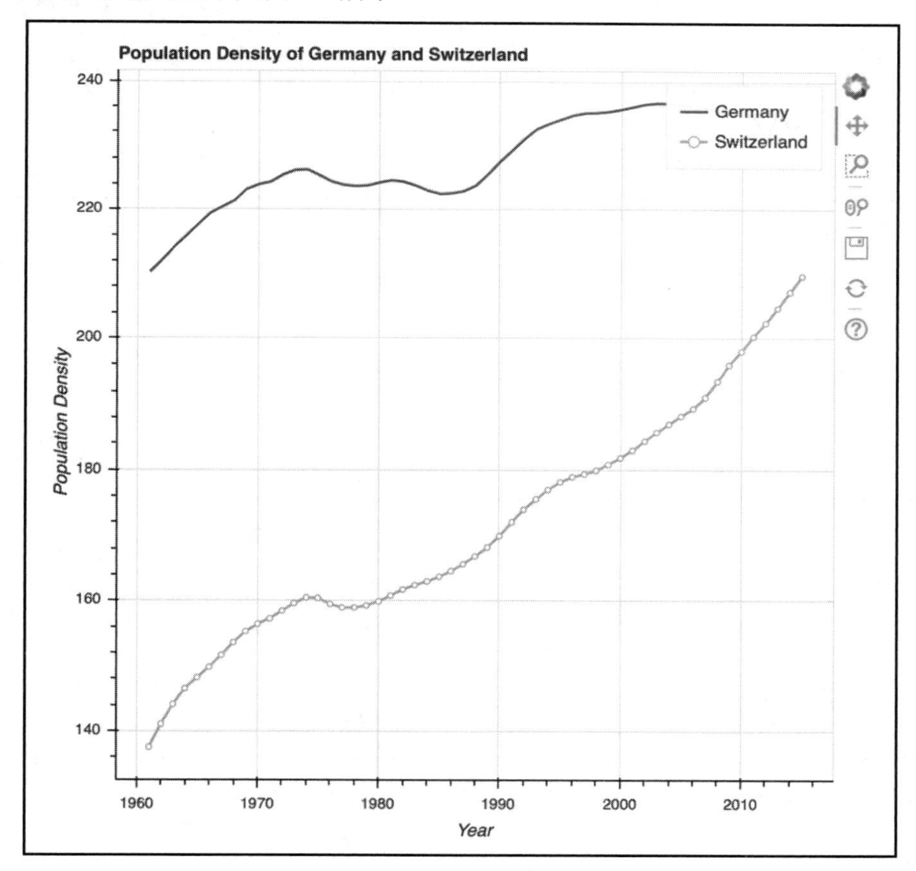

图 6.5　向图表中添加瑞士

（10）当针对不同国家考查大量数据时，可针对每个国家分别绘制图表，这可通过布局接口完成。在当前示例中，将使用 gridplot，代码如下所示。

```
# plotting the Germany and Switzerland plot in two different
visualizations
# that are interconnected in terms of view port
from bokeh.layouts import gridplot
plot_de = figure(title='Population Density of Germany', x_axis_
label='Year', y_axis_label='Population Density', plot_height=300)
plot_ch = figure(title='Population Density of Switzerland', x_axis_
label='Year', y_axis_label='Population Density', plot_height=300, x_
range=plot_de.x_range, y_range=plot_de.y_range)
plot_de.line(years, de_vals, line_width=2)
plot_ch.line(years, ch_vals, line_width=2)
plot = gridplot([[plot_de, plot_ch]])
show(plot)
```

上述代码的输出结果如图 6.6 所示。

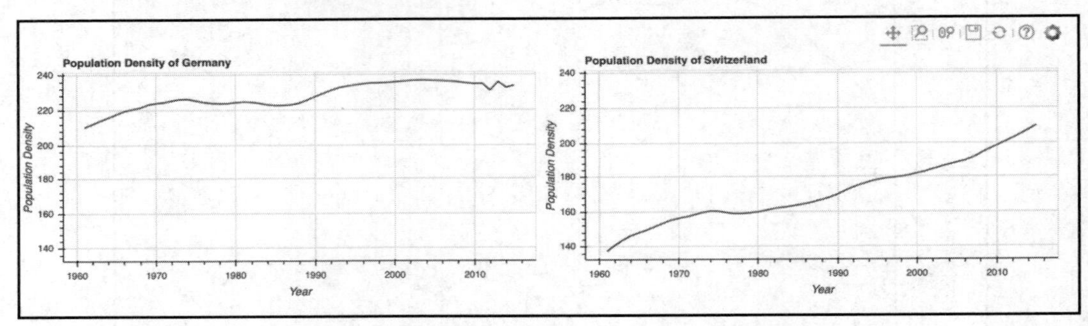

图 6.6　使用 gridplot 显式彼此邻接的国家图表

（11）另外，也可在网格中排列图表。这也意味着，当修改传递至 gridplot 方法中的二维列表时，可快速地获得垂直显示效果，对应示例代码如下所示。

```
# plotting the above declared figures in a vertical manner
plot_v = gridplot([[plot_de], [plot_ch]])
show(plot_v)
```

上述代码的输出结果如图 6.7 所示。

至此，已经介绍了 Bokeh 中的基础知识。当采用 plotting 接口时，可方便地快速获取可视化结果。同时，这也有助于我们进一步理解所操作的数据。

然而，这种简单性是通过抽象出复杂性来实现的。由于使用了 plotting 接口，我们也失去了很多控制行为。在练习 10 中，将对 plotting 和 models 接口进行比较，以展示 plotting 中的抽象程度。

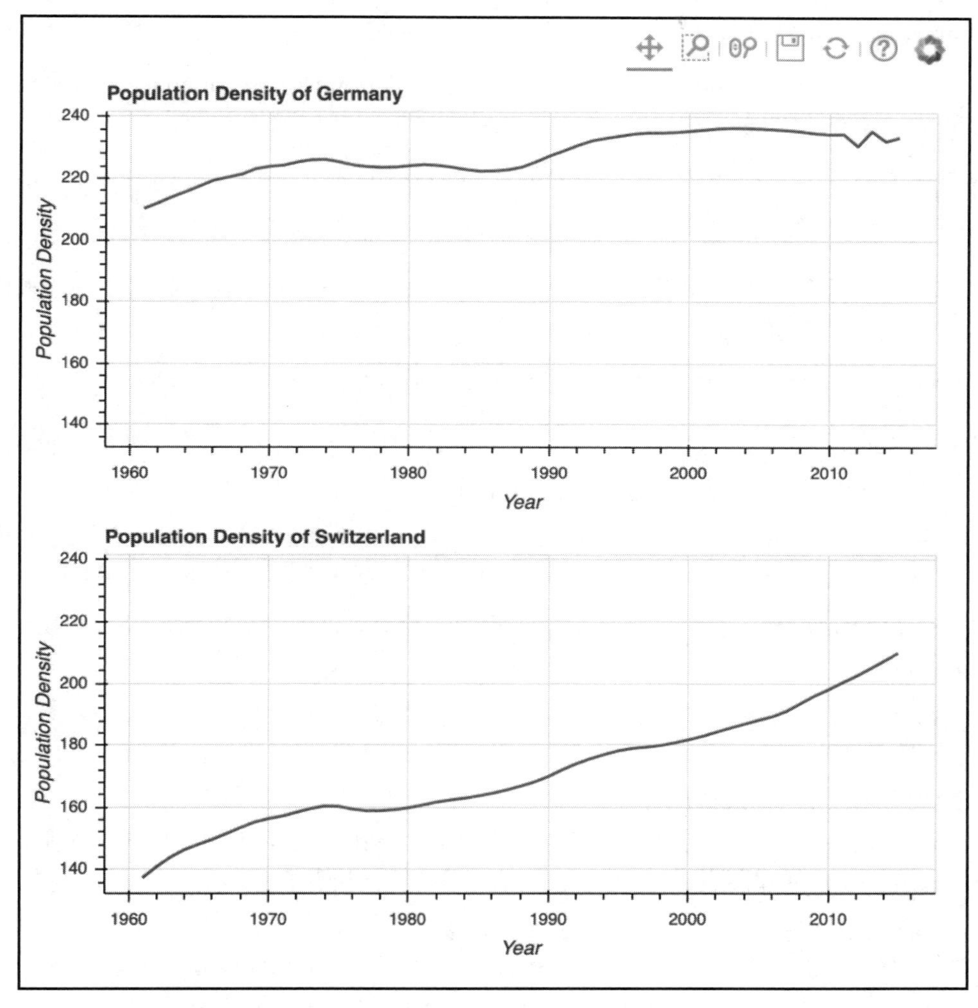

图 6.7　使用 gridplot 方法并以垂直方式排列可视化结果

6.1.8　比较 plotting 和 models 接口

当前练习将对 plotting 和 models 接口进行比较。对此，首先利用高层 plotting 接口创建基本的图表，并于随后利用底层 models 接口重新生成该图表。这将展示两个接口间的差异，并制定正确的学习方向，以进一步理解 models 接口的应用方式，具体操作步骤如下。

（1）打开 Lesson06 文件夹中的 Jupyter Notebook exercise10_solution.ipynb 文件以完成当前练习。对此，再次强调，需要访问该文件的路径，并在命令行终端中输入下列命令：

```
jupyter-lab
```

（2）如前所述，当前练习将使用 plotting 接口。相应地，从 plooting 导入的唯一元素是 figure（初始化图表）和 show 方法（显示图表），代码如下所示。

```
# importing the necessary dependencies
import numpy as np
import pandas as pd
```

（3）需要注意的是，如果希望在 Jupyter Notebook 中显示图表，还需要导入和调用 Bokeh 的 io 接口中的 output_notebook 方法，代码如下所示。

```
# make bokeh display figures inside the notebook
from bokeh.io import output_notebook
output_notebook()
```

（4）如前所述，使用 pandas 加载 world_population 数据集，代码如下所示。

```
# loading the dataset with pandas
dataset = pd.read_csv('./data/world_population.csv', index_col=0)
```

（5）在 DataFrame 上调用 head 方法进行快速测试，以确保数据已被成功加载，代码如下所示。

```
# looking at the dataset
dataset.head()
```

上述代码的输出结果如图 6.8 所示。

（6）在这一部分练习内容中，将与之前讨论的 plotting 接口协同工作。如前所述，仅需导入 figure 以创建图表，并导入 show 显示图表，代码如下所示。

```
# importing the plotting dependencies
from bokeh.plotting import figure, show
```

（7）鉴于仅改变了可视化内容的创建方式，因而对于两个图表来说，最终数据保持一致。当前，我们需要得到数据集中的年份列表、全部数据集中每年的平均人口密度，以及日本每年的平均人口密度，代码如下所示。

```
# preparing our data of the mean values per year and Japan
years = [year for year in dataset.columns if not year[0].isalpha()]
mean_pop_vals = [np.mean(dataset[year]) for year in years]
jp_vals = [dataset.loc[['Japan']][year] for year in years]
```

（8）当采用 plotting 接口时，可创建一个图表元素，进而获取与该图表相关的全部属性，如标题和轴标记。随后，可使用图表元素并将 glyphs 元素应用于其上。在当前练习中，将采用直线绘制全局平均值，并用十字表示日本的平均值，代码如下所示。

```
# plotting the global population density change and the one for Japan
plot = figure(title='Global Mean Population Density compared to Japan',
x_axis_label='Year', y_axis_label='Population Density')

plot.line(years, mean_pop_vals, line_width=2, legend='Global Mean')
plot.cross(years, jp_vals, legend='Japan', line_color='red')

show(plot)
```

	Country Code	Indicator Name	Indicator Code	1960	1961	1962	1963	1964	1965
Country Name									
Aruba	ABW	Population density (people per sq. km of land ...	EN.POP.DNST	NaN	307.972222	312.366667	314.983333	316.827778	318.666667
Andorra	AND	Population density (people per sq. km of land ...	EN.POP.DNST	NaN	30.587234	32.714894	34.914894	37.170213	39.470213
Afghanistan	AFG	Population density (people per sq. km of land ...	EN.POP.DNST	NaN	14.038148	14.312061	14.599692	14.901579	15.218206
Angola	AGO	Population density (people per sq. km of land ...	EN.POP.DNST	NaN	4.305195	4.384299	4.464433	4.544558	4.624228
Albania	ALB	Population density (people per sq. km of land ...	EN.POP.DNST	NaN	60.576642	62.456898	64.329234	66.209307	68.058066

图 6.8　利用 head 方法加载 world_population 数据集的前 5 行数据

上述代码的输出结果如图 6.9 所示。

不难发现，图 6.9 中包含了许多元素，这意味着，当前已拥有了正确的 x 轴标记、针对 y 轴的匹配范围，且图例已置于右上角位置处，且不需要过多的配置操作。使用 models 接口的具体操作步骤如下。

（1）与其他接口相比，models 接口更加偏向于底层。当查看一个可比较的图表所需的导入列表时，我们已经看到了这一点。查看该列表，可以看到许多熟悉的名字，如 Plot、Axis、Line 和 Cross，代码如下所示。

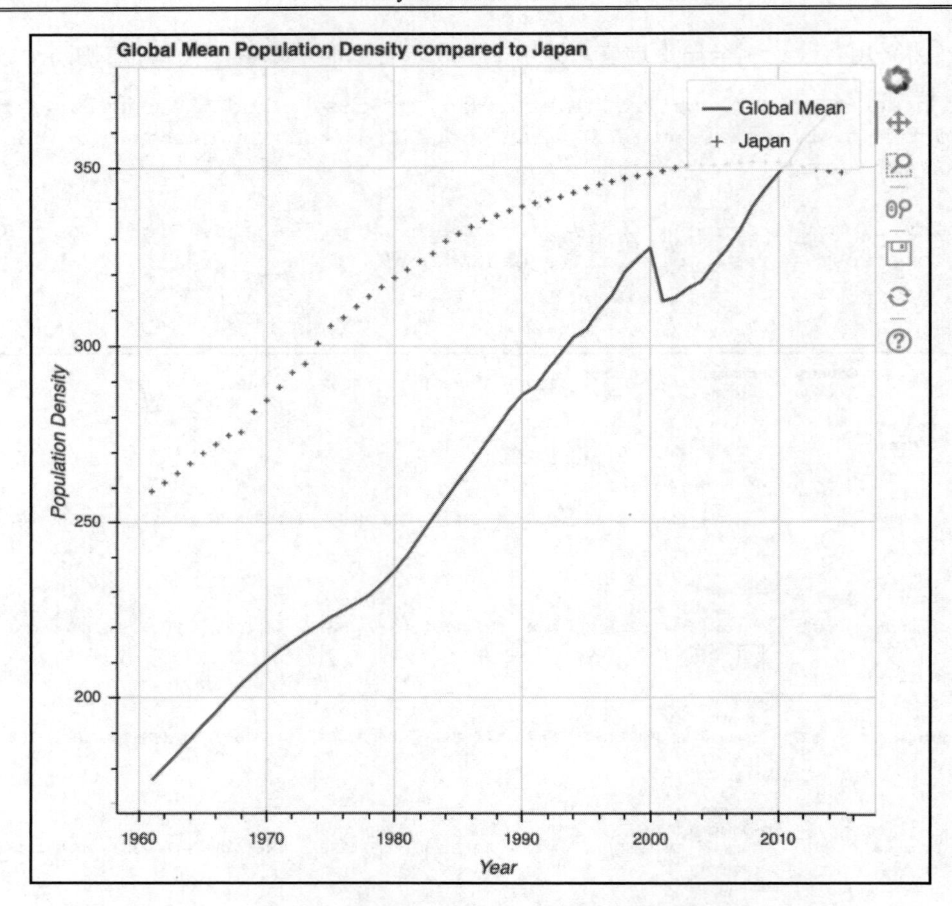

图 6.9　日本与全球平均人口密度比较直线图

```
# importing the models dependencies
from bokeh.io import show
from bokeh.models.grids import Grid
from bokeh.models.plots import Plot
from bokeh.models.axes import LinearAxis
from bokeh.models.ranges import Range1d
from bokeh.models.glyphs import Line, Cross
from bokeh.models.sources import ColumnDataSource
from bokeh.models.tickers import SingleIntervalTicker, YearsTicker
from bokeh.models.renderers import GlyphRenderer
from bokeh.models.annotations import Title, Legend, LegendItem
```

（2）在构建图表之前，首先需要针对 y 轴获取 min 和 max 值，其原因在于，当前并不需要过大或过小的值范围。因此，可计算全局平均值和日本的平均值（不包含任何无效值），并于随后得到其最小值和最大值。接下来，这一类值传递至 Range1d 的构造函数中，这将生成一个范围，以供后续图表构建使用。对于 x 轴，我们已经持有预先定义的年份列表，代码如下所示。

```
# defining the range for the x and y axis
extracted_mean_pop_vals = [val for i, val in enumerate(mean_pop_vals) if
I not in [0, len(mean_pop_vals) - 1]]
extracted_jp_vals = [jp_val['Japan'] for i, jp_val in enumerate(jp_vals)
if i not in [0, len(jp_vals) - 1]]
min_pop_density = min(extracted_mean_pop_vals)
min_jp_densitiy = min(extracted_jp_vals)
min_y = int(min(min_pop_density, min_jp_densitiy))
max_pop_density = max(extracted_mean_pop_vals)
max_jp_densitiy = max(extracted_jp_vals)
max_y = int(max(max_jp_densitiy, max_pop_density))
xdr = Range1d(int(years[0]), int(years[-1]))
ydr = Range1d(min_y, max_y)
```

（3）一旦针对 y 轴得到了 min 和 max 值，则可创建两个 Axis 对象，用于显示轴线及其标记。考虑到需要使用不同数值间的刻度，因而还需要传递一个 Ticker 对象以构建这一设置过程，代码如下所示。

```
# creating the axis
axis_def = dict(axis_line_color='#222222', axis_line_width=1, major_tick_
line_color='#222222', major_label_text_color='#222222',major_tick_line_
width=1)
x_axis = LinearAxis(ticker = SingleIntervalTicker(interval=10), axis_label
= 'Year', **axis_def)
y_axis = LinearAxis(ticker = SingleIntervalTicker(interval=50),
axis_label= 'Population Density', **axis_def)
```

（4）标题和图表的创建过程较为直观。对此，可向 Plot 对象的 title 属性传递一个 Title 对象，代码如下所示。

```
# creating the plot object
title = Title(align = 'left', text = 'Global Mean Population Density
compared to Japan')
plot = Plot(x_range=xdr, y_range=ydr, plot_width=650, plot_height=600,
title=title)
```

（5）如果尝试利用 show 方法显示图表，此时将得到一条错误信息——当前尚未定义渲染器。首先，需要向当前图表中添加元素，代码如下所示。

```
# error will be thrown because we are missing renderers that are created
when adding elements
```

```
show(plot)
```

上述代码的执行结果如图 6.10 所示。

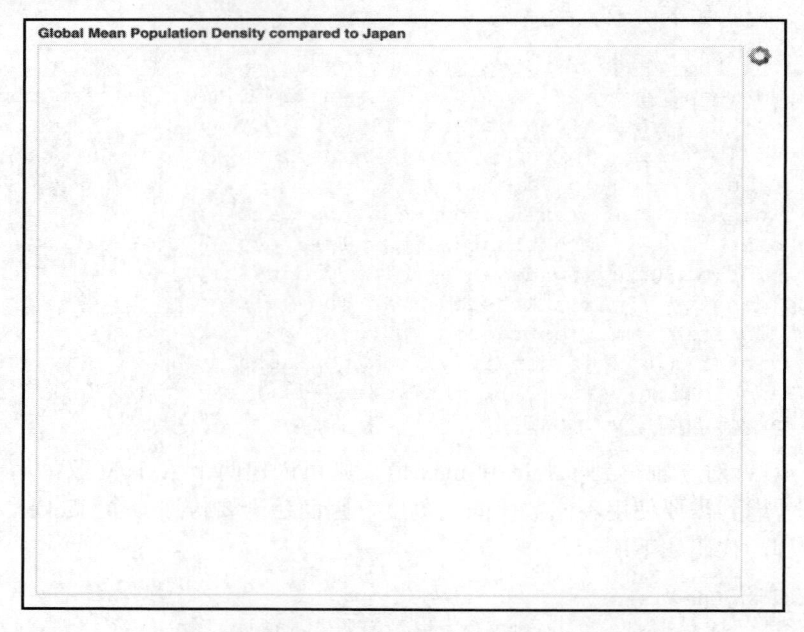

图 6.10　仅包含标题的空图表

（6）当与数据协同工作时，需要将数据插入 DataSource 对象中。随后，这可用于将数据源映射至 Glyph 对象上，并在图表中予以显示，代码如下所示。

```
# creating the data display
line_source = ColumnDataSource(dict(x=years, y=mean_pop_vals))
line_glyph = Line(x='x', y='y', line_color='#2678b2', line_width=2)
cross_source = ColumnDataSource(dict(x=years, y=jp_vals))
cross_glyph = Cross(x='x', y='y', line_color='#fc1d26')
```

（7）当向图表中添加对象时，需要使用正确的 add 方法。对于诸如 Axis 对象这一类布局元素，需要使用 add_layout 方法；而对于显示数据的 Glyphs，则需要通过 add_glyph 方法予以添加，代码如下所示。

```
# assembling the plot
plot.add_layout(x_axis, 'below')
plot.add_layout(y_axis, 'left')
line_renderer = plot.add_glyph(line_source, line_glyph)
cross_renderer = plot.add_glyph(cross_source, cross_glyph)
```

（8）如果现在尝试显示图表，则可看到相应的线形，对应代码如下所示。

```
show(plot)
```

上述代码的输出结果如图 6.11 所示。

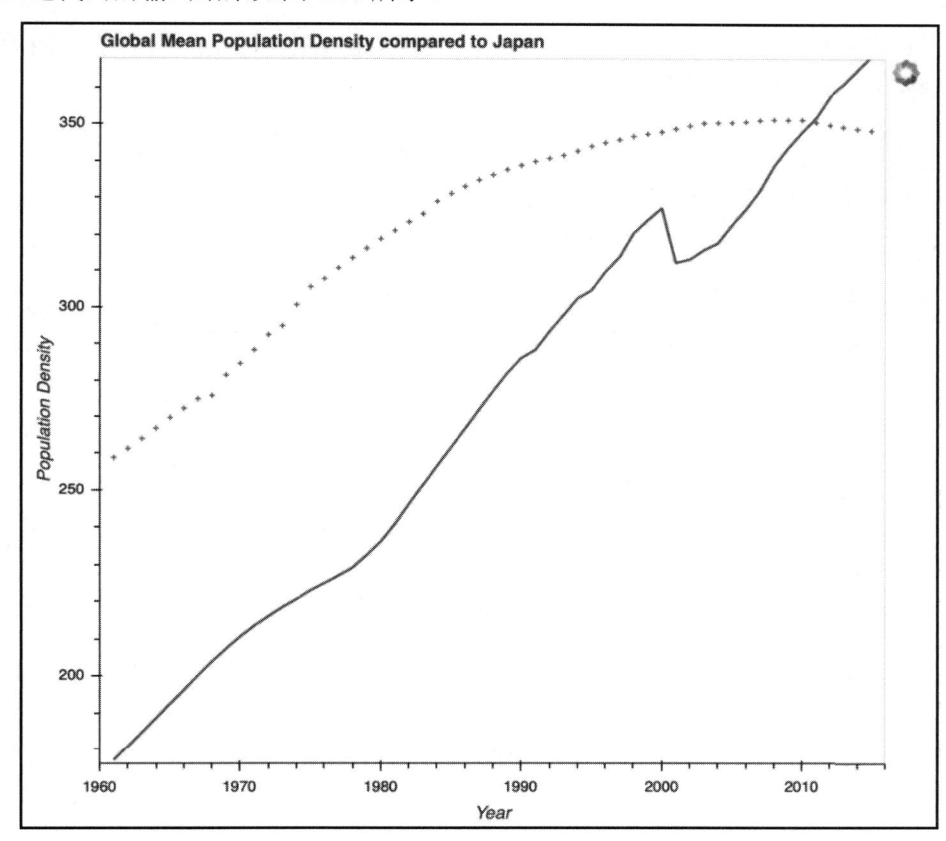

图 6.11　基于 models 接口的图表，用于显示直线和轴向

（9）当前仍缺少其他元素，其中之一便是位于右上角处的图例。当向图表中添加图例时，需要再次使用到某个对象。相应地，每个 LegendItem 对象都将显示在图例中的某一行上，代码如下所示。

```
# creating the legend
legend_items= [LegendItem(label='Global Mean', renderers=[line_renderer]),
LegendItem(label='Japan', renderers=[cross_renderer])]
legend = Legend(items=legend_items, location='top_right')
```

（10）网格的构建过程较为直观，仅需针对 x 轴和 y 轴实例化两个 Gridobjects 即可。

该网格将得到之前创建的 x 轴和 y 轴的刻度，代码如下所示。

```
# creating the grid
x_grid = Grid(dimension=0, ticker=x_axis.ticker)
y_grid = Grid(dimension=1, ticker=y_axis.ticker)
```

（11）最后，还需要再次使用 add_layout 方法向图表中添加网格和图例，随后即可展示完整的图表。该过程仅包含 4 行代码，代码如下所示。

```
# adding the legend and grids to the plot
plot.add_layout(legend)
plot.add_layout(x_grid)
plot.add_layout(y_grid)
show(plot)
```

上述代码的输出结果如图 6.12 所示。

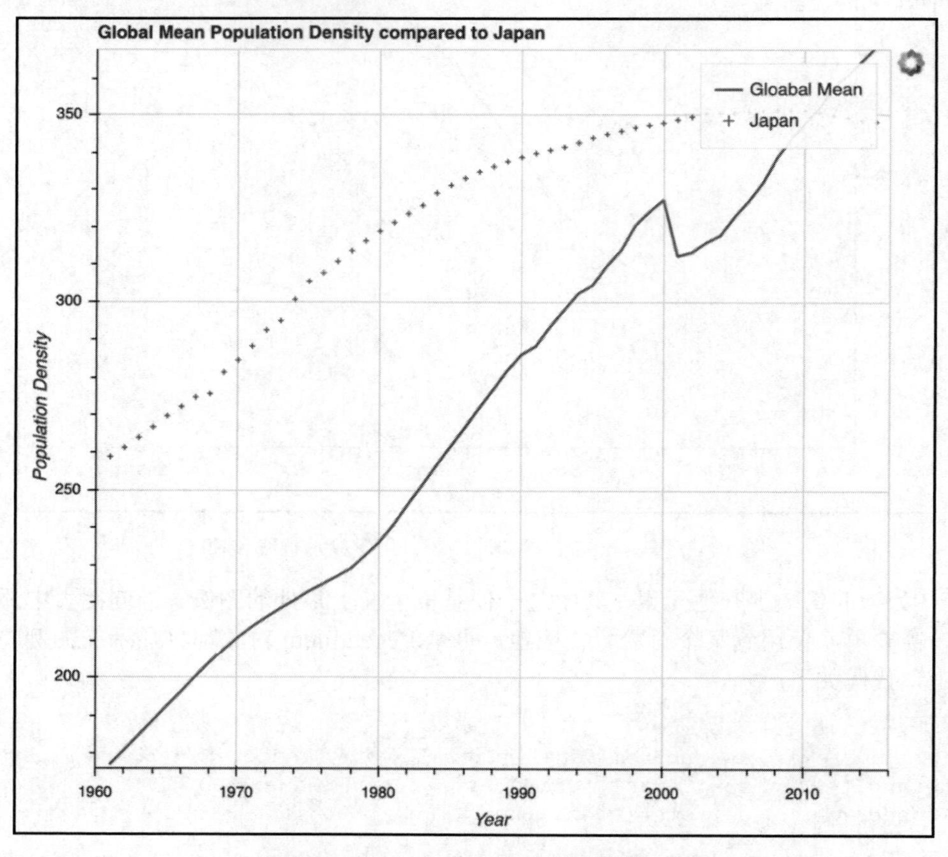

图 6.12　针对 plotting 接口的可视化重构

可以看到，models 接口不应用于简单的图表，其目的是为有特殊需求的用户提供 Bokeh 的全部功能，这些用户需要的不仅仅是绘图界面。在介绍微件时，将会再次领略 models 接口的便捷性。

6.2　添加微件

Bokeh 最强大的功能之一是，它能够使用微件并以交互方式更改显示在可视化中的数据。为了进一步理解可视化内容中交互行为的重要性。假设某个股票价格静态可视化图表仅显示去年的数据，当用户查看当前年份及其与最近几年的比较结果时，该图表将难以满足这一要求，且需要添加额外的内容。具体来说，应构建每个年份的数据表达结果。另外，用户应可选择所需日期范围的简单图表进行比较，这可视为微件的优点之一。相应地，存在诸多选项可对微件进行组合，进而阐述具体的故事。此外，还可通过限定值对用户查看的内容予以限制，以对用户进行引导。讲述可视化内容背后的故事十分重要，如果用户已持有与数据间的交互方式，那么开发过程将会容易得多。

当与 Bokeh 服务器结合使用时，Bokeh 微件将会呈现最佳工作模式。然而，Bokeh 服务器的应用方式已超出了本书讨论范围——我们将与简单的 Python 文件协同工作，且无法发挥 Python notebook 的强大功能。因此，此处将采取一种混合方案，且仅与早期的 Jupyter Notebook 协同工作。

6.2.1　基本的交互式微件

下面将简单介绍不同的微件，及其与可视化内容结合使用时的整体应用概念。本节将考查基本的微件，并构建简单的图表，以展示所选股票的前 25 个数据点。相应地，所显示的股票可通过下拉菜单予以更改。

当前练习使用了 stock_prices 数据集。这意味着，我们将在一段时间内查看数据。考虑到这是一个较大的可变数据集，因而可方便地显示和解释不同的微件，如滑块和下拉菜单。另外，该数据集位于 GitHub 存储库的 data 文件夹中，对应网址为 https://bit.ly/ 2UaLtSV。

在构建基本的图表之前，首先考查不同的可变微件及其应用方式。关于如何触发更新操作，存在多种不同的选项，稍后将对此予以解释。图 6.13 展示了当前练习所涉及的微件。

值	微件	示例
Boolean	Checkbox	False
String	Text	'Input Text'
Int value, Int range	IntSlider	5, (0, 100), (0, 10, 1)
Float value, Float range	FloatSlider	1.0, (0.0, 100.0), (0.0, 10.0, 0.5)
List or Dict	Dropdown	['Option1', 'Option2'], {'one':1,'two':2}

图 6.13　当前练习所涉及的一些基本微件

具体操作步骤如下。

（1）打开 Lesson06 文件夹中的 exercise11_solution.ipynb Jupyter Notebook，以完成当前练习。考虑到该示例需要使用 Jupyter Notebook，因而需要在命令行中输入下列命令：

```
jupyter notebook
```

（2）随后将打开一个新的浏览器窗口，并列出当前目录中的全部文件。单击 exercise11_solution.ipynb 后将在一个新的选项卡中打开该文件。

（3）在展示如何创建基本的可视化内容之前，当前练习首先引入一些基本的微件，因而代码中需要添加相应的导入语句。当导入数据集时，需要使用到 pandas，代码如下所示。

```
# importing the necessary dependencies
import pandas as pd
```

（4）再次说明，当在 Jupyter Notebook 中显示图表时，需要导入和调用 Bokeh 的 io 接口中的 output_notebook 方法，代码如下所示。

```
# make bokeh display figures inside the notebook
from bokeh.io import output_notebook
output_notebook()
```

（5）在下载了数据集并将其移至 data 文件夹后，即可导入 stock_prices.csv 数据，代码如下所示。

```
# loading the Dataset with geoplotlib
dataset = pd.read_csv('./data/stock_prices.csv')
```

（6）调用 DataFrame 上的 head 方法进行快速测试，确保数据已被成功加载，代码如下所示。

```
# looking at the dataset
dataset.head()
```

上述代码的输出结果如图 6.14 所示。

	date	symbol	open	close	low	high	volume
0	2016-01-05 00:00:00	WLTW	123.430000	125.839996	122.309998	126.250000	2163600.0
1	2016-01-06 00:00:00	WLTW	125.239998	119.980003	119.940002	125.540001	2386400.0
2	2016-01-07 00:00:00	WLTW	116.379997	114.949997	114.930000	119.739998	2489500.0
3	2016-01-08 00:00:00	WLTW	115.480003	116.620003	113.500000	117.440002	2006300.0
4	2016-01-11 00:00:00	WLTW	117.010002	114.970001	114.089996	117.330002	1408600.0

图 6.14　利用 head 方法加载 stock_prices 数据集中的前 5 行数据

（7）由于 data 列未包含与小时、分钟、秒相关的任何信息，因而不应在可视化结果中对其加以显示，可仅是简单地显示年份、月份和日期。因此，这里将创建一个新列，并加载日期值的格式化简短版本。需要注意的是，单元格的执行会占用些许时间，因而这是一个较大的数据集，对应代码如下所示。

```
# mapping the date of each row to only the year-month-day format
from datetime import datetime
def shorten_time_stamp(timestamp):
    shortened = timestamp[0]
    if len(shortened) > 10:
        parsed_date=datetime.strptime(shortened, '%Y-%m-%d %H:%M:%S')
        shortened=datetime.strftime(parsed_date, '%Y-%m-%d')
    return shortened
dataset['short_date'] = dataset.apply(lambda x:
shorten_time_stamp(x),axis=1)
```

（8）考查更新后的数据集，可看到一个称作 short_date 的新列加载日期，且不包含任何小时、分钟、秒信息，对应代码如下所示。

```
# looking at the dataset with shortened date
dataset.head()
```

上述代码的输出结果如图 6.15 所示。

	date	symbol	open	close	low	high	volume	short_date
0	2016-01-05 00:00:00	WLTW	123.430000	125.839996	122.309998	126.250000	2163600.0	2016-01-05
1	2016-01-06 00:00:00	WLTW	125.239998	119.980003	119.940002	125.540001	2386400.0	2016-01-06
2	2016-01-07 00:00:00	WLTW	116.379997	114.949997	114.930000	119.739998	2489500.0	2016-01-07
3	2016-01-08 00:00:00	WLTW	115.480003	116.620003	113.500000	117.440002	2006300.0	2016-01-08
4	2016-01-11 00:00:00	WLTW	117.010002	114.970001	114.089996	117.330002	1408600.0	2016-01-11

图 6.15　添加了 short_date 列后的数据集

接下来考查基本的微件，相关步骤如下。

（1）交互微件通过 IPython 的交互元素被添加，因而需要对其予以导入，代码如下所示。

```
# importing the widgets
from ipywidgets import interact, interact_manual
```

（2）此处将使用“语法糖”的方式将修饰器添加到某个方法中，即使用注解，这将生成交互式元素，并显示于可执行单元格的下方。在当前示例中，将简单地输出交互式元素的结果，代码如下所示。

```
# creating a checkbox
@interact(Value=False)
def checkbox(Value=False):
print(Value)
```

上述代码的输出结果如图 6.16 所示。

提示：

@interact()称作装饰器，并将注解方法封装至交互式组件中，这允许我们显示和响应下拉菜单的变化。当每次下拉菜单中的值改变时，即会执行该方法。

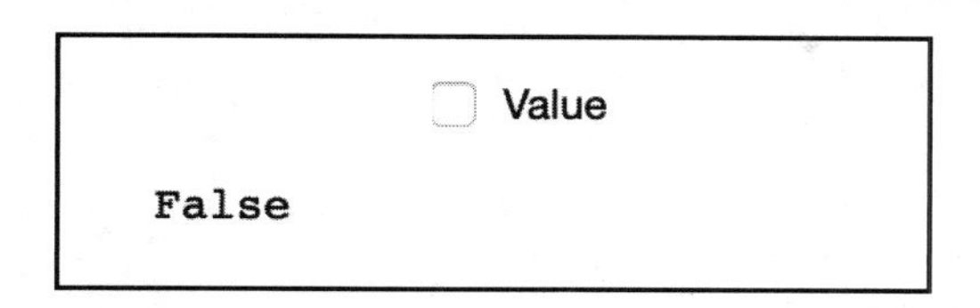

图 6.16　监护室复选框，并在 False 和 True 间切换

（3）一旦设置了第一个元素，其他元素则可采用相同的方式加以创建，仅需在装饰器中改变参数的数据类型即可。

（4）针对下拉菜单，可使用下列代码。

```
# creating a dropdown
options=['Option1', 'Option2', 'Option3', 'Option4']
@interact(Value=options)
def slider(Value=options[0]):
print(Value)
```

上述代码的输出结果如图 6.17 所示。

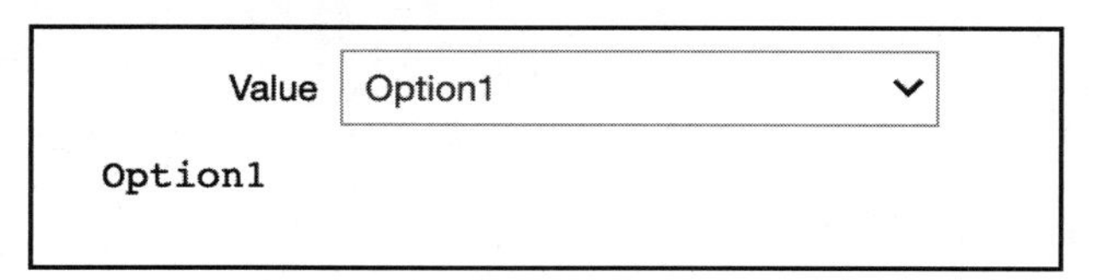

图 6.17　交互式下拉菜单

文本输入框则使用下列代码。

```
# creating an input text
@interact(Value='Input Text')
def slider(Value):
print(Value)
```

上述代码的输出结果如图 6.18 所示。

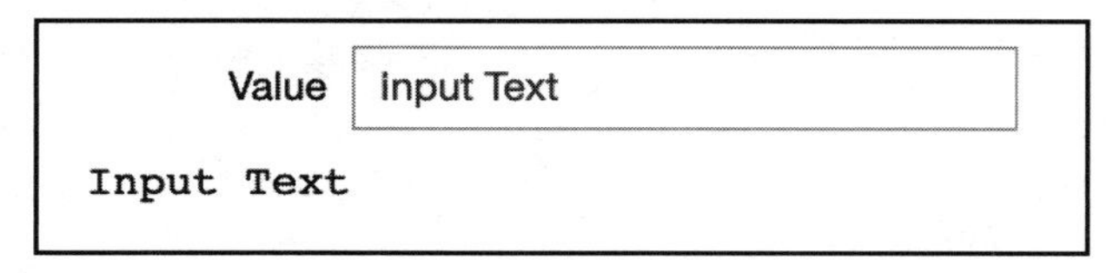

图 6.18　交互式文本输入框

使用以下代码应用多个微件。

```
# multiple widgets with default layout
options=['Option1', 'Option2', 'Option3', 'Option4']
@interact(Select=options, Display=False)
def uif(Select, Display):
print(Select, Display)
```

上述代码的输出结果如图 6.19 所示。

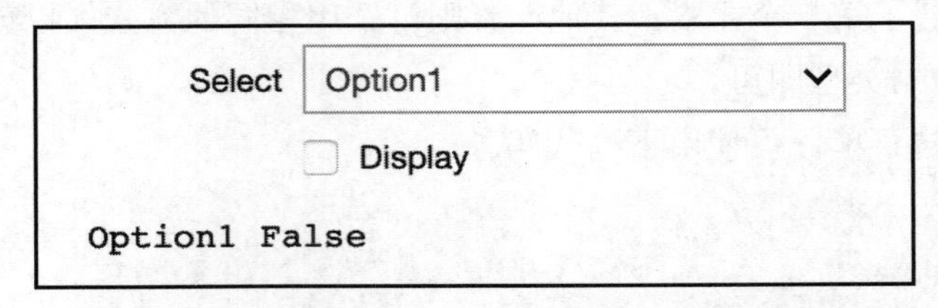

图 6.19　默认状态下，以垂直方式显示的两个微件

使用下列代码应用一个整数滑块。

```
# creating an int slider with dynamic updates
@interact(Value=(0, 100))
def slider(Value=0):
print(Value)
```

上述代码的输出结果如图 6.20 所示。

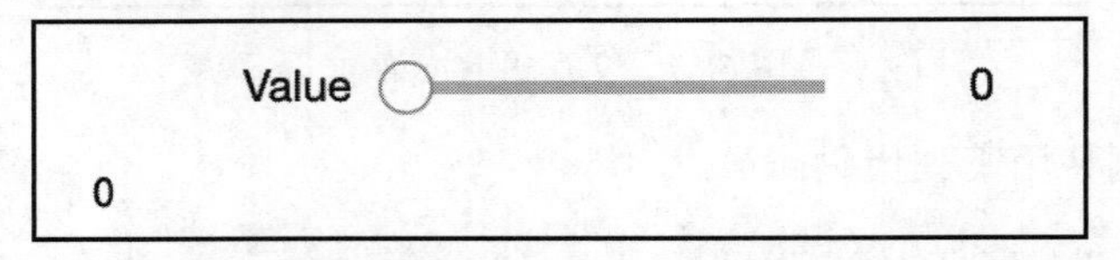

图 6.20　交互式整数滑块

下列代码在释放鼠标时触发一个整数滑块。

```
# creating an int slider that only triggers on mouse release
from ipywidgets import IntSlider
slider=IntSlider(min=0, max=100, continuous_update=False)
@interact(Value=slider)
def slider(Value=0.0):
print(Value)
```

上述代码的输出结果如图 6.21 所示。

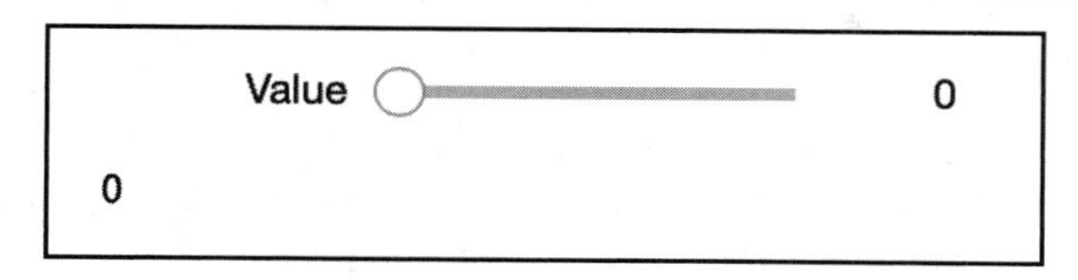

图 6.21　鼠标释放时触发的交互式整数滑块

注意：

虽然图 6.20 和图 6.21 看起来相同，但在图 6.21 中，滑块仅在释放鼠标时被触发。

（5）如果不希望在每次更改微件时更新图表，还可采用 interact_manual 装饰器，这将向输出结果中添加一个执行按钮，代码如下所示。

```
# creating a float slider 0.5 steps with manual update trigger
@interact_manual(Value=(0.0, 100.0, 0.5))
def slider(Value=0.0):
print(Value)
```

上述代码的输出结果如图 6.22 所示。

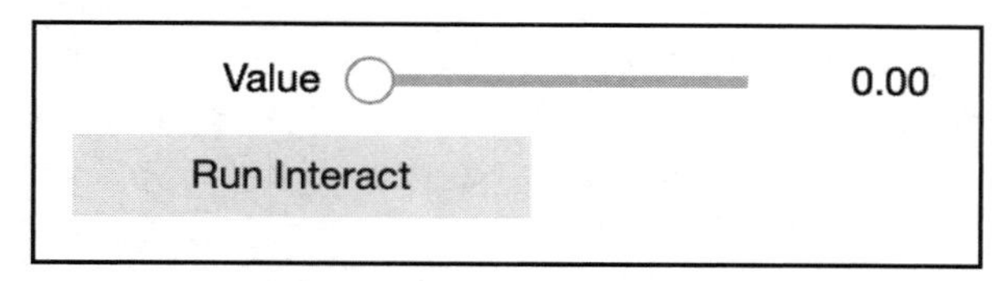

图 6.22　包含一个手动更新触发器的交互式整数滑块

提示：

与之前的单元格相比，当前单元格包含了 interact_manual 装饰器，而不是交互行为。这将添加一个执行按钮，触发数值更新操作，而不是随着每次变化被触发。当与较大的数据集协同工作时（重新计算的时间较长），这将非常有用。据此，我们不希望触发每一个较小步骤的执行（只要选择了正确值）。

当创建基本的绘图并添加微件时，需要通过股票价格数据集生成基本的可视化内容。同时，这也是第一个交互式可视化操作，用户可动态修改显示于图表中的股票数据。此处将使用到交互式微件：下拉菜单，它也是当前可视化内容中主要的交互点，具体操作步骤如下。

（1）当创建一个图表时，首先需要从 plotting 接口中导入 figure 和 show 方法。由于还需要设置一个包含两个选项卡的面板以显示不同的图表样式，因而还应从 models 接口中导入 Panel 和 Tabs，代码如下所示。

```
# importing the necessary dependencies
from bokeh.models.widgets import Panel, Tabs
from bokeh.plotting import figure, show
```

（2）为了更好地构造 Notebook，应编写一个可适应的方法，该方法获取股票数据的部分内容作为参数，并构建一个双选项卡 Pane 对象，该对象允许在可视化中的两个视图之间进行切换。其中，第一个选项卡包含了给定数据的线形图，而第二个选项卡则包含了相同数据的圆形图案。另外，图例将显示当前所考查的股票的名称，对应代码如下所示。

```
# method to build the tab-based plot
    def get_plot(stock):
stock_name=stock['symbol'].unique()[0]
line_plot=figure(title='Stock prices',
x_axis_label='Date', x_range=stock['short_date'],
y_axis_label='Price in $USD')
line_plot.line(stock['short_date'], stock['high'], legend=stock_name)
line_plot.xaxis.major_label_orientation = 1
circle_plot=figure(title='Stock prices', x_axis_label='Date', x_
range=stock['short_date'], y_axis_label='Price in $USD')
circle_plot.circle(stock['short_date'], stock['high'], legend=stock_name)
circle_plot.xaxis.major_label_orientation = 1
line_tab=Panel(child=line_plot, title='Line')
circle_tab=Panel(child=circle_plot, title='Circles')
tabs = Tabs(tabs=[ line_tab, circle_tab ])
return tabs
```

（3）在构造交互操作之前，需要获取数据集中所有的股票名称列表。随后，可使用该列表作为交互元素的输入。根据下拉菜单的交互结果，所显示的数据也随之更新。为了保持简单，这里仅显示每份股票的前 25 项数据。默认状态下，将会显示苹果公司的股票，其在数据集中的符号是 AAPL，对应代码如下所示。

```
# extracing all the stock names
stock_names=dataset['symbol'].unique()
```

（4）下面向装饰器中添加下拉菜单微件，并调用在 show 方法中返回可视化结果（利用所选股票）的方法，所生成的可视化结果将显示于一个面板中且包含两个选项卡。其中，第一个选项卡将显示一条插值直线，而第二个选项卡则将对应数值显示为圆形图案。对应代码如下所示。

```
# creating the dropdown interaction and building the plot
# based on selection
@interact(Stock=stock_names)
    def get_stock_for(Stock='AAPL'):
stock = dataset[dataset['symbol'] == Stock][:25]
show(get_plot(stock))
```

上述代码的输出结果如图 6.23 所示。

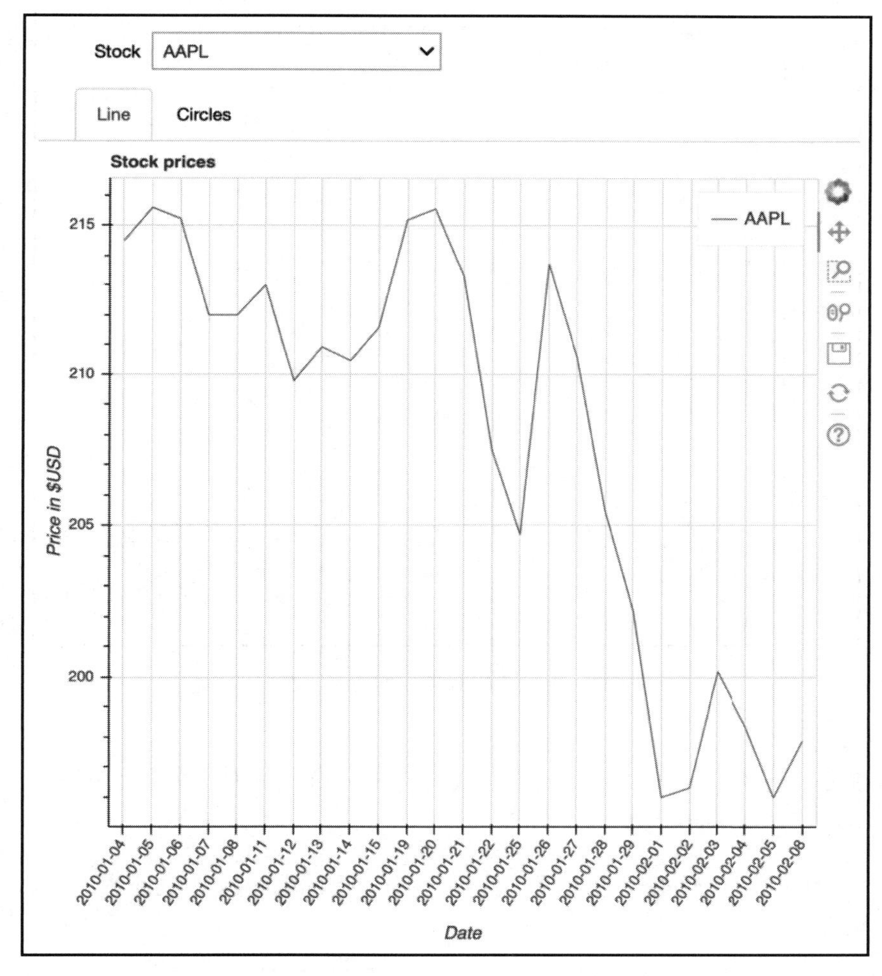

图 6.23　包含 AAPL 数据的 Line 选项卡

图 6.24 显示了 Circle 选项卡中的相关内容。

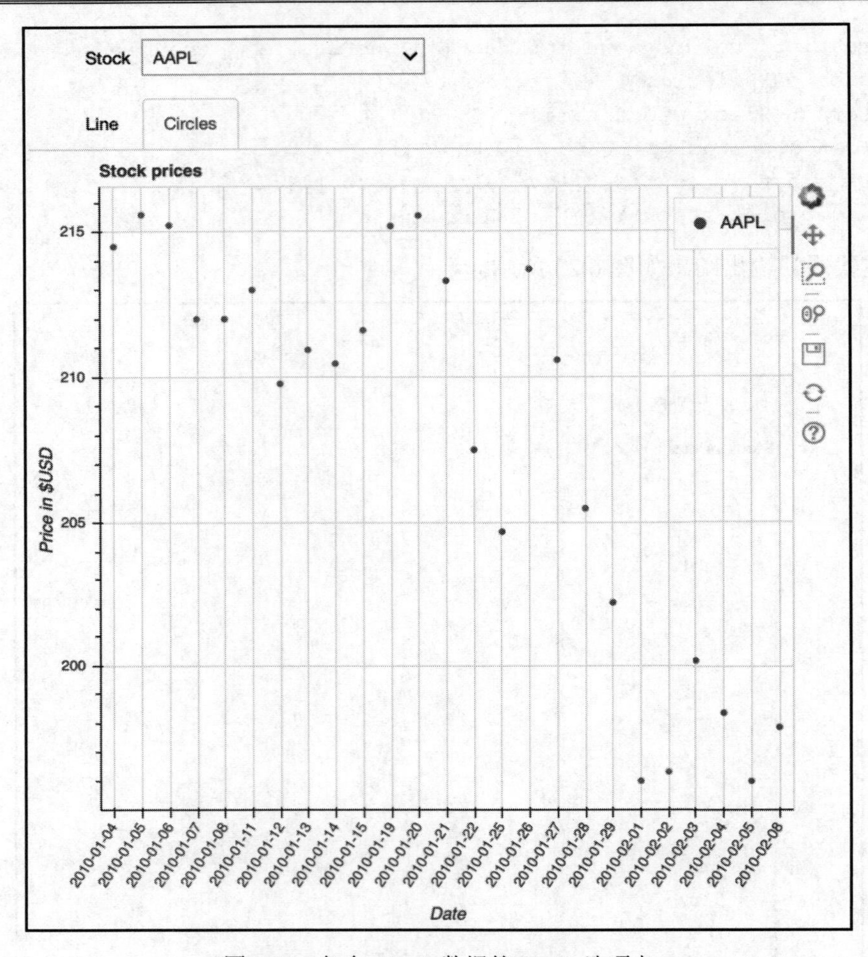

图 6.24　包含 AAPL 数据的 Circle 选项卡

提示：

日期显示于 x 轴上。如果希望显示较大的时间范围，则需要自定义 x 轴上的刻度，这可通过 ticker 对象予以实现。

至此已经讨论了微件的基本内容，及其在 Jupyter Notebook 中的应用方式。

提示：

关于微件及其在 Jupyter 应用类型，读者可访问 https://bit.ly/2Sx9txZ 和 https://bit.ly/2T4FcM1，以了解更多内容。

6.2.2　操作 29：利用微件扩展图表

该操作将结合之前所学的 Bokeh 方面的知识，同时还需要与 pandas 协同工作以进行额外的 DataFrame 处理。这里将创建一个交互式可视化内容，并查看 2016 年里约奥运会的最终排名。

对应的可视化内容将在坐标系中显示所参与国家。其中，x 轴表示赢得奖牌的数量，y 轴表示运动员的数量。当使用交互式微件时，将能够筛选所显示的国家（在最大金牌数量和最大运动员数量轴向上）。

当选择交互操作的应用方式时，存在多种选择方案。这里仅关注两个微件以简化对相关概念的理解。最终，可视化系统可根据各个国家在奥运会上的奖牌数量和运动员数量进行筛选；另外，当悬停于某个数据点上时，还可显示于每个国家相关的更多信息，具体操作步骤如下。

（1）打开 Lesson06 文件夹中的 activity29.ipynb Jupyter Notebook，以实现当前操作。

（2）通过 bokeh.io 接口启用 Notebook 输出。导入 pandas 并加载数据集，显示数据集的前 5 个元素，确保数据集加载成功。

（3）从 Bokeh 中代入 figure 和 show；从 ipywidgets 中导入 interact 和 widgets。

（4）当创建可视化内容时，还需要导入所需工具。对此，从 Bokeh 中导入 figure 和 show；从 ipywidgets 中导入 interact 和 widgets。

（5）在获取了必要的数据后，接下来将设置交互式元素。滚动至显示 getting the max amount of medals and athletes of all countries 的单元格，并从数据集中提取这两个数值。

（6）在提取了最大奖牌数量和运动员数量后，针对最大运动员数量的 IntSlider（垂直方向），以及最大奖牌数量的 IntSlider（水平方向）创建微件。

（7）最后一步是设置@interact 方法，该方法负责显示整体可视化结果。此处唯一需要编码的地方是显示此方法的返回值，该方法作为参数接收所有交互元素值。

（8）在实现了 decorated 方法后，可移至 Notebook 并针对 get_plot 方法展开工作。

（9）首先需要筛选与国家相关的数据集，其中包含所有在奥运会上派出运动员的国家。我们需要检查其奖牌和运动员人数是否少于或等于作为参数传递的最大值。

（10）在对数据集进行筛选之后，即可创建 DataSource。该 DataSource 用于工具提示和圆形图案的输出。

（11）随后利用 figure 方法创建新图表，其中包含了以下属性：title 表示为 Rio Olympics 2016 - Medal comparison；x_axis_label 表示为 Number of Medals；y_axis_label 表示为 Num of Athletes。

（12）最后一步是执行从 get_plot 单元格到底部的每个单元格，并确保全部实现均被捕捉。

（13）当执行了包含@interact 装饰器的单元后，将会显示一个散点图，其中针对每个国家显示一个圆形图案，同时还涵盖了一些其他信息，如国家的简短代码、运动员人数以及金牌、银牌和铜牌的数量。

提示：

该操作的具体解决方案可参考本书附录。

6.3 本章小结

本章讨论了另一种以全新视角创建可视化内容的方法，即基于 Web 的 Bokeh 图表。另外，本章还介绍了一些方法，以使可视化操作更具交互性，使用户有机会以一种完全不同的方式探索数据。如本章开始时所阐述的那样，Bokeh 是一种全新的工具，允许开发人员采用所偏好的语言为Web创建可移植的可视化内容。在使用了Matplotlib、Seaborn、geoplotlib 和 Bokeh 之后，可以看到一些常见的接口和使用这些库的类似方法。在了解了本书所介绍的相关工具后，对于新工具的理解将会变得更加简单。

第 7 章将介绍一个全新的、尚未涉及的数据集，并以此创建相应的可视化内容，这将帮助读者巩固在本书中所学到的概念和工具，并进一步提高操作技能。

第 7 章　知 识 整 合

本章主要涉及以下内容：

- ❑ 应用 Matplotlib 和 Seaborn 中的操作技巧。
- ❑ 利用 Bokeh 创建时序。
- ❑ 利用 geoplotlib 分析地理空间数据。

本章主要应用前述各章节所学的各种概念，其中将使用 3 个新的数据集，并结合 Matplotlib、Seaborn、geoplotlib 和 Bokeh 中的各项实际操作。

7.1　简　　介

为了巩固所学的内容，本章将介绍 3 项较为复杂的操作。每项操作将使用之前讨论的一种库。与前述操作相比，每项操作均包含一个较大的数据集。

注意：

全部操作均在 Jupyter Notebook 或 Jupyter Lab 中开发。读者可访问 GitHub 存储库并下载所有的预置模板，对应网址为 https://bit.ly/2SswjqE。

7.1.1　操作 30：实现 Matplotlib 和 Seaborn 操作

在当前操作中，将可视化纽约市（NYC）的数据，并将其与纽约州和美国（US）进行比较。这里，将使用美国社区调查（ACS）公共应用微数据样本（PUMS）数据集（自 2017 年起逐年评估），对应网址为 https://www.census.gov/programs-surveys/acs/technical-documentation/pums/documentation.2017.html。针对该操作，读者可使用 Matplotlib、Seaborn 或二者相结合使用。

该操作使用了数据集“纽约人口记录”（./data/pny.csv）和“纽约房屋单元记录”（./data/hny.csv）。其中，第一个数据集包含了与纽约人口相关的信息，第二个数据集则包含了与房屋单位相关的信息。相应地，数据集包含了大约 1%的人口和房屋单元的数据。考虑到数据扩展量，此处并未提供美国全国的数据集。相反，我们仅提供了与美国相关的所需的信息。PUMS_Data_Dictionary_2017.pdf 文件给出了全部变量的整体描述，进一步的代码描述则位于 ACSPUMS2017CodeLists.xls 中。具体各项操作步骤如下。

（1）打开 Lesson07 文件夹中的 activity30.ipynb Jupyter Notebook，以实现当前操作。

（2）利用 pandas 读取子目录 data 中的.csv 文件。

（3）使用给定的 PUMA（基于 2010 年人口普查定义的公共应用微数据区域代码，该区域的人口为 10 万或更多）范围进一步将数据集划分为纽约市各区（布朗克斯、曼哈顿、斯塔顿岛、布鲁克林和皇后区），对应代码如下所示。

```
# PUMA ranges
bronx = [3701, 3710]
manhatten = [3801, 3810]
staten_island = [3901, 3903]
brooklyn = [4001, 4018]
queens = [4101, 4114]
nyc = [bronx[0], queens[1]]
```

（4）在当前数据集中，每个样本均包含特定的 weight，以反映整体数据集的权值。因此，无法简单地计算中位数。对此，可使用给定的 weighted_median 函数计算中位数，对应代码如下所示。

```
# Function for a 'weighted' median
def weighted_frequency(values, weights):
  weighted_values = []
  for value, weight in zip(values, weights):
    weighted_values.extend(np.repeat(value, weight))
  return weighted_values
def weighted_median(values, weights):
  return np.median(weighted_frequency(values, weights))
```

（5）在接下来的子任务中，将创建一个包含多个子图的图表，并对与 NYC 工资相关的信息进行可视化；对美国、纽约、NYC 及其地区的中等家庭收入进行可视化；对纽约市人口在给定职业类别下的平均工资（按照性别）进行可视化，对应代码如下所示。

```
occ_categories = ['Management,\nBusiness,\nScience,\nand Arts\
nOccupations', 'Service\nOccupations',
                  'Sales and\nOffice\nOccupations', 'Natural Resources,\
nConstruction,\nand Maintenance\nOccupations',
                  'Production,\nTransportation,\nand Material Moving\
nOccupations']
occ_ranges = {'Management, Business, Science, and Arts Occupations':
[10,3540], 'Service Occupations': [3600, 4650],
                'Sales and Office Occupations': [4700, 5940], 'Natural
```

```
Resources, Construction, and Maintenance Occupations': [6000, 7630],
                'Production, Transportation, and Material Moving
Occupations': [7700, 9750]}
```

当对纽约和 NYC 工资分布进行可视化时，可使用下列年度工资间隔：0～100k 使用 10k 间隔；100k～200k（>200k）使用 50k 间隔。

（6）使用树形图可视化纽约市人口中特定职业子类别的百分比，对应代码如下所示。

```
occ_subcategories = {'Management,\nBusiness,\nand Financial': [10, 950],
                     'Computer, Engineering,\nand Science': [1000, 1965],
                     'Education,\nLegal,\nCommunity Service,\nArts,\nand
Media': [2000, 2960],
                     'Healthcare\nPractitioners\nand\nTechnical': [3000,
3540],
                     'Service': [3600, 4650],
                     'Sales\nand Related': [4700, 4965],
                     'Office\nand Administrative\nSupport': [5000, 5940],
                     '': [6000, 6130],
                     'Construction\nand Extraction': [6200, 6940],
                     'Installation,\nMaintenance,\nand Repair': [7000,
7630],
                     'Production': [7700, 8965],
                     'Transportation\nand Material\nMoving': [9000, 9750]}
```

（7）使用热图显示纽约市生活状态（自我照顾困难、听力困难、视觉困难、独立生活困难、行走困难、与服务相关的退伍军人残疾和认知困难）和年龄组（<5，5～11，12～14，15～17，18～24，25～34，35～44，45～54，55～64，65～74 和 75+）之间的相关性。

提示：

该操作的具体解决方案可参考本书附录。

股票价格数据是许多人最感兴趣的数据类型之一。当我们思考股票的本质时，可以看到它是高度动态和不断变化的。为了进一步加深理解，需要呈现高水平的互动特性。其间不仅查看所关注的股票，还要同时比较其他股票：观察其交易量、给定日期的高/低走势，以及前一天的涨跌状态。

根据前述特性，我们需要使用一个高度可定制的可视化工具。此外，还需要添加不同的微件，以启用交互式操作，因而需要利用 Bokeh 并通过多个交互式微件创建烛台形可视化效果，以便更好地探索数据。

7.1.2　操作 31：利用 Bokeh 可视化股票价格

该操作整合了大部分与 Bokeh 相关的知识。此外，还需要与 pandas 协同工作。最终，我们将创建一个交互式可视化结果，并显示烛台形图表，这在处理股票价格数据时较为常见。除此之外，还将能够从下拉列表中选择两种股票进行比较。最后，RangeSlider 还可对 2016 年所显示的日期范围进行限制。取决于所选择的图形，对应结果将显示一个烛台形或简单的线形图可视化结果，进而显示选定股票的成交量，具体各项操作步骤如下。

（1）打开 Lesson07 文件夹中的 activity31.ipynb Jupyter Notebook，以实现当前操作。

（2）利用 bokeh.io 接口启用 Notebook 的输出功能。导入 pandas 并加载下载后的数据集，显示该数据集的前 5 行元素，确保加载成功。

（3）在 DataFrame 中定义一列，加载 date 列中的信息，且不包含小时、分钟和秒方面的信息。显示更新后的 DataFrame 中的前 5 项元素，确保实现过程正确无误。

（4）在选择交互操作的使用方式时，存在多种选择方案。鉴于当前操作的目标是比较两种股票的交易量以及一段时间内的高/低走势和开盘/收盘价格，因而需要使用微件选取元素，以及一个滑块来选择给定的范围。

（5）导入 Bokeh 中的 figue 和 show，以及 ipywidgets 中的 interact 和 widgets。

（6）在开始创建可视化内容时，还需要导入所需的相关工具。对此，导入 Bokeh 中的 figue 和 show，以及 ipywidgets 中的 interact 和 widgets 接口。

（7）自上至下执行单元，直至到达包含注释#extracting the necessary data 的单元，并于此处开始当前实现过程。相应地，从数据集中获取唯一的股票名称，过滤掉 2016 年的日期，且仅获取 2016 年的特定日期。随后，创建一个包含字符串 open-close 和 volume 的列表，这将用于单选按钮，以在两个图表间进行切换。

（8）在析取了所需的数据后，下面将设置交互元素。对此，针对下列内容创建微件：首个股票名称的下拉列表（默认值为 AAPL）；第二支股票的下拉列表（默认值为 AAPL），用于和第一支股票进行比较；SelectionRangeSlider，用于选择图表中显示的日期范围（默认值为 0～25）；RadioButtons，用于在烛台形图表和交易量图表间进行选择（默认值为 open-close，且显示于烛台形图表中）。

（9）预备工作的最后一步是设置@interact 方法，用于显示整体可视化内容。

（10）这里编写的唯一代码是显示 get_plot 方法的返回值，该方法作为参数接收所有的交互元素值。

（11）在实现了 decorated 方法后，接下来将移至 Notebook 中，并考查 add_candle_plot

方法。这里，应参考 Bokeh 文档中的相关示例，对应网址为 https://bokeh.pydata.org/en/latest/docs/gallery/candlestick.html。

（12）下一步是实现包含 get_plot 方法的单元中的直线图，并使用蓝色为 stock_1 中的数据绘制一条直线，使用橙色为 stock_2 中的数据绘制一条直线。

（13）在完成当前操作之前，我们希望添加另一个交互特性：减弱图表中的不同元素，这可以通过单击可视化图例中显示的元素之一来实现。对此，首先需要通知 Bokeh 具体的执行方式。读者可访问 https://bokeh.pydata.org/en/latest/docs/user_guide/ interaction/legends.html，以了解更多内容。

（14）最后一步是自 add_candle_plot 单元至底部执行每个单元，并确保全部实现均被捕捉。

（15）当执行包含@interact 装饰器的单元时，针对默认选择的 AAPL 和 AON 股票，用户将会看到烛台形图表。

提示：

该操作的具体解决方案可参考本书附录。

7.1.3　geoplotlib

Airbnb 是用于该操作的数据集，并可通过在线方式得到。其中，住宿清单主要包含两个特性，即经度和纬度。根据这两个特性，可以创建地理空间可视化图表，以便更好地了解某些属性，如每个城市的住宿分布。

在当前操作中，将使用 geoplotlib 创建可视化图表，并将每家住宿映射至地图上的一个点，并根据价格和评级显示不同的颜色。这两个属性可以通过键盘上的左右键来切换。

7.1.4　操作 32：利用 geoplotlib 分析 Airbnb 数据

在该操作中，将使用 Airbnb 列表数据确定纽约地区最昂贵、评级最高的住宿区域。我们将编写一个自定义层，并可在价格和住宿评级之间进行切换。此外，用户还能够查看到整个纽约最昂贵、评级最高的住宿热点。

从理论上讲，用户越接近曼哈顿的中心，价格就会越高。而住宿评级的增加也在一定程度上反映出我们距离曼哈顿中心位置越来越近，具体各项操作步骤如下。

（1）打开 Lesson07 文件夹中的 activity32.ipynb Jupyter Notebook，以实现当前操作。

（2）确保导入所需的依赖项。

（3）利用 pandas 加载 airbnb_new_york.csv 数据集。如果系统速度呈现为瓶颈，可尝试使用 airbnb_new_york_smaller.csv 数据集，其中包含了较少的数据点。

（4）通过查看数据集来感受其特性。

（5）由于数据集中包含了 Latitude 和 Longitude 列，而非 lat 和 lon，因而需要将这些列重命名为简短版本以供 geoplotlib 使用。

（6）除此之外，还需要清理和映射两个主要的列：price 和 review_scores_rating。相应地，填充 n/a 值并创建一个名为 dollar_price 的新列，该列将价格保存为浮点数。

（7）在创建层之前，还需要减少工作数据集的列数。对此，利用 id、latitude（lat）、longitude（lon）、price（$）和 review_scores_rating 创建一个子列。

（8）使用新创建的数据子集创建一个新的 DataAccessObject，并以此绘制点图。

（9）创建新的 ValueLayer，以扩展 geoplotlib 的 BaseLayer。

（10）在给定数据后，我们希望使用当前所选属性（price 或 rating）定义的颜色来绘制地图上的每个点。

（11）为了给每个点分配不同的颜色，可简单地分别绘制每个点。这肯定不是最有效的解决方案，但已可满足当前要求。

（12）使用下列实例变量：self.data 用于加载当前数据集；self.display 加载当前所选的属性名称；self.painter 加载 BatchPainter 类实例；self.view 加载 BoundingBox；self.cmap 加载基于 jet 颜色模式的颜色图；alpha 值为 255 和 100。

（13）实现 ValueLayer 中的__init__、invalidate、draw 和 bbox 方法。

（14）当调用 ValueLayer 时，使用焦点为 New York 的 BoundingBox。

提示：

该操作的具体解决方案可参考本书附录。

7.2 本章小结

本章对全书内容进行了一个简要的总结，并展示了 3 个操作示例。第 1 章主要讨论 Python 库，介绍了数据的重要性，并可通过数据可视化获得有意义的洞察结果，另外还讨论了一些统计学概念。通过多项操作，读者学习了如何利用 NumPy 和 pandas 导入和处理数据集。第 2 章探讨了各种可视化图表，以及可视化内容与特定信息显示之间的适配性。其中涉及内置图表类型的用例、设计原理以及操作示例。

第 3 章阐述了 Matplotlib 及其基本概念。随后，我们考查了多种方案，以进一步丰富基于文本的可视化内容。其间通过具体示例解释了 Matplotlib 提供的各种绘制功能。进一步讲，我们学习了布局的不同创建方式、图像的可视化以及如何编写数学表达式。第 4 章内容构建于 Matplotlib 之上，并提供了可视化操作的高层抽象。通过相关示例，该章讨论了 Seaborn 如何简化可视化内容的创建过程。除此之外，还介绍了热图、小提琴图和相关图等图表。最后，该章还通过 Squarify 创建了树形图。

第 5 章讨论了基于 geoplotlib 的地理空间数据的可视化过程。geoplotlib 的内部结构说明，在向可视化内容添加交互性时必须使用 pyglet 库。其间，我们与不同的数据集协同工作，并针对地理空间数据构建静态和交互式可视化内容。第 6 章主要讲解 Bokeh，且主要关注 Web 浏览器的交互式可视化内容的展示。通过简单的示例，介绍了 Bokeh 的主要优点，即交互式微件。第 7 章通过 3 个真实的数据集将所学的全部知识投入具体应用中。

附　　录

本书附录是为了帮助读者完成书中的各项操作而缩写的，其中涵盖了详细的操作步骤，以实现各项操作目标。

第 1 章　数据可视化和数据探索的重要性

操作 1：使用 NumPy 计算平均值、中位数、方差和标准偏差

具体各项操作步骤如下。

（1）导入所需的各种库，代码如下所示。

```
# importing the necessary dependencies
import numpy as np
```

（2）通过 NumPy 的 genfromtxt 方法加载 normal_distribution.csv 数据集，代码如下所示。

```
# loading the dataset
dataset = np.genfromtxt('./data/normal_distribution.csv', delimiter=',')
```

（3）首先输出数据集前两行的子集，代码如下所示。

```
# looking at the first two rows of the dataset
dataset[0:2]
```

上述代码的输出结果如图 1.21 所示。

```
array([[ 99.14931546, 104.03852715, 107.43534677,  97.85230675,
         98.74986914,  98.80833412,  96.81964892,  98.56783189],
       [ 92.02628776,  97.10439252,  99.32066924,  97.24584816,
         92.9267508 ,  92.65657752, 105.7197853 , 101.23162942]])
```

图 1.21　数据集的前两行数据

（4）在数据集成功加载后，即可解决第一项任务，即计算第三行的平均值。相应地，第三行可通过索引 dataset[2]进行访问，代码如下所示。

```
# calculate the mean of the third row
np.mean(dataset[2])
```

上述代码的输出结果如图 1.22 所示。

```
100.20466135250001
```

图 1.22　第三行的平均值

（5）ndarray 的最后一个元素可以通过访问常规 Python 列表的方式建立索引。dataset[:, -1]将生成每行的最后一列，代码如下所示。

```
# calculate the mean of the last column
np.mean(dataset[:,-1])
```

上述代码的输出结果如图 1.23 所示。

```
100.4404927375
```

图 1.23　最后一列的平均值

（6）NumPy 的双索引机制可视为析取子集的接口。在当前任务中，需要得到前三列每一行的前三个元素的子矩阵，代码如下所示。

```
#calculate the mean of the intersection of the first 3 rows and first 3
columns
np.mean(dataset[0:3, 0:3])
```

上述代码的输出结果如图 1.24 所示。

```
97.87197312333333
```

图 1.24　交集的平均值

（7）移至下一个任务集，并考查中位数的应用。可以看到，API 在不同方法间保持一致，代码如下所示。

```
# calculate the median of the last row
np.median(dataset[-1])
```

上述代码的输出结果如图 1.25 所示。

```
99.18748092
```

图 1.25　最后一行的中位数

（8）当定义某个范围时，也可采用反向索引。因此，如果希望获取最后 3 列，可使用 dataset[:, -3:]，代码如下所示。

```
# calculate the median of the last 3 columns
np.median(dataset[:, -3:])
```

上述代码的输出结果如图 1.26 所示。

```
99.47332349999999
```

图 1.26　最后 3 列的中位数

（9）由于可沿 axis 聚合数值，因而在计算相关行时，可使用 axis=1，代码如下所示。

```
# calculate the median of each row
np.median(dataset, axis=1)
```

上述代码的输出结果如图 1.27 所示。

```
array([ 98.77910163,  97.17512034,  98.58782879, 100.68449836,
       101.00170737,  97.76908825, 101.85002253, 100.04756697,
       102.24292555,  99.59514997, 100.4955753 ,  99.8860714 ,
        99.00647994,  98.67276177, 102.44376222,  96.61933565,
       104.0968893 , 100.72023043,  98.70877396,  99.75008654,
       104.89344428, 101.00634942,  98.30543801,  99.18748092])
```

图 1.27　使用 axis 计算每行的中位数

（10）最后介绍的一个方法是方差。再次说明，NumPy 提供了一致的 API，从而可简化操作过程。当计算每列的方差时，可使用 axis = 0，代码如下所示。

```
# calculate the variance of each column
np.var(dataset, axis=0)
```

上述代码的输出结果如图 1.28 所示。

```
array([23.64757465, 29.78886109, 20.50542011, 26.03204443, 28.38853175,
       19.09960817, 17.67291174, 16.17923204])
```

图 1.28　每列间的方差

（11）若仅考查矩阵（2×2）元素的较小的子集，则根据前述统计学知识可知，当前值比整个数据集小得多。

提示：

数据集的一个较小的子集不显示整个数据集的属性。

```
# calculate the variance of the intersection of the last 2 rows and first
2 columns
np.var(dataset[-2:, :2])
```

上述代码的输出结果如图 1.29 所示。

4.674691991769191

图 1.29　数据集中较小子集的方差

（12）初看之下，方差值可能稍显奇特。对此，读者可参考 1.1.2 节并回顾一下所学的知识。

需要注意的是，方差并不是标准偏差，代码如下所示。

```
# calculate the standard deviation for the dataset
np.std(dataset)
```

上述代码的输出结果如图 1.30 所示。

4.838197554269257

图 1.30　完整数据集的标准偏差

至此，利用 NumPy 完成了第一项操作。在后续操作中，这一知识点还将得到进一步的巩固。

操作 2：索引、切片、分割和迭代

操作 2 的各项具体解决方案如下。

1. 索引

（1）导入必要的库，代码如下所示。

```
# importing the necessary dependencies
import numpy as np
```

（2）利用 NumPy 加载 normal_distribution.csv 数据集。查看 ndarry 确保一切工作正常，代码如下所示。

```
# loading the Dataset
dataset = np.genfromtxt('./data/normal_distribution.csv', delimiter=',')
```

（3）首先针对第二行使用简单的索引机制。为了便于理解，所有元素保存至一个变量中，代码如下所示。

```
# indexing the second row of the dataset (second row)
second_row = dataset[1]
np.mean(second_row)
```

上述代码的输出结果如图 1.31 所示

```
96.90038836444445
```

图 1.31　第二行的平均值

（4）反向索引最后一行，并计算该行的平均值。需要记住的是，负数作为索引将从结尾处索引当前列表，代码如下所示。

```
# indexing the last element of the dataset (last row)
last_row = dataset[-1]
np.mean(last_row)
```

上述代码的输出结果如图 1.32 所示。

```
100.18096645222221
```

图 1.32　计算最后一行的平均值

（5）当使用[0][0]时，二维数据的访问方式与 Python List 相同。其中，第一个括号对访问行，而第二个括号对则访问列。

除此之外，还可使用逗号分隔符，如[0,0]，对应代码如下所示。

```
# indexing the first value of the second row (1st row, 1st value)
first_val_first_row = dataset[0][0]
np.mean(first_val_first_row)
```

上述代码的输出结果如图 1.33 所示。

```
99.14931546
```

图 1.33　计算单一值的平均值并不会抛出异常

（6）通过反向索引机制，可轻松地访问倒数第二行的最后一个值。注意，-1 表示最后一个元素。对应代码如下所示。

```
# indexing the last value of the second to last row (we want to use the
combined access syntax here)
last_val_second_last_row = dataset[-2, -1]
np.mean(last_val_second_last_row)
```

上述代码的输出结果如图 1.34 所示。

```
101.2226037
```

图 1.34　逗号分隔符

2. 切片

（1）从第二行、第二列处创建一个 2×2 矩阵。对此，可使用[1:3, 1:3]，代码如下所示。

```
# slicing an intersection of 4 elements (2x2) of the first two rows and
first two columns
subsection_2x2 = dataset[1:3, 1:3]
np.mean(subsection_2x2)
```

上述代码的输出结果如图 1.35 所示。

```
# slicing an intersection of 4 elements (2x2) starting at the second row and column
subsection_2x2 = dataset[1:3, 1:3]

np.mean(subsection_2x2)

95.63393608250001
```

图 1.35　2×2 子集的平均值

（2）将第二列引入索引将添加另一层复杂性。第三个值允许选择特定值（例如，值 2 表示每隔一个元素），这意味着将跳过某些数值，仅获取所用列表中第二个元素。在当前任务中，需要每隔一个元素获取值，因而索引为::2，如前所述，这将获得整个列表中的间隔元素，代码如下所示。

```
# selecting every second element of the fifth row
every_other_elem = dataset[6, ::2]
np.mean(every_other_elem)
```

上述代码的输出结果如图 1.36 所示。

```
101.200736132
```

图 1.36　选择第 7 行的间隔元素

（3）负数也可在切片中逆置元素，代码如下所示。

```
# reversing the entry order, selecting the first two rows in reversed order
reversed_last_row = dataset[-1, ::-1]
np.mean(reversed_last_row)
```

上述代码的输出结果如图 1.37 所示。

```
# reversing the entry order, selecting the first two rows in reversed order
reversed_last_row = dataset[-1, ::-1]

np.mean(reversed_last_row)

100.18096645222222
```

图 1.37　基于逆序的最后一行的切片

3. 分割

（1）数据的水平分割可通过 hsplit 方法完成。需要注意的是，如果数据集无法通过给定的切片数量进行分割，将会抛出一个异常，代码如下所示。

```
# splitting up our dataset horizontally on indices one third and two thirds
hor_splits = np.hsplit(dataset,(3))
```

（2）下面将前 3 项以垂直方式分割为两个相等的部分。对此，可采用 vsplit 方法实现这一任务，其工作方式与 hsplit 相同，代码如下所示。

```
# splitting up our dataset vertically on index 2
ver_splits = np.vsplit(hor_splits[0],(2))
```

（3）当对形状进行比较时，可以看到，子集中包含了行数的一半和三分之一的列，代码如下所示。

```
# requested subsection of our dataset which has only half the amount of
rows and only a third of the columns
print("Dataset", dataset.shape)
print("Subset", ver_splits[0].shape)
```

上述代码的输出结果如图 1.38 所示。

```
# requested subsection of our dataset which has only half the amount of rows and only a third of the
print("Dataset", dataset.shape)
print("Subset", ver_splits[0].shape)

Dataset (24, 9)
Subset (12, 3)
```

图 1.38　比较原数据集和子集的形状

4. 迭代

（1）通过查看前述代码片段可知，索引仅是随着每个元素简单地增加。

这仅适用于一维数据，如果希望索引多维数据，该方式则无法正常工作，代码如下所示。

```
# iterating over whole dataset (each value in each row)
curr_index = 0
for x in np.nditer(dataset):
    print(x, curr_index)
    curr_index += 1
```

上述代码的输出结果如图 1.39 所示，

```
99.14931546 0
104.03852715 1
107.43534677 2
97.85230675 3
98.74986914 4
98.80833412 5
96.81964892 6
98.56783189 7
101.34745901 8
92.02628776 9
97.10439252 10
```

图 1.39　迭代全部数据集

（2）ndenumerate 方法可实现这一任务。除了对应值之外，该方法还将返回索引。另外，该方法同样适用于多维数据，对应代码如下所示。

```
# iterating over whole dataset with indices matching the position in the
dataset
for index, value in np.ndenumerate(dataset):
    print(index, value)
```

上述代码的输出结果如图 1.40 所示。

```
(0, 0) 99.14931546
(0, 1) 104.03852715
(0, 2) 107.43534677
(0, 3) 97.85230675
(0, 4) 98.74986914
(0, 5) 98.80833412
(0, 6) 96.81964892
(0, 7) 98.56783189
(0, 8) 101.34745901
(1, 0) 92.02628776
(1, 1) 97.10439252
(1, 2) 99.32066924
(1, 3) 97.24584816
(1, 4) 92.9267508
(1, 5) 92.65657752
```

图 1.40　利用多维数据枚举数据集

至此，我们已经介绍了 NumPy 中大部分基本的数据整理方法。稍后将会考查更为高级的特性，并通过相关工具对数据获得较好的洞察结果。

操作 3：过滤、排序、组合和重构

具体各项操作步骤如下。

（1）导入所需的库，代码如下所示。

```
# importing the necessary dependencies
import numpy as np
```

（2）利用 NumPy 加载 normal_distribution.csv 数据集。通过查看 ndarray 确保一切工作正常，对应代码如下所示。

```
# loading the Dataset
dataset = np.genfromtxt('./data/normal_distribution.csv', delimiter=',')
```

1．过滤

（1）在下列代码中，括号中的条件表示为获取大于 105 的数值。

```
# values that are greater than 105
vals_greater_five = dataset[dataset > 105]
```

（2）当采用更为复杂的条件时，还可使用 NumPy 中的 extract 方法。然而，我们仍可利用括号标识执行相同的检测，代码如下所示。

```
# values that are between 90 and 95
vals_between_90_95 = np.extract((dataset > 90) & (dataset < 95), dataset)
```

（3）NumPy 的 where 方法仅针对匹配值获取索引（行、列）。在当前任务中，可对此予以输出。另外，可利用列表解析将 rows 和 cols 予以整合。在当前示例中，我们只是简单地将列加至对应的行上，代码如下所示。

```
# indices of values that have a delta of less than 1 to 100
rows, cols = np.where(abs(dataset - 100) < 1)
one_away_indices = [[rows[index], cols[index]] for (index, _) in
np.ndenumerate(rows)]
```

提示：

列表解析是 Python 中的一种数据映射方法，它们是创建新列表时的一种方便的表示法，将某些操作应用于旧列表的每个元素上。

例如，在 list = [1, 2, 3, 4, 5]中，如果希望加倍该列表中的每个元素值，可按照如下方式使用列表解析：doubled_list=[x*x for x in list]，这将生成列表[1,4, 9, 16, 25]。关于列表解析的更多信息，读者可访问 https://docs.python.org/3/tutorial/datastructures.html#list-comprehensions。

2. 排序

（1）利用 sort 方法，可对数据集中的各行进行排序。如前所述，这将始终采用最后一个轴，在这种情况下将对每行进行排序，代码如下所示。

```
# values sorted for each row
row_sorted = np.sort(dataset)
```

（2）对于多维数据，可通过 axis 参数定义排序的数据集。在当前示例中，0 表示基于列的排序，代码如下所示。

```
# values sorted for each column
col_sorted = np.sort(dataset, axis=0)
```

（3）如果希望保持数据集的顺序，且仅需了解排序后的数据集中值的索引，则可采用 argsort 方法。当与索引机制结合使用时，可方便地访问排序后的元素，代码如下所示。

```
# indices of positions for each row
index_sorted = np.argsort(dataset)
```

3. 组合

（1）使用组合特性可将第一列的后半部分中心加到一起，并将第二列和第三列添加到组合的数据集中，代码如下所示。

```
# split up dataset from activity03
thirds = np.hsplit(dataset, (3))
halfed_first = np.vsplit(thirds[0], (2))
# this is the part we've sent the client in activity03
halfed_first[0]
```

上述代码的输出结果如图 1.41 所示。

```
array([[ 99.14931546, 104.03852715, 107.43534677],
       [ 92.02628776,  97.10439252,  99.32066924],
       [ 95.66253664,  95.17750125,  90.93318132],
       [ 91.37294597, 100.96781394, 100.40118279],
       [101.20862522, 103.5730309 , 100.28690912],
       [102.80387079,  98.29687616,  93.24376389],
       [106.71751618, 102.97585605,  98.45723272],
       [ 96.02548256, 102.82360856, 106.47551845],
       [105.30350449,  92.87730812, 103.19258339],
       [110.44484313,  93.87155456, 101.5363647 ],
       [101.3514185 , 100.37372248, 106.6471081 ],
       [ 97.21315663, 107.02874163, 102.17642112]])
```

图 1.41　分隔数据集

（2）取决于数据的组合方式，可使用 vstack 或 hstack 方法。两种方法均仅接收一个数据集列表，代码如下所示。

```
# adding the second half of the first column to the data
first_col = np.vstack([halfed_first[0], halfed_first[1]])
```

（3）在对分割后的数据集的后半部分调用了 vstack 方法后，初始数据集的三分之一将再次堆叠在一起。当前，需要将其他两个剩余数据集添加至 first_col 数据集中。对此，可使用 hstack 方法，这将把组合后的 first_col 与 3 个分割数据集中的第二个数据集进行组合，代码如下所示。

```
# adding the second column to our combined dataset
first_second_col = np.hstack([first_col, thirds[1]])
```

（4）当重新组装初始数据集时，仍然缺少三分之一的内容。对此，可在数据集上针对最后一个三分之一列调用 hstack 方法，这与步骤（3）的执行方式相同，代码如下所示。

```
# adding the third column to our combined dataset
full_data = np.hstack([first_second_col, thirds[2]])
```

4．重构

（1）第一项子任务是将数据集重构为单一列表。这可通过 reshape 方法实现，代码如下所示。

```
# reshaping to a list of values
single_list = np.reshape(dataset, (1, -1))
```

（2）如果为未知的维度提供一个-1 值，NumPy 会自己找出这个维度，代码如下所示。

```
# reshaping to a matrix with two columns
two_col_dataset = dataset.reshape(-1, 2)
```

操作 4：使用 pandas 计算平均值、中位数和给定数字的方差

下面利用 pandas 中的特性对数据进行计算，如计算平均值、中位数和方差。

（1）导入所需的库，代码如下所示。

```
# importing the necessary dependencies
import pandas as pd
```

（2）在导入了 pandas 后，可使用 read_csv 方法加载数据集。此处需要将包含国家名的第一列用作索引。对此，可使用参数 index_col，代码如下所示。

```
# loading the Dataset
dataset = pd.read_csv('./data/world_population.csv', index_col=0)
```

（3）首先输出数据集的前两行（子集）。这里，可再次使用 Python List 创建前两行的 DataFrame 的子集，代码如下所示。

```
# looking at the first two rows of the dataset
dataset[0:2]
```

上述代码的输出结果如图 1.42 所示。

	Country Code	Indicator Name	Indicator Code	1960	1961	1962	1963	1964
Country Name								
Aruba	ABW	Population density (people per sq. km of land ...	EN.POP.DNST	NaN	307.972222	312.366667	314.983333	316.827778
Andorra	AND	Population density (people per sq. km of land ...	EN.POP.DNST	NaN	30.587234	32.714894	34.914894	37.170213

2 rows × 60 columns

图 1.42　输出后的前两行数据

（4）待数据集成功加载后，即可对给定的任务加以处理。

第三行可通过索引 dataset.iloc[[2]]进行访问。当计算国家列而非年份列的平均值时，需要传递 axis 参数，代码如下所示。

```
# calculate the mean of the third row
dataset.iloc[[2]].mean(axis=1)
```

上述代码的输出结果如图 1.43 所示。

```
Country Name
Afghanistan    25.373379
dtype: float64
```

图 1.43　计算第三行的平均值

（5）类似于 NumPy 的 ndarray 和 Python 的 List，DataFrame 中的最后一个元素可通过-1 被索引。因此，dataset.iloc[[-1]]将生成最后一行，代码如下所示。

```
# calculate the mean of the last row
dataset.iloc[[-1]].mean(axis=1)
```

上述代码的输出结果如图 1.44 所示。

```
Country Name
Zimbabwe    24.520532
dtype: float64
```

图 1.44　计算最后一行的平均值

（6）除了使用 iloc 并根据索引访问行之外，还可使用 loc，其工作方式基于索引列。这可在 read_csv 调用中使用 index_col=0 加以定义，代码如下所示。

```
# calculate the mean of the country Germany
dataset.loc[["Germany"]].mean(axis=1)
```

上述代码的输出结果如图 1.45 所示。

```
Country Name
Germany    227.773688
dtype: float64
```

图 1.45　索引某个国家并计算德国的平均值

（7）对于中位数可以看到，不同方法间的 API 保持一致。这意味着，方法调用可保持 axis=1，以确保针对每个国家进行聚合计算，对应代码如下所示。

```
# calculate the median of the last row
dataset.iloc[[-1]].median(axis=1)
```

上述代码的输出结果如图 1.46 所示。

```
Country Name
Zimbabwe    25.505431
dtype: float64
```

图 1.46　最后一行上的中位数方法应用

（8）pandas 中的数据切片机制与 NumPy 类似。这里，可采用反向索引并通过 dataset[-3:]获取最后 3 列，代码如下所示。

```
# calculate the median of the last 3 rows
dataset[-3:].median(axis=1)
```

上述代码的输出结果如图 1.47 所示。

```
Country Name
Congo, Dem. Rep.    14.419050
Zambia              10.352668
Zimbabwe            25.505431
dtype: float64
```

图 1.47　最后 3 列的中位数

（9）当处理较大的数据集时，应注意方法的执行顺序。考查 head(10)方法，该方法仅获取数据集并返回其中的前 10 行，从而大大减少了 mean()方法的输入内容。

这在使用内存密集型计算时肯定会有影响，所以请注意以下顺序。

```
# calculate the median of the first 10 countries
dataset.head(10).median(axis=1)
```

上述代码的输出结果如图 1.48 所示。

```
Country Name
Aruba                   348.022222
Andorra                 107.300000
Afghanistan              19.998926
Angola                    8.458253
Albania                 106.001058
Arab World               15.307283
United Arab Emirates     19.305072
Argentina                11.618238
Armenia                 105.898033
American Samoa          220.245000
dtype: float64
```

图 1.48　使用 axis 计算前 10 行的中位数

（10）最后一个方法是方差问题。再次说明，pandas 提供了一致的 API，进而简化了应用过程。鉴于此处仅需显示最后 5 列，因而可使用 tail 方法，代码如下所示。

```
# calculate the variance of the last 5 columns
dataset.var().tail()
```

上述代码的输出结果如图 1.49 所示。

```
2012    3.063475e+06
2013    3.094597e+06
2014    3.157111e+06
2015    3.220634e+06
2016             NaN
dtype: float64
```

图 1.49　最后 5 列的方差

（11）如前所述，pandas 可与 NumPy 的多个特性实现互操作。

下列示例展示了 NumPy 中的 mean 方法与 pandas 的 DataFrame 间的应用方式。在某些时候，NumPy 具有较好的功能，而 pandas 协同其 DataFrame 则具有更好的格式，代码如下所示。

```
# NumPy pandas interoperability
import numpy as np
```

```
print("pandas", dataset["2015"].mean())
print("numpy", np.mean(dataset["2015"]))
```

上述代码的输出结果如图 1.50 所示。

```
Pandas 368.7066010400187
NumPy 368.7066010400187
```

图 1.50　NumPy 中的 mean 方法与 pandas 中的 DataFrame 协同使用

至此，与 pandas 相关的操作暂告一段落，前述内容向读者展示了与 NumPy 和 panda 工作时的一些相似之处以及二者间的差异。在后续操作中，还将进一步巩固这一方面的知识，同时还将引入 pandas 中更加复杂的特性和方法。

操作 5：基于 pandas 的索引、切片和迭代

该操作使用索引、切片和迭代操作显示德国、新加坡、美国和印度 1970 年、1990 年和 2010 年的人口密度。具体各项操作步骤如下。

1. 索引

（1）导入所需的库，代码如下所示。

```
# importing the necessary dependencies
import pandas as pd
```

（2）在导入了 pandas 后，可使用 read_csv 方法加载数据集。此处需要将包含国家名称的第一列用作索引。对此，可使用 index_col 参数，代码如下所示。

```
# loading the dataset
dataset = pd.read_csv('./data/world_population.csv', index_col=0)
```

（3）利用 index_col "United States"索引行，并使用 loc 方法，代码如下所示。

```
# indexing the USA row
dataset.loc[["United States"]].head()
```

上述代码的输出结果如图 1.51 所示。

（4）pandas 支持反向索引。当索引第二行至最后一行时，可使用 iloc 方法，该方法接收一个整数类型的数据，即索引，代码如下所示。

```
# indexing the last second to last row by index
dataset.iloc[[-2]]
```

上述代码的输出结果如图 1.52 所示。

Country Name	Country Code	Indicator Name	Indicator Code	1960	1961	1962
United States	USA	Population density (people per sq. km of land ...	EN.POP.DNST	NaN	20.05588	20.366723

1 rows × 60 columns

图 1.51　利用 loc 方法并索引 United States

Country Name	Country Code	Indicator Name	Indicator Code	1960	1961	1962	1963
Zambia	ZMB	Population density (people per sq. km of land ...	EN.POP.DNST	NaN	4.227724	4.359305	4.496824

1 rows × 60 columns

图 1.52　索引第二行至最后一行

（5）列可通过其数据头进行索引，这也是 CSV 文件中第一行内容。当获取包含数据头 2000 的列时，可使用常规的索引机制。注意：head()仅是简单地返回前 5 行，代码如下所示。

```
# indexing the column of 2000 as a Series
dataset["2000"].head()
```

上述代码的输出结果如图 1.53 所示。

```
Country Name
Aruba          504.766667
Andorra        139.146809
Afghanistan     30.177894
Angola          12.078798
Albania        112.738212
Name: 2000, dtype: float64
```

图 1.53　索引全部 2000 列

（6）由于双括号表示法再次返回一个 DataFrame，因而可以将方法调用链接起来以获得不同的元素。当获取印度 2000 年的人口密度时，首先需要获取 2000 年的数据，随后利用 loc()方法选择 India，代码如下所示。

```
# indexing the population density of India in 2000 (Dataframe)
dataset[["2000"]].loc[["India"]]
```

上述代码的输出结果如图 1.54 所示。

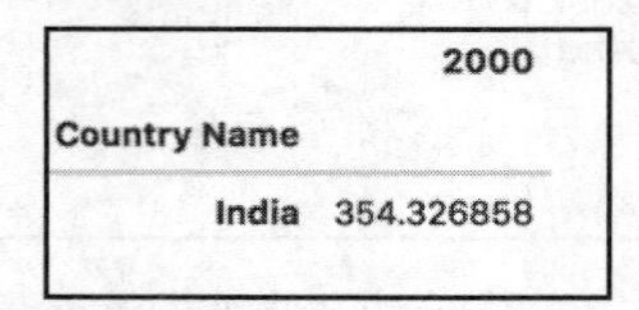

	2000
Country Name	
India	354.326858

图 1.54　获取印度 2000 年的人口密度

（7）如果仅需检索一个 Series 对象，则必须将双括号替换为单括号，这将生成不同的值，而不是新的 DataFrame，代码如下所示。

```
# indexing the population density of India in 2000 (Series)
dataset["2000"].loc["India"]
```

上述代码的输出结果如图 1.55 所示。

```
354.326858357522
```

图 1.55　印度 2000 年的人口密度

2．切片

（1）当创建包含 1～5 行的切片时，需要再次使用 iloc()方法。此处可使用与 NumPy 相同的语法，代码如下所示。

```
# slicing countries of rows 2 to 5
dataset.iloc[1:5]
```

上述代码的输出结果如图 1.56 所示。

（2）当使用 loc()方法时，还可通过 index_col（定义于 read_csv 调用中）访问特定行。当获取新 DataFrame 中的多个行时，可使用嵌套的括号提供一个元素列表，代码如下所示。

```
# slicing rows Germany, Singapore, United States, and India
dataset.loc[["Germany", "Singapore", "United States", "India"]]
```

上述代码的输出结果如图 1.57 所示。

Country Name	Country Code	Indicator Name	Indicator Code	1960	1961	1962	1963
Andorra	AND	Population density (people per sq. km of land ...	EN.POP.DNST	NaN	30.587234	32.714894	34.914894
Afghanistan	AFG	Population density (people per sq. km of land ...	EN.POP.DNST	NaN	14.038148	14.312061	14.599692
Angola	AGO	Population density (people per sq. km of land ...	EN.POP.DNST	NaN	4.305195	4.384299	4.464433
Albania	ALB	Population density (people per sq. km of land ...	EN.POP.DNST	NaN	60.576642	62.456898	64.329234

4 rows × 60 columns

图 1.56　2～5 行中的国家

Country Name	Country Code	Indicator Name	Indicator Code	1960	1961	1962	1963
Germany	DEU	Population density (people per sq. km of land ...	EN.POP.DNST	NaN	210.172807	212.029284	214.001527
Singapore	SGP	Population density (people per sq. km of land ...	EN.POP.DNST	NaN	2540.895522	2612.238806	2679.104478
United States	USA	Population density (people per sq. km of land ...	EN.POP.DNST	NaN	20.055880	20.366723	20.661953
India	IND	Population density (people per sq. km of land ...	EN.POP.DNST	NaN	154.275864	157.424902	160.679256

4 rows × 60 columns

图 1.57　对 Germany、Singapore、United States 和 India 执行切片操作

（3）由于双括号查询返回新的 DataFrame，因而可链接多个方法，并以此访问不同的数据子帧，代码如下所示。

```
# slicing a subset of Germany, Singapore, United States, and India
# for years 1970, 1990, 2010 <
country_list = ["Germany", "Singapore", "United States", "India"]

dataset.loc[country_list][["1970", "1990", "2010"]]
```

上述代码的输出结果如图 1.58 所示。

	1970	1990	2010
Country Name			
Germany	223.897371	227.517054	234.606908
Singapore	3096.268657	4547.958209	7231.811966
United States	22.388131	27.254514	33.817936
India	186.312757	292.817404	414.028200

图 1.58　Germany、Singapore、United States 和 India 的切片，其中包含了 1970 年、1990 年和 2010 年的人口密度

3．迭代

当迭代数据集并输出 Angola 之前的数据时，可采用 iterrows()方法。其中，索引表示为行名，对应行加载了全部列，代码如下所示。

```
# iterating over the first three countries (row by row)
for index, row in dataset.iterrows():
    # only printing the rows until Angola
    if index == 'Angola':
        break
    print(index, '\n', row[["Country Code", "1970", "1990", "2010"]],
'\n')
```

上述代码的输出结果如图 1.59 所示。

至此，讨论了与 pandas 相关的大部分数据整理方法，稍后将考查更为高级的特性，如过滤、排序和重构，并为第 2 章的学习打下坚实的基础。

```
Aruba
 Country Code        ABW
1970             328.139
1990             345.267
2010             564.428
Name: Aruba, dtype: object

Andorra
 Country Code        AND
1970             51.6574
1990             115.981
2010             179.615
Name: Andorra, dtype: object

Afghanistan
 Country Code        AFG
1970             17.0344
1990             18.4842
2010             42.8303
Name: Afghanistan, dtype: object
```

图 1.59　迭代 Angola 前的所有国家

操作 6：过滤、排序和重构

下面利用 pandas 过滤、排序和重构数据，具体操作步骤如下。

1．过滤

（1）导入所需的库，代码如下所示。

```
# importing the necessary dependencies
import pandas as pd
```

（2）在导入了 pandas 之后，可使用 read_csv 加载数据集。此处需要将包含国家名称的第一列用作索引，对此，可使用 index_col 参数，对应代码如下所示。

```
# loading the dataset
dataset = pd.read_csv('./data/world_population.csv', index_col=0)
```

（3）除了使用括号语法之外，还可采用 filter 方法筛选特定的数据项，另外，还需要提供一个元素列表，代码如下所示。

```
# filtering columns 1961, 2000, and 2015
dataset.filter(items=["1961", "2000", "2015"]).head()
```

上述代码的输出结果如图 1.60 所示。

（4）如果需要筛选特定列中的特定值，则可设置相关条件。当获取较高人口密度的国家时，如 2000 年的人口密度大于 500，只需简单地在括号中传递该条件即可，代码如下所示。

```
# filtering countries that had a greater population density than 500 in 2000
dataset[(dataset["2000"] > 500)][["2000"]]
```

上述代码的输出结果如图 1.61 所示。

	1961	2000	2015
Country Name			
Aruba	307.972222	504.766667	577.161111
Andorra	30.587234	139.146809	149.942553
Afghanistan	14.038148	30.177894	49.821649
Angola	4.305195	12.078798	20.070565
Albania	60.576642	112.738212	105.444051

图 1.60　筛选 1961 年、2000 年和 2015 年的数据

	2000
Country Name	
Aruba	504.766667
Bangladesh	1008.532988
Bahrain	939.232394
Bermuda	1236.660000
Barbados	627.530233
Channel Islands	766.623711
Gibraltar	2735.100000
Hong Kong SAR, China	6347.619048
Macao SAR, China	21595.350000
St. Martin (French part)	521.764706
Monaco	16040.500000

图 1.61　筛选 2000 年大于 500 的数值

（5）在 filter 方法中，regex 是一个功能强大的参数，并可搜索与 regex 匹配的任意行或列（取决于给定的索引）。当获取以 2 开始的所有列时，可简单地传递^2，即对应列始于 2，对应代码如下所示。

```
# filtering for years 2000 and later
dataset.filter(regex="^2", axis=1).head()
```

上述代码的输出结果如图 1.62 所示。

（6）当使用 axis 参数时，可确定过滤的维度。当过滤行（而非列）时，可传递 axis = 0。当过滤所有以 A 开始的行时，这将十分有用，代码如下所示。

```
# filtering countries that start with A
dataset.filter(regex="^A", axis=0).head()
```

Country Name	2000	2001	2002	2003	2004
Aruba	504.766667	516.077778	527.750000	538.972222	548.566667
Andorra	139.146809	144.191489	151.161702	159.112766	166.674468
Afghanistan	30.177894	31.448029	32.912231	34.475030	35.995236
Angola	12.078798	12.483188	12.921871	13.388462	13.873025
Albania	112.738212	111.685146	111.350730	110.934891	110.472226

图 1.62　检索始于 2 的全部列

上述代码的输出结果如图 1.63 所示。

Country Name	Country Code	Indicator Name	Indicator Code	1960	1961	1962	1963
Aruba	ABW	Population density (people per sq. km of land ...	EN.POP.DNST	NaN	307.972222	312.366667	314.983333
Andorra	AND	Population density (people per sq. km of land ...	EN.POP.DNST	NaN	30.587234	32.714894	34.914894
Afghanistan	AFG	Population density (people per sq. km of land ...	EN.POP.DNST	NaN	14.038148	14.312061	14.599692
Angola	AGO	Population density (people per sq. km of land ...	EN.POP.DNST	NaN	4.305195	4.384299	4.464433
Albania	ALB	Population density (people per sq. km of land ...	EN.POP.DNST	NaN	60.576642	62.456898	64.329234

5 rows × 60 columns

图 1.63　检索始于 A 的所有行

（7）当获取包含特定值或字符的行或列时，可使用 like 查询。例如，如果希望查询包含单词 land 的国家（如 Switzerland），对应代码如下所示。

```
# filtering countries that contain the word land
dataset.filter(like="land", axis=0).head()
```

上述代码的输出结果如图 1.64 所示。

	Country Code	Indicator Name	Indicator Code	1960	1961	1962	1963
Country Name							
Switzerland	CHE	Population density (people per sq. km of land ...	EN.POP.DNST	NaN	137.479609	141.009285	144.056036
Channel Islands	CHI	Population density (people per sq. km of land ...	EN.POP.DNST	NaN	569.067010	574.551546	580.386598
Cayman Islands	CYM	Population density (people per sq. km of land ...	EN.POP.DNST	NaN	33.441667	33.925000	34.283333
Finland	FIN	Population density (people per sq. km of land ...	EN.POP.DNST	NaN	14.645934	14.745865	14.850484
Faroe Islands	FRO	Population density (people per sq. km of land ...	EN.POP.DNST	NaN	24.878223	25.181232	25.465616

5 rows × 60 columns

图 1.64　检索包含单词 land 的所有国家

2. 排序

（1）pandas 中的排序可通过 sort_values 或 sort_index 方法完成。如果希望针对特定的年份获得最低人口密度的国家，则可根据特定的列进行排序，代码如下所示。

```
# values sorted by column 1961
dataset.sort_values(by=["1961"])[["1961"]].head(10)
```

上述代码的输出结果如图 1.65 所示。

（2）针对比较操作，可针对 2015 年执行相同的操作。可以看到，包含最低人口密度的国家顺序稍有变化，而前 3 个国家的顺序则保持不变，代码如下所示。

```
# values sorted by column 2015
dataset.sort_values(by=["2015"])[["2015"]].head(10)
```

上述代码的输出结果如图 1.66 所示。

	1961
Country Name	
Greenland	0.098625
Mongolia	0.632212
Namibia	0.749775
Libya	0.843320
Mauritania	0.856916
Botswana	0.946793
United Arab Emirates	1.207955
Australia	1.364565
Iceland	1.785825
Oman	1.825186

图 1.65　根据 1961 年中的数值进行排序

	2015
Country Name	
Greenland	0.136713
Mongolia	1.904744
Namibia	2.986590
Australia	3.095579
Iceland	3.299980
Suriname	3.480609
Libya	3.568227
Guyana	3.896800
Canada	3.942567
Mauritania	3.946409

图 1.66　根据 2015 年的数值进行排序

（3）这里，默认的排序顺序为升序。这意味着，如果打算按照降序排序，并显示最大值，则应提供独立的参数，代码如下所示。

```
# values sorted by column 2015 in descending order
dataset.sort_values(by=["2015"], ascending=False)[["2015"]].head(10)
```

上述代码的输出结果如图 1.67 所示。

Country Name	2015
Macao SAR, China	19392.937294
Monaco	18865.500000
Singapore	7828.857143
Hong Kong SAR, China	6957.809524
Gibraltar	3221.700000
Bahrain	1788.619481
Maldives	1363.876667
Malta	1347.915625
Bermuda	1304.700000
Bangladesh	1236.810648

图 1.67　降序排序

3．重构

如前所述，利用 pandas 进行重构是一项较为复杂的工作，因而此处仅展示一类相对简单的重构行为。假设希望获得 DataFrame，其中列为 country code，而唯一的行为年份 2015。由于仅包含一个 2015 标记，因而需要对其复制多次（数据集的长度），这将导致每个值均接收 2015 行的索引，代码如下所示。

```
# reshaping to 2015 as row and country codes as columns
dataset_2015 = dataset[["Country Code", "2015"]]
dataset_2015.pivot(index=["2015"] * len(dataset_2015), columns="Country Code", values="2015")
```

上述代码的输出结果如图 1.68 所示。

Country Code	ABW	AFG	AGO	ALB	AND	ARB	ARE	ARG	ARM
2015	577.161111	49.821649	20.070565	105.444051	149.942553	28.779858	109.53305	15.864696	105.996207

1 rows × 264 columns

图 1.68　针对 2015 年的数值，将数据集重构为单一行

至此，学习了 pandas 中的基本工具，并可对数据进行整理和操作。对于数据的整理和理解来说，pandas 是一种功能强大且应用广泛的工具。

第2章　绘图知识

操作7：员工技能比较

（1）柱状图和雷达图适用于比较多个分组的多个变量。

（2）柱状图适用于比较不同员工的技能属性，但并不利于员工的整体形象。雷达图则适用于比较员工和技能属性的评分结果。

（3）柱状图应使用标题和标记以及不同的颜色；雷达图则针对不同的员工使用标题和不同的颜色。

操作8：20年内道路交通事故统计

（1）当查看图2.20时，可以看到，针对2015年，交通事故的数量在1月和7月降至100；而在4月和10月，交通事故则发生了大约300次。

（2）针对过去的20年，当查看每月（即1月、4月、7月和10月）的趋势时，可以看到1 月发生交通事故的数量呈下降趋势。

另外，在设计过程中，应选用鲜明的颜色和对比度，以使图表更具包容性。

操作9：智能手机销售额

（1）当比较每家制造商在第三和第四季度的表现时，可以看到，苹果公司的表现最为优异。与其他制造商相比，它们在2016年和2017年第三季度至第四季度的销售增长速度更高。

（2）当查看每家制造商的销售时，可以看到，自2017年第三季度起，除了小米公司之外，其他公司的销售额均不一致。对于小米公司，自2017年第一季度起，该公司即呈现上升势头。

操作10：不同时间区间内列车的频率

（1）从图表中可以看到，大多数列车在下午6点至8点到达，

（2）在图 2.45 所示的直方图中可以看到，下午 4 点至 6 点之间的列车数量增加了 50 列。

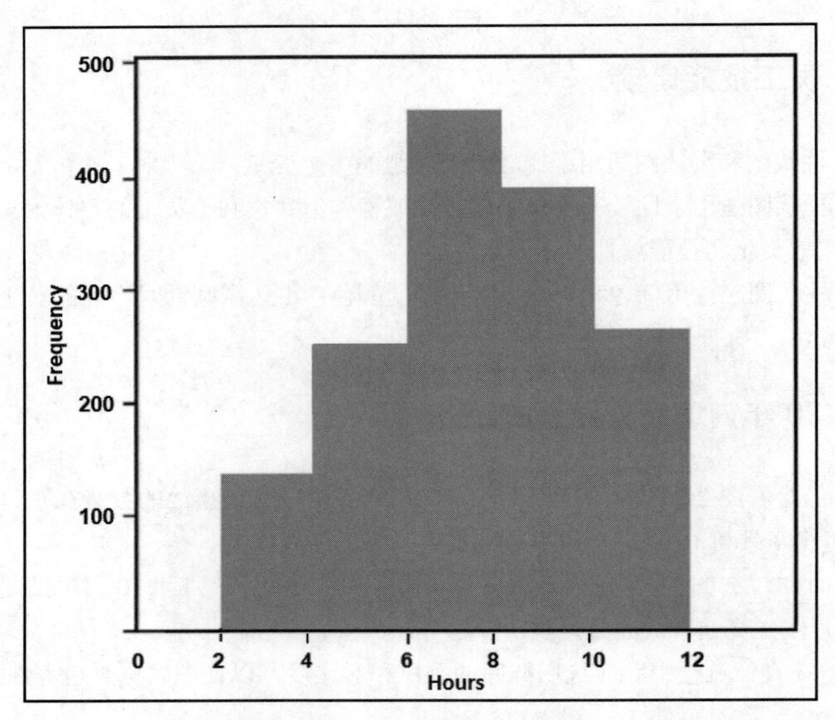

图 2.45　下午 4 点至 6 点之间的列车数量增加了 50 列

操作 11：确定理想的可视化操作

（1）之前提出的可视化图表存在多个缺点。首先，饼图应显示部分与整体间的关系，但由于此处仅考虑排名前 30 名的 YouTube 频道，因而情况有所不同。其次，对于饼图的可视化来说，30 可能过大。最后，切片并不是根据其大小进行排序的。另外，由于尚未指定度量单位，因而很难对切片进行量化。在图 2.46 所示的水平饼图中，可以方便地查看到 YouTube 频道订阅者的数量（以百万计）。

（2）另一个错误使用图表的例子是，采用线形图比较没有任何时间关系的不同类别。进一步讲，图表中缺少了图例和标记这一类信息。图 2.47 显示了采用比较柱状图的数据表达方式。

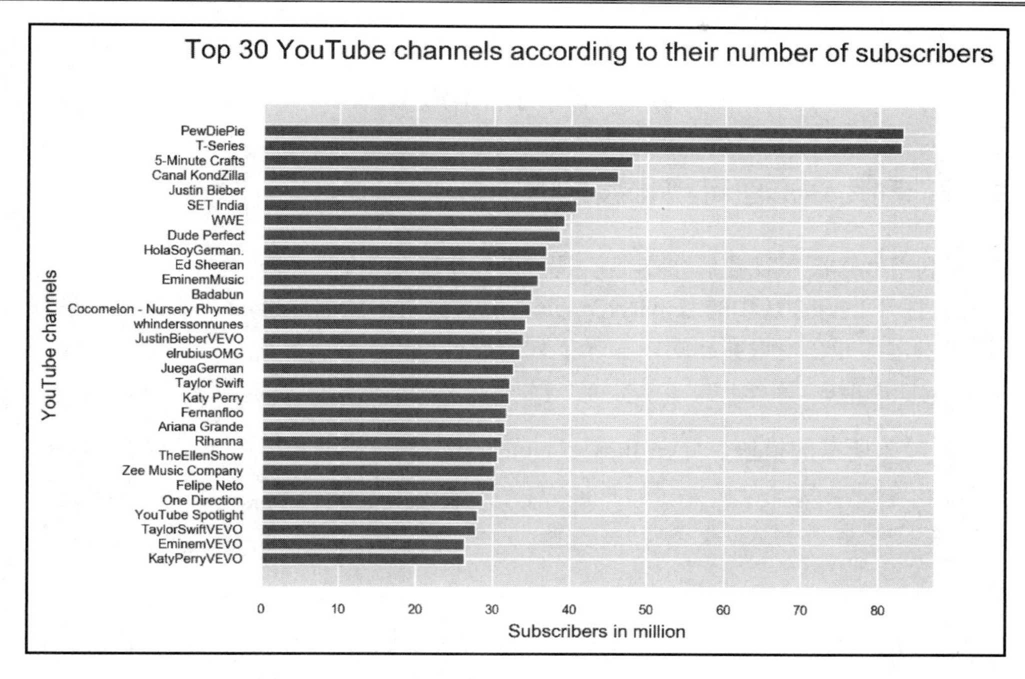

图 2.46　显示前 30 个 YouTube 频道的水平柱状图

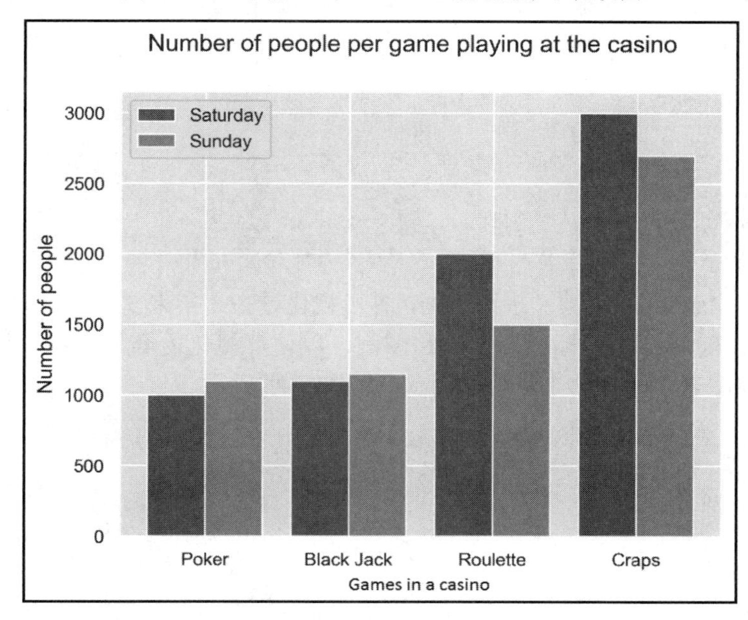

图 2.47　显示两天内娱乐场数据的比较柱状图

第 3 章　Matplotlib

操作 12：利用线形图可视化股票的走势

下面利用线形图可视化股票走势，具体操作步骤如下。

（1）打开 Lesson03 中的 activity12_solution.ipynb Jupyter Notebook，以实现当前操作。访问该文件并在变量和终端中输入下列命令：

```
jupyter-lab
```

（2）导入所需的模块，并在 Jupyter Notebook 中启用绘制功能，代码如下所示。

```
# Import statements
import matplotlib.pyplot as plt
import numpy as np
import pandas as pd

%matplotlib inline
```

（3）使用 pandas 读取文件夹 data 中的数据。read_csv()函数将.csv 文件读取至 DataFrame 中，代码如下所示。

```
# load datasets
google = pd.read_csv('./data/GOOGL_data.csv')
facebook = pd.read_csv('./data/FB_data.csv')
apple = pd.read_csv('./data/AAPL_data.csv')
amazon = pd.read_csv('./data/AMZN_data.csv')
microsoft = pd.read_csv('./data/MSFT_data.csv')
```

（4）使用 Matplotlib 创建一幅线形图，并可视化过去 5 年来 5 家公司的收盘价格（全部数据序列）。随后，添加标记、标题和图例，以使可视化内容具有自解释功能。利用 plt.grid()函数向图表中添加一个网格，对应代码如下所示。

```
# Create figure
plt.figure(figsize=(16, 8), dpi=300)
# Plot data
plt.plot('date', 'close', data=google, label='Google')
plt.plot('date', 'close', data=facebook, label='Facebook')
plt.plot('date', 'close', data=apple, label='Apple')
plt.plot('date', 'close', data=amazon, label='Amazon')
```

```
plt.plot('date', 'close', data=microsoft, label='Microsoft')
# Specify ticks for x and y axis
plt.xticks(np.arange(0, 1260, 40), rotation=70)
plt.yticks(np.arange(0, 1450, 100))
# Add title and label for y-axis
plt.title('Stock trend', fontsize=16)
plt.ylabel('Closing price in $', fontsize=14)
# Add grid
plt.grid()
# Add legend
plt.legend()
# Show plot
plt.show()
```

操作 13：比较影片评分的柱状图

下面针对不同影片的评分结果创建一幅柱状图，具体操作步骤如下。

（1）打开 Lesson03 文件夹中的 activity13_solution.ipynb Jupyter Notebook，以实现当前操作。

访问该文件的路径，并在命令行终端中输入下列命令：

```
jupyter-lab
```

（2）导入所需的模块，并启用 Jupyter Notebook 中的绘图机制，代码如下所示。

```
# Import statements
import numpy as np
import pandas as pd
import matplotlib.pyplot as plt
%matplotlib inline
```

（3）利用 pandas 读取位于 data 文件夹中的数据，代码如下所示。

```
# Load dataset
movie_scores = pd.read_csv('./data/movie_scores.csv')
```

（4）使用 Matplotlib 创建柱状图，并对 5 部影片的评分进行比较。针对 x 轴，可将标题用作标记；对于 y 轴，则可使用间隔为 20 的百分比，以及间隔为 5 的次刻度。随后，向图标中添加图例和适宜的标题，对应代码如下所示。

```
# Create figure
plt.figure(figsize=(10, 5), dpi=300)
# Create bar plot
```

```
pos = np.arange(len(movie_scores['MovieTitle']))
width = 0.3
plt.bar(pos - width / 2, movie_scores['Tomatometer'], width,
label='Tomatometer')
plt.bar(pos + width / 2, movie_scores['AudienceScore'], width,
label='Audience Score')
# Specify ticks
plt.xticks(pos, rotation=10)
plt.yticks(np.arange(0, 101, 20))
# Get current Axes for setting tick labels and horizontal grid
ax = plt.gca()
# Set tick labels
ax.set_xticklabels(movie_scores['MovieTitle'])
ax.set_yticklabels(['0%', '20%', '40%', '60%', '80%', '100%'])
# Add minor ticks for y-axis in the interval of 5
ax.set_yticks(np.arange(0, 100, 5), minor=True)
# Add major horizontal grid with solid lines
ax.yaxis.grid(which='major')
# Add minor horizontal grid with dashed lines
ax.yaxis.grid(which='minor', linestyle='--')
# Add title
plt.title('Movie comparison')
# Add legend
plt.legend()
# Show plot
plt.show()
```

（5）某些函数需要显式地确定轴向。当获取当前轴向的引用时，可使用 ax = plt.gca()。针对 x 轴和 y 轴，可通过 plt.xticks([xticks])和 plt.yticks([yticks])指定刻度。另外，Axes.set_xticklabels([labels])和 Axes.set_yticklabels([labels])可用于设置刻度标记。当添加 y 轴主刻度时，可使用 Axes.yaxis.grid(which='major')；在针对次刻度添加虚线水平网格时，可使用 Axes.yaxis.grid(which='minor',linestyle='--')。

操作 14：餐厅业绩的可视化结果

下面创建堆叠式柱状图并对餐厅的业绩进行可视化，具体操作步骤如下。

（1）打开 Lesson03 文件夹中的 activity14_solution.ipynb Jupyter Notebook，以实现当前操作。

访问该文件的路径，并在命令行终端中输入下列命令：

```
jupyter-lab
```

（2）导入所需的模块，并在 Jupyter Notebook 中启用绘制功能，代码如下所示。

```
# Import statements
import pandas as sb
import numpy as np
import matplotlib.pyplot as plt
import seaborn as sns
%matplotlib inline
```

（3）加载数据集，代码如下所示。

```
# Load dataset
bills = sns.load_dataset('tips')
```

（4）利用给定的数据集创建矩阵，其中，元素包含了每日账单和吸烟者/非吸烟者账单之和，对应代码如下所示。

```
days = ['Thur', 'Fri', 'Sat', 'Sun']
days_range = np.arange(len(days))
smoker = ['Yes', 'No']

bills_by_days = [bills[bills['day'] == day] for day in days]
bills_by_days_smoker = [[bills_by_days[day][bills_by_days[day]['smoker']
== s] for s in smoker] for day in days_range]
total_by_days_smoker = [[bills_by_days_smoker[day][s]['total_bill'].sum()
for s in range(len(smoker))] for day in days_range]
totals = np.asarray(total_by_days_smoker)
```

这里，asarray()函数用于将输入内容转换为一个数组。

（5）创建一个堆叠式柱状图，将每天吸烟者和非吸烟者分开的总账单堆叠起来。随后，添加图例、标记和标题，对应代码如下所示。

```
# Create figure
plt.figure(figsize=(10, 5), dpi=300)
# Create stacked bar plot
plt.bar(days_range, totals[:, 0], label='Smoker')
plt.bar(days_range, totals[:, 1], bottom=totals[:, 0], label='Non-smoker')
# Add legend
plt.legend()
# Add labels and title
plt.xticks(days_range)
ax = plt.gca()
```

```
ax.set_xticklabels(days)
ax.yaxis.grid()
plt.ylabel('Daily total sales in $')
plt.title('Restaurant performance')
# Show plot
plt.show()
```

操作 15：利用堆叠式面积图比较智能手机的销售状态

下面利用堆叠式面积图比较智能手机制造商的销售状态，具体操作步骤如下。

（1）打开 Lesson03 文件夹中的 activity15_solution.ipynb Jupyter Notebook，以实现该操作。访问该文件的路径，并在命令行终端中输入下列命令：

```
jupyter-lab
```

（2）导入所需的模块，并启用 Jupyter Notebook 中的绘图功能，代码如下所示。

```
# Import statements
import pandas as pd
import numpy as np
import matplotlib.pyplot as plt
%matplotlib inline
```

（3）利用 pandas 读取 data 文件夹中的数据，代码如下所示。

```
# Load dataset
sales = pd.read_csv('./data/smartphone_sales.csv')
```

（4）创建可视化堆叠式面积图，随后添加图例、标记和标题，代码如下所示。

```
# Create figure
plt.figure(figsize=(10, 6), dpi=300)
# Create stacked area chart
labels = sales.columns[1:]
plt.stackplot('Quarter', 'Apple', 'Samsung', 'Huawei', 'Xiaomi', 'OPPO',
data=sales, labels=labels)
# Add legend
plt.legend()
# Add labels and title
plt.xlabel('Quarters')
plt.ylabel('Sales units in thousands')
plt.title('Smartphone sales units')
# Show plot
plt.show()
```

操作 16：智商的直方图和箱形图

下面利用直方图和箱形图可视化不同分组的智商结果，具体操作步骤如下。

（1）打开 Lesson03 文件夹中的 activity16_solution.ipynb Jupyter Notebook，以实现当前操作。访问当前文件的路径，并在命令行终端中输入下列命令：

```
jupyter-lab
```

（2）导入所需模块，并在 Jupyter Notebook 中启用绘图功能，代码如下所示。

```
# Import statements
import numpy as np
import matplotlib.pyplot as plt
%matplotlib inline
```

（3）使用下列代码生成 IQ 值样本。

```
# IQ samples
iq_scores = [126, 89, 90, 101, 102, 74, 93, 101, 66, 120, 108, 97,
98, 105, 119, 92, 113, 81, 104, 108, 83, 102, 105, 111, 102, 107, 103,
89, 89, 110, 71, 110, 120, 85, 111, 83, 122, 120, 102, 84, 118, 100,
100, 114, 81, 109, 69, 97, 95, 106, 116, 109, 114, 98, 90, 92, 98,
91, 81, 85, 86, 102, 93, 112, 76, 89, 110, 75, 100, 90, 96, 94,
107, 108, 95, 96, 96, 114, 93, 95, 117, 141, 115, 95, 86, 100, 121,
103, 66, 99, 96, 111, 110, 105, 110, 91, 112, 102, 112, 75]
```

（4）针对给定 IQ 值，绘制包含 10 个直方栏的直方图。其中，智商值呈正态分布，平均值为 100，标准差为 15，并将平均值表示为垂直实体直线，通过垂直虚线表示标准偏差，随后添加标记和标题，对应代码如下所示。

```
# Create figure
plt.figure(figsize=(6, 4), dpi=150)
# Create histogram
plt.hist(iq_scores, bins=10)
plt.axvline(x=100, color='r')
plt.axvline(x=115, color='r', linestyle= '--')
plt.axvline(x=85, color='r', linestyle= '--')
# Add labels and title
plt.xlabel('IQ score')
plt.ylabel('Frequency')
plt.title('IQ scores for a test group of a hundred adults')
# Show plot
plt.show()
```

（5）对相同的 IQ 值创建箱形图，随后添加标记和标题，对应代码如下所示。

```
# Create figure
plt.figure(figsize=(6, 4), dpi=150)
# Create histogram
plt.boxplot(iq_scores)
# Add labels and title
ax = plt.gca()
ax.set_xticklabels(['Test group'])
plt.ylabel('IQ score')
plt.title('IQ scores for a test group of a hundred adults')
# Show plot
plt.show()
```

（6）下列内容表示为不同测试分组的 IQ 值。

```
group_a = [118, 103, 125, 107, 111, 96, 104, 97, 96, 114, 96, 75,
114,
      107, 87, 117, 117, 114, 117, 112, 107, 133, 94, 91, 118, 110,
      117, 86, 143, 83, 106, 86, 98, 126, 109, 91, 112, 120, 108,
      111, 107, 98, 89, 113, 117, 81, 113, 112, 84, 115, 96, 93,
      128, 115, 138, 121, 87, 112, 110, 79, 100, 84, 115, 93, 108,
      130, 107, 106, 106, 101, 117, 93, 94, 103, 112, 98, 103, 70,
      139, 94, 110, 105, 122, 94, 94, 105, 129, 110, 112, 97, 109,
      121, 106, 118, 131, 88, 122, 125, 93, 78]
group_b = [126, 89, 90, 101, 102, 74, 93, 101, 66, 120, 108, 97,98,
           105, 119, 92, 113, 81, 104, 108, 83, 102, 105, 111, 102,107,
           103, 89, 89, 110, 71, 110, 120, 85, 111, 83, 122, 120,102,
           84, 118, 100, 100, 114, 81, 109, 69, 97, 95, 106, 116,109,
           114, 98, 90, 92, 98, 91, 81, 85, 86, 102, 93, 112,76,
           89, 110, 75, 100, 90, 96, 94, 107, 108, 95, 96, 96,114,
           93, 95, 117, 141, 115, 95, 86, 100, 121, 103, 66, 99,96,
           111, 110, 105, 110, 91, 112, 102, 112, 75]
group_c = [108, 89, 114, 116, 126, 104, 113, 96, 69, 121, 109, 102,107,
      122, 104, 107, 108, 137, 107, 116, 98, 132, 108, 114, 82, 93,
       89, 90, 86, 91, 99, 98, 83, 93, 114, 96, 95, 113, 103,
       81, 107, 85, 116, 85, 107, 125, 126, 123, 122, 124, 115, 114,
       93, 93, 114, 107, 107, 84, 131, 91, 108, 127, 112, 106, 115,
       82, 90, 117, 108, 115, 113, 108, 104, 103, 90, 110, 114, 92,
      101, 72, 109, 94, 122, 90, 102, 86, 119, 103, 110, 96, 90,
      110, 96, 69, 85, 102, 69, 96, 101, 90]
group_d = [ 93, 99, 91, 110, 80, 113, 111, 115, 98, 74, 96, 80,83,
      102, 60, 91, 82, 90, 97, 101, 89, 89, 117, 91, 104, 104,
      102, 128, 106, 111, 79, 92, 97, 101, 106, 110, 93, 93, 106,
```

```
        108, 85, 83, 108, 94, 79, 87, 113, 112, 111, 111, 79, 116,
        104, 84, 116, 111, 103, 103, 112, 68, 54, 80, 86, 119, 81,
         84, 91, 96, 116, 125, 99, 58, 102, 77, 98, 100, 90, 106,
        109, 114, 102, 102, 112, 103, 98, 96, 85, 97, 110, 131, 92,
         79, 115, 122, 95, 105, 74, 85, 85, 95]
```

（7）针对不同测试分组的 IQ 值创建箱形图，随后添加标记和标题，对应代码如下所示。

```
# Create figure
plt.figure(figsize=(6, 4), dpi=150)
# Create histogram
plt.boxplot([group_a, group_b, group_c, group_d])
# Add labels and title
ax = plt.gca()
ax.set_xticklabels(['Group A', 'Group B', 'Group C', 'Group D'])
plt.ylabel('IQ score')
plt.title('IQ scores for different test groups')
# Show plot
plt.show()
```

操作 17：利用散点图可视化动物间的相关性

借助于散点图，下面将对各种动物间的相关性进行可视化操作，具体操作步骤如下。

（1）打开 Lesson03 文件夹中的 activity17_solution.ipynb Jupyter Notebook，以实现当前操作。访问该文件的路径，并在命令行终端中输出下列命令：

```
jupyter-lab
```

（2）导入所需的模块，并在 Jupyter Notebook 中启用绘制功能，代码如下所示。

```
# Import statements
import pandas as pd
import numpy as np
import matplotlib.pyplot as plt
%matplotlib inline
```

（3）使用 pandas 读取 data 文件夹中的数据，代码如下所示。

```
# Load dataset
data = pd.read_csv('./data/anage_data.csv')
```

（4）给定的数据集并不完整，筛选数据以使样本仅包含体重和最长寿命数据，随后根据动物分类对数据进行排序。这里，isfinite()函数负责检测给定元素的有限性，对应代码如下所示。

```
# Preprocessing
longevity = 'Maximum longevity (yrs)'
mass = 'Body mass (g)'
data = data[np.isfinite(data[longevity]) & np.isfinite(data[mass])]
# Sort according to class
amphibia = data[data['Class'] == 'Amphibia']
aves = data[data['Class'] == 'Aves']
mammalia = data[data['Class'] == 'Mammalia']
reptilia = data[data['Class'] == 'Reptilia']
```

（5）创建散点图，并对体重和最长寿命间的相关性执行可视化操作。根据具体分类，针对分组样本使用不同的颜色，随后添加图例、标记和标题，针对 x 轴和 y 轴使用对数尺度，对应代码如下所示。

```
# Create figure
plt.figure(figsize=(10, 6), dpi=300)
# Create scatter plot
plt.scatter(amphibia[mass], amphibia[longevity], label='Amphibia')
plt.scatter(aves[mass], aves[longevity], label='Aves')
plt.scatter(mammalia[mass], mammalia[longevity], label='Mammalia')
plt.scatter(reptilia[mass], reptilia[longevity], label='Reptilia')
# Add legend
plt.legend()
# Log scale
ax = plt.gca()
ax.set_xscale('log')
ax.set_yscale('log')
# Add labels
plt.xlabel('Body mass in grams')
plt.ylabel('Maximum longevity in years')
# Show plot
plt.show()
```

操作 18：基于边缘直方图创建散点图

具体操作步骤如下。

（1）打开 Lesson03 文件夹中的 activity18_solution.ipynb Jupyter Notebook，以实现当前操作。访问该文件的路径，并在命令行终端中输入下列命令：

```
jupyter-lab
```

（2）导入所需的模块，并在 Jupyter Notebook 中启用绘制功能，代码如下所示。

```
# Import statements
import pandas as pd
import numpy as np
import matplotlib.pyplot as plt
%matplotlib inline
```

（3）使用 pandas 读取 data 文件夹中的数据，代码如下所示。

```
# Load dataset
data = pd.read_csv('./data/anage_data.csv')
```

（4）给定的数据集并不完整，筛选数据以使样本仅包含体重和最长寿命，选择 aves 类以及体重小于 20000 的全部样本，对应代码如下所示。

```
# Preprocessing
longevity = 'Maximum longevity (yrs)'
mass = 'Body mass (g)'
data = data[np.isfinite(data[longevity]) & np.isfinite(data[mass])]
# Sort according to class
aves = data[data['Class'] == 'Aves']
aves = data[data[mass] < 20000]
```

（5）利用约束布局创建一个图形，并生成一个大小为 4×4 的 gridspec，随后创建一个大小为 3×3 的散点图，以及大小分别为 1×3 和 3×1 的边缘直方图，接下来添加标记和图形标题，对应代码如下所示。

```
# Create figure
fig = plt.figure(figsize=(8, 8), dpi=150, constrained_layout=True)
# Create gridspec
gs = fig.add_gridspec(4, 4)
# Specify subplots
histx_ax = fig.add_subplot(gs[0, :-1])
histy_ax = fig.add_subplot(gs[1:, -1])
scatter_ax = fig.add_subplot(gs[1:, :-1])
# Create plots
scatter_ax.scatter(aves[mass], aves[longevity])
histx_ax.hist(aves[mass], bins=20, density=True)
histx_ax.set_xticks([])
histy_ax.hist(aves[longevity], bins=20, density=True,
orientation='horizontal')
histy_ax.set_yticks([])
# Add labels and title
```

```
plt.xlabel('Body mass in grams')
plt.ylabel('Maximum longevity in years')
fig.suptitle('Scatter plot with marginal histograms')
# Show plot
plt.show()
```

操作 19：在网格中绘制多幅图像

具体操作步骤如下。

（1）打开 Lesson03 文件夹中的 activity19_solution.ipynb Jupyter Notebook，以实现当前操作。访问该文件的路径，并在命令行输出端中输入下列命令：

```
jupyter-lab
```

（2）导入所需的模块，并在 Jupyter Notebook 中启用绘图功能，代码如下所示。

```
# Import statements
import os
import numpy as np
import matplotlib.pyplot as plt
import matplotlib.image as mpimg
%matplotlib inline
```

（3）从 data 文件夹中加载全部图像，代码如下所示。

```
# Load images
img_filenames = os.listdir('data')
imgs = [mpimg.imread(os.path.join('data', img_filename)) for img_filename
in img_filenames]
```

（4）可视化 2×2 网格中的图像，随后移除轴向并向每幅图像添加一个标题，代码如下所示。

```
# Create subplot
fig, axes = plt.subplots(2, 2)
fig.figsize = (6, 6)
fig.dpi = 150
axes = axes.ravel()
# Specify labels
labels = ['coast', 'beach', 'building', 'city at night']
# Plot images
for i in range(len(imgs)):
```

```
    axes[i].imshow(imgs[i])
    axes[i].set_xticks([])
    axes[i].set_yticks([])
    axes[i].set_xlabel(labels[i])
```

第 4 章　利用 Seaborn 简化可视化操作

操作 20：利用箱形图比较不同测试分组中的 IQ 值

下面利用 Seaborn 库比较不同测试分组中的 IQ 值，具体操作步骤如下。

（1）打开 Lesson04 文件夹中的 activity20_solution.ipynb Jupyter Notebook，以实现该操作。访问该文件的路径，并在输出终端中输入下列命令：

```
jupyter-lab
```

（2）导入所需的模块，并启用 Jupyter Notebook 中的绘图功能，代码如下所示。

```
%matplotlib inline
import numpy as np
import pandas as pd
import matplotlib.pyplot as plt
import seaborn as sns
```

（3）使用 pandas 的 read_csv()函数读取 data 文件夹中的数据，代码如下所示。

```
mydata = pd.read_csv("./data/scores.csv")
```

（4）访问列中每个测试分组的数据，利用 tolist()方法将其转换为一个列表，随后将该列表分配与对应测试分组的变量中，对应代码如下所示。

```
group_a = mydata[mydata.columns[0]].tolist()
group_b = mydata[mydata.columns[1]].tolist()
group_c = mydata[mydata.columns[2]].tolist()
group_d = mydata[mydata.columns[3]].tolist()
```

（5）输出每个分组中的变量，检测其中的数据是否被转换为一个列表，该过程可在 print()函数的帮助下完成，代码如下所示。

```
print(group_a)
```

图 4.35 显示了分组 A 中的数据值。

```
[118, 103, 125, 107, 111, 96, 104, 97, 96, 114, 96, 75, 114, 107, 87, 117, 117, 114, 117, 112, 107, 133, 94, 91, 118, 110, 117,
86, 143, 83, 106, 86, 98, 126, 109, 91, 112, 120, 108, 111, 107, 98, 89, 113, 117, 81, 113, 112, 84, 115, 96, 93, 128, 115, 13
8, 121, 87, 112, 110, 79, 100, 84, 115, 93, 108, 130, 107, 106, 106, 101, 117, 93, 94, 103, 112, 98, 103, 70, 139, 94, 110, 10
5, 122, 94, 94, 105, 129, 110, 112, 97, 109, 121, 106, 118, 131, 88, 122, 125, 93, 78]
```

图 4.35　分组 A 中的数据值

```
print(group_b)
```

图 4.36 显示了分组 B 中的数据值。

```
[126, 89, 90, 101, 102, 74, 93, 101, 66, 120, 108, 97, 98, 105, 119, 92, 113, 81, 104, 108, 83, 102, 105, 111, 102, 107, 103, 8
9, 89, 110, 71, 110, 120, 85, 111, 83, 122, 120, 102, 84, 118, 100, 100, 114, 81, 109, 69, 97, 95, 106, 116, 109, 114, 98, 90,
92, 98, 91, 81, 85, 86, 102, 93, 112, 76, 89, 110, 75, 110, 90, 96, 94, 107, 108, 95, 96, 96, 114, 93, 95, 117, 141, 115, 95, 8
6, 100, 121, 103, 66, 99, 96, 111, 110, 105, 110, 91, 112, 102, 112, 75]
```

图 4.36　分组 B 中的数据值

```
print(group_c)
```

图 4.37 显示了分组 C 中的数据值。

```
[108, 89, 114, 116, 126, 104, 113, 96, 69, 121, 109, 102, 107, 122, 104, 107, 108, 137, 107, 116, 98, 132, 108, 114, 82, 93, 8
9, 90, 86, 91, 99, 98, 83, 93, 114, 96, 95, 113, 103, 81, 107, 85, 116, 85, 107, 125, 126, 123, 122, 124, 115, 114, 93, 93, 11
4, 107, 107, 84, 131, 91, 108, 127, 112, 106, 115, 82, 90, 117, 108, 115, 113, 108, 104, 103, 90, 110, 114, 92, 101, 72, 109, 9
4, 122, 90, 102, 86, 119, 103, 110, 96, 90, 110, 96, 69, 85, 102, 69, 96, 101, 90]
```

图 4.37　分组 C 中的数据值

```
print(group_d)
```

图 4.38 显示了分组 D 中的数据值。

```
[93, 99, 91, 110, 80, 113, 111, 115, 98, 74, 96, 80, 83, 102, 60, 91, 82, 90, 97, 101, 89, 89, 117, 91, 104, 104, 102, 128, 10
6, 111, 79, 92, 97, 101, 106, 110, 93, 93, 106, 108, 85, 83, 108, 94, 79, 87, 113, 112, 111, 111, 79, 116, 104, 84, 116, 111, 1
03, 103, 112, 68, 54, 80, 86, 119, 81, 84, 91, 96, 116, 125, 99, 58, 102, 77, 98, 100, 90, 106, 109, 114, 102, 102, 112, 103, 9
8, 96, 85, 97, 110, 131, 92, 79, 115, 122, 95, 105, 74, 85, 85, 95]
```

图 4.38　分组 D 中的数据值

（6）一旦获得了每个测试分组中的数据，即可根据该数据构建一个 DataFrame。该过程可在 pandas 提供的 pd.DataFrame()函数的帮助下完成，代码如下所示。

```
data = pd.DataFrame({'Groups': ['Group A'] * len(group_a) + ['Group B']
*len(group_b) + ['Group C'] * len(group_c) + ['Group D'] * len(group_d),
                    'IQ score': group_a + group_b + group_c + group_d})
```

（7）在持有了 DataFrame 后，需要利用 Seaborn 提供的 boxplot()函数创建一个箱形图。在该函数中，需要针对两个轴向指定标题和所使用的 DataFrame，具体来说，x 轴的标题为 Groups，y 轴的标题为 IQ score。对于 DataFrame，需要传递参数 data。这里，data 表示为从步骤（6）中获取的 DataFrame。对应代码如下所示。

```
plt.figure(dpi=150)
```

```
# Set style
sns.set_style('whitegrid')
# Create boxplot
sns.boxplot('Groups', 'IQ score', data=data)
# Despine
sns.despine(left=True, right=True, top=True)
# Add title
plt.title('IQ scores for different test groups')
# Show plot
plt.show()
```

despine()函数将移除图表中上方和右侧的轴。此处，还需要移除左侧轴。通过 title()函数，针对当前图表设置了标题。show()则对当前图表执行可视化操作。

在图 4.8 中，通过箱形图可以得出结论，分组 A 的 IQ 值优于其他分组。

操作 21：利用热图发现航班数据中的模式

通过热图，当前操作将获取航班乘客中的某些模式，具体操作步骤如下。

（1）打开 Lesson04 文件夹中的 activity21_solution.ipynb Jupyter Notebook，以实现当前操作。访问该文件的路径，并在命令行终端中输入下列命令：

```
jupyter-lab
```

（2）导入所需的模块，并在 Jupyter Notebook 中开启绘图功能，代码如下所示。

```
%matplotlib inline
import numpy as np
import pandas as pd
import matplotlib.pyplot as plt
import seaborn as sns
```

（3）利用 pandas 的 read_csv()函数读取 data 文件夹中的数据，代码如下所示。

```
mydata = pd.read_csv("./data/flight_details.csv")
```

（4）使用 pivot()函数向 DataFrame 提供有意义的行和列标记，代码如下所示。

```
data = mydata.pivot("Months", "Years", "Passengers")
```

（5）利用 Seaborn 中的 heatmap()函数可视化数据，并向该函数中传递 DataFrame 和颜色图。根据前述代码中获取的数据，需要将其作为 DataFrame 传递至 heatmap()函数中，另外，还应创建自己的颜色图，并将其作为第二个参数传递至该函数中，对应代码如下所示。

```
sns.set()
plt.figure(dpi=150)
sns.heatmap(data, cmap=sns.light_palette("orange", as_cmap=True,
reverse=True))
plt.title("Flight Passengers from 2001 to 2012")
plt.show()
```

根据图 4.19 可以得出结论航班乘客的数量在 2012 年 7 月和 8 月达到最高峰。

操作 22：电影评分比较

下面通过 Seaborn 提供的柱状图比较 5 部电影的评分结果，具体操作步骤如下。

（1）打开 Lesson04 文件夹中的 activity22_solution.ipynb Jupyter Notebook，以实现当前操作。访问该文件的路径，并在命令行终端中输入下列命令：

```
jupyter-lab
```

（2）导入所需的模块，并在 Jupyter Notebook 中启用绘图功能，代码如下所示。

```
%matplotlib inline
import numpy as np
import pandas as pd
import matplotlib.pyplot as plt
import seaborn as sns
```

（3）利用 pandas 中的 read_csv()函数读取 data 文件夹中的数据，代码如下所示。

```
mydata = pd.read_csv("./data/movie_scores.csv")
```

（4）根据给定的数据构建 DataFrame，这可在 pandas 提供的 pd.DataFrame()函数的帮助下完成，代码如下所示。

```
movie_scores = pd.DataFrame({"Movie Title": list(mydata["MovieTitle"]) *
2,
               "Score": list(mydata["AudienceScore"]) +
list(mydata["Tomatometer"]),
               "Type": ["Audience Score"] * len(mydata["AudienceScore"])
+ ["Tomatometer"] * len(mydata["Tomatometer"])})
```

（5）使用 Seaborn 提供的 barplot()函数，并使用 Movies 和 Scores 作为参数，以便数据显示于两个轴上。另外，Type 设置为 hue，并以此执行比较操作。最后一个参数需要将 DataFrame 作为输入内容。因此，我们提供了步骤（4）得到的 movie_scores DataFrame。

对应代码如下所示。

```
sns.set()
plt.figure(figsize=(10, 5), dpi=300)
# Create bar plot
ax = sns.barplot("Movie Title", "Score", hue="Type", data=movie_scores)
plt.xticks(rotation=10)
# Add title
plt.title("Movies Scores comparison")
plt.xlabel("Movies")
plt.ylabel("Scores")
# Show plot
plt.show()
```

这里针对 5 部影片比较了 AudienceScore 和 Tomatometer 方面的评分。可以看出，影片《火星救援》获得了一致好评。

操作 23：利用小提琴图比较不同测试组中的 IQ 值

下面利用 Seaborn 库比较不同测试分组中的 IQ 值，具体操作步骤如下。

（1）打开 Lesson04 文件夹中的 activity23_solution.ipynb Jupyter Notebook，以实现该操作。访问该文件的路径，并在输出终端中输入下列命令：

```
jupyter-lab
```

（2）导入所需的模块，并在 Jupyter Notebook 中启用绘图功能，代码如下所示。

```
%matplotlib inline
import numpy as np
import pandas as pd
import matplotlib.pyplot as plt
import seaborn as sns
```

（3）使用 pandas 中的 read_csv()函数读取 data 文件夹中的数据，代码如下所示。

```
mydata = pd.read_csv("./data/scores.csv")
```

（4）访问列中每个分组中的数据，利用 tolist()方法将其转换为一个列表，随后将该列表分配与对应测试分组中的变量中，对应代码如下所示。

```
group_a = mydata[mydata.columns[0]].tolist()
group_b = mydata[mydata.columns[1]].tolist()
```

```
group_c = mydata[mydata.columns[2]].tolist()
group_d = mydata[mydata.columns[3]].tolist()
```

（5）输出每个分组的变量，并检测其中的数据是否已被转换为一个列表，这可在print()函数的帮助下完成，代码如下所示。

```
print(group_a)
```

上述代码的输出结果如图 4.39 所示。

```
[118, 103, 125, 107, 111, 96, 104, 97, 96, 114, 96, 75, 114, 107, 87, 117, 117, 114, 117, 112, 107, 133, 94, 91, 118, 110, 117,
86, 143, 83, 106, 86, 98, 126, 109, 91, 112, 120, 108, 111, 107, 98, 89, 113, 117, 81, 113, 112, 84, 115, 96, 93, 128, 115, 13
8, 121, 87, 112, 110, 79, 100, 84, 115, 93, 108, 130, 107, 106, 106, 101, 117, 93, 94, 103, 112, 98, 103, 70, 139, 94, 110, 10
5, 122, 94, 94, 105, 129, 110, 112, 97, 109, 121, 106, 118, 131, 88, 122, 125, 93, 78]
```

图 4.39　分组 A 中的数据值

```
print(group_b)
```

上述代码的输出结果如图 4.40 所示。

```
[126, 89, 90, 101, 102, 74, 93, 101, 66, 120, 108, 97, 98, 105, 119, 92, 113, 81, 104, 108, 83, 102, 105, 111, 102, 107, 103, 8
9, 89, 110, 71, 110, 120, 85, 111, 83, 122, 120, 102, 84, 118, 100, 100, 114, 81, 109, 69, 97, 95, 106, 116, 109, 114, 98, 90,
92, 98, 91, 81, 85, 86, 102, 93, 112, 76, 89, 110, 75, 110, 90, 96, 94, 107, 108, 95, 96, 96, 114, 93, 95, 117, 141, 115, 95, 8
6, 100, 121, 103, 66, 99, 96, 111, 110, 105, 110, 91, 112, 102, 112, 75]
```

图 4.40　分组 B 中的数据值

```
print(group_c)
```

上述代码的输出结果如图 4.41 所示。

```
[108, 89, 114, 116, 126, 104, 113, 96, 69, 121, 109, 102, 107, 122, 104, 107, 108, 137, 107, 116, 98, 132, 108, 114, 82, 93, 8
9, 90, 86, 91, 99, 98, 83, 93, 114, 96, 95, 113, 103, 81, 107, 85, 116, 85, 107, 125, 126, 123, 122, 124, 115, 114, 93, 93, 11
4, 107, 107, 84, 131, 91, 108, 127, 112, 106, 115, 82, 90, 117, 108, 115, 113, 108, 104, 103, 90, 110, 114, 92, 101, 72, 109, 9
4, 122, 90, 102, 86, 119, 103, 110, 96, 90, 110, 96, 69, 85, 102, 69, 96, 101, 90]
```

图 4.41　分组 C 中的数据值

```
print(group_d)
```

上述代码的输出结果如图 4.42 所示。

```
[93, 99, 91, 110, 80, 113, 111, 115, 98, 74, 96, 80, 83, 102, 60, 91, 82, 90, 97, 101, 89, 89, 117, 91, 104, 104, 102, 128, 10
6, 111, 79, 92, 97, 101, 106, 110, 93, 93, 106, 108, 85, 83, 108, 94, 79, 87, 113, 112, 111, 111, 79, 116, 104, 84, 116, 111, 1
03, 103, 112, 68, 54, 80, 86, 119, 81, 84, 91, 96, 116, 125, 99, 58, 102, 77, 98, 100, 90, 106, 109, 114, 102, 102, 112, 103, 9
8, 96, 85, 97, 110, 131, 92, 79, 115, 122, 95, 105, 74, 85, 85, 95]
```

图 4.42　分组 D 中的数据值

（6）一旦获取了各个测试分组中的数据，需要根据给定数据构建一个 DataFrame，这可在 pandas 提供的 pd.DataFrame()函数的帮助下完成，代码如下所示。

```
data = pd.DataFrame({'Groups': ['Group A'] * len(group_a) + ['Group B']
```

```
*len(group_b) + ['Group C'] * len(group_c) + ['Group D'] * len(group_d),
                    'IQ score': group_a + group_b + group_c + group_d})
```

（7）当前，鉴于已持有 DataFrame，因而需要利用 Seaborn 提供的 violinplot()创建一幅小提琴图。在该函数中，需要指定两轴的标题，以及所用的 DataFrame。相应地，x 轴标题表示为 Groups，y 轴标题表示为 IQ score。对于 DataFrame，可作为参数传递一个 data。这里，data 表示为步骤（6）获得的 DataFrame，对应代码如下所示。

```
plt.figure(dpi=150)
# Set style
sns.set_style('whitegrid')
# Create boxplot
sns.violinplot('Groups', 'IQ score', data=data)
# Despine
sns.despine(left=True, right=True, top=True)
# Add title
plt.title('IQ scores for different test groups')
# Show plot
plt.show()
```

其中，despine()函数将移除图表中的上方和右侧轴。此外，还需要移除左侧轴。通过 title()函数，设置了图表的标题，而 help()函数则负责可视化当前图表。

可以看出，分组 A 的 IQ 值优于其他测试分组。

操作 24：前 30 个 YouTube 频道

下面通过 Seaborn 库提供的 FacetGrid()函数，并针对前 30 个 YouTube 频道对订阅者数量和总浏览量执行可视化操作，具体操作步骤如下。

（1）打开 Lesson04 文件夹中的 activity24_solution.ipynb Jupyter，以实现当前操作。访问该文件的路径，并在命令行终端中输入下列命令：

```
jupyter-lab
```

（2）导入所需的模块，并在 Jupyter Notebook 中启用绘图功能，代码如下所示。

```
%matplotlib inline
import numpy as np
import pandas as pd
import matplotlib.pyplot as plt
import seaborn as sns
```

（3）使用 pandas 的 read_csv()函数读取 data 文件夹中的数据，代码如下所示。

```
mydata = pd.read_csv("./data/youtube.csv")
```

（4）访问列中每个测试分组中的数据，利用 tolist()方法将其转换为一个列表，随后将该列表分配于对应测试分组的变量中，代码如下所示。

```
channels = mydata[mydata.columns[0]].tolist()
subs = mydata[mydata.columns[1]].tolist()
views = mydata[mydata.columns[2]].tolist()
```

（5）输出每个分组的变量，并检测其中的数据是否已被转换为一个列表，这可在 print()函数的帮助下完成，代码如下所示。

```
print(channels)
```

上述代码的输出结果如图 4.43 所示。

```
['PewDiePie', 'T-Series', '5-Minute Crafts', 'Canal KondZilla', 'Justin Bieber', 'SET India', 'WWE', 'Dude Perfect', 'HolaSoyGe
rman', 'Ed Sheeran', 'EminemMusic', 'Badabun', 'Cocomelon - Nursery Rhymes', 'whinderssonnunes', 'JustinBieberVEVO', 'elrubiusO
MG', 'JuegaGerman', 'Taylor Swift', 'Katy Perry', 'Fernanfloo', 'Ariana Grande', 'Rihanna', 'TheEllenShow', 'Zee Music Compan
y', 'Felipe Neto', 'One Direction', 'YouTube Spotlight', 'TaylorSwiftVEVO', 'EminemVEVO', 'KatyPerryVEVO']
```

图 4.43 YouTube 频道列表

```
print(subs)
```

上述代码的输出结果如图 4.44 所示。

```
[83.1, 82.9, 48.0, 46.1, 43.1, 40.7, 39.2, 38.7, 36.9, 36.8, 35.8, 35.0, 34.8, 34.2, 33.9, 33.5, 32.7, 32.2, 32.1, 31.8, 31.6,
31.2, 30.6, 30.3, 30.2, 28.7, 28.0, 27.8, 26.4, 26.4]
```

图 4.44 每个 YouTube 频道的订阅者列表

```
print(views)
```

上述代码的输出结果如图 4.45 所示。

```
[20329, 61057, 12061, 22878, 601, 28573, 29886, 7168, 3790, 15926, 637, 19388, 9737, 2801, 18375, 7313, 8730, 233, 357, 706, 67
55, 59, 14847, 14614, 5938, 330, 1833, 16161, 12548, 16890]
```

图 4.45 每个 YouTube 频道的浏览量列表

（6）一旦获得了 channels、subs 和 views 的数据，即可根据给定数据构建一个 DataFrame，这可在 pandas 的 pd.DataFrame()函数的帮助下完成，代码如下所示。

```
data = pd.DataFrame({'YouTube Channels': channels + channels, 'Subscribers
in millions': subs + views, 'Type': ['Subscribers'] * len(subs) + ['Views']
* len(views)})
```

（7）鉴于已持有 DataFrame，需要通过 Seaborn 提供的 FacetGrid()函数创建一个

FacetGrid。这里，data 表示为步骤（6）得到的 DataFrame，代码如下所示。

```
sns.set()
g = sns.FacetGrid(data, col='Type', hue='Type', sharex=False, height=8)
g.map(sns.barplot, 'Subscribers in millions', 'YouTube Channels')
plt.show()
```

可以看出，YouTube 中的 PewDiePie 频道具有最多的订阅者；而 T-Series 则具有最高的浏览量。

操作 25：线性回归

下面利用 Seaborn 库提供的 regplot()函数，对回归图中最长寿命和体重间的线性关系执行可视化操作，具体操作步骤如下。

（1）打开 Lesson04 文件夹中的 activity25_solution.ipynb Jupyter Notebook。访问该文件路径，并在输出终端中输入下列命令：

```
jupyter-lab
```

（2）导入所需的模块，并在 Jupyter Notebook 中启用绘图功能，代码如下所示。

```
%matplotlib inline
import numpy as np
import pandas as pd
import matplotlib.pyplot as plt
import seaborn as sns
```

（3）利用 pandas 的 read_csv()函数读取 data 文件夹中的数据，代码如下所示。

```
mydata = pd.read_csv("./data/anage_data.csv")
```

（4）筛选数据，最终样本包含体重和最长寿命这两项数据，随后，仅考查 Mammalia 类以及体重小于 200000 的样本，对应代码如下所示。

```
longevity = 'Maximum longevity (yrs)'
mass = 'Body mass (g)'
data = mydata[mydata['Class'] == 'Mammalia']
data = data[np.isfinite(data[longevity]) & np.isfinite(data[mass]) &
(data[mass] < 200000)]
```

（5）在预处理过程结束后，需要利用 Seaborn 库提供的 regplot()函数绘制数据。在下列代码中，向 regplot()函数提供了 3 个参数。其中，前两个参数为 mass 和 longevity。相应地，体重数据显示于 x 轴上，而最长寿命数据则显示于 y 轴上。在第三个参数中，需要提供一个名为 data 的 DataFrame，该 DataFrame 已在步骤（4）中获得。对应代码如下所示。

```
# Create figure
sns.set()
plt.figure(figsize=(10, 6), dpi=300)
# Create scatter plot
sns.regplot(mass, longevity, data=data)
# Show plot
plt.show()
```

可以看到，对于 Mammalia 类，体重和最长寿命间存在线性关系。

操作 26：耗水量

下面利用树形图对耗水量进行可视化操作，这可在 Squarify 库的帮助下得以实现，具体操作步骤如下。

（1）打开 Lesson 04 文件夹中的 activity26_solution.ipynb Jupyter Notebook 实现该操作。访问该文件的路径，并在输出终端输入下列命令：

```
jupyter-lab
```

（2）导入所需的模块，并在 Jupyter Notebook 中启用绘图功能，代码如下所示。

```
%matplotlib inline
import numpy as np
import pandas as pd
import matplotlib.pyplot as plt
import seaborn as sns
import squarify
```

（3）利用 read_csv()函数读取 data 文件夹中的数据，代码如下所示。

```
mydata = pd.read_csv("./data/water_usage.csv")
```

（4）访问数据集的各列，进而创建一个标记列表。这里，可通过 astype('str')函数将获取的数据转换为一个类型字符串，代码如下所示。

```
# Create figure
plt.figure(dpi=200)
# Create tree map
labels = mydata['Usage'] + ' (' + mydata['Percentage'].astype('str') + '%)'
```

（5）对于给定数据的树形图可视化，可使用 Squarify 库中的 plot()函数。该函数接收 3 个参数。其中，第一个参数表示为全部百分比列表，第二个参数表示全部标记的列表（可从步骤（4）中获得），第三个参数表示为通过 Seaborn 库的 light_pallete()函数创建的颜色。对应代码如下所示。

```
squarify.plot(sizes=mydata['Percentage'], label=labels, color=sns.light_
palette('green', mydata.shape[0]))
plt.axis('off')
# Add title
plt.title('Water usage')
# Show plot
plt.show()
```

第 5 章　绘制地理空间数据

操作 27：绘制地图上的地理空间数据

针对人口数超过 10 万的欧洲城市，下面在地图上绘制地理空间数据，并发现人口密集区域，具体操作步骤如下。

（1）打开 Lesson05 文件夹中的 activity27.ipynb Jupyter Notebook，以实现当前操作。

（2）在与数据协同工作之前，导入下列依赖项，代码如下所示。

```
# importing the necessary dependencies
import numpy as np
import pandas as pd
import geoplotlib
```

（3）利用 pandas 加载数据集，代码如下所示。

```
#loading the Dataset (make sure to have the dataset downloaded)
Dataset = pd.read_csv('./data/world_cities_pop.csv', dtype =
{'Region':np.str})
```

注意：

如果导入的数据集未将 Region 列的 dtype 定义为 String，将会得到一条警告消息，说明其中包含了一种混合类型。通过显式地定义该列中的数值类型（利用 dtype 参数）即可消除这一条警告消息。

（4）当查看每列的 dtype 时，可使用 DataFrame 的 dtypes 属性，代码如下所示。

```
# looking at the data types of each column
Dataset.dtypes
```

上述代码的输出结果如图 5.18 所示。

```
Country        object
City           object
AccentCity     object
Region         object
Population    float64
Latitude      float64
Longitude     float64
dtype: object
```

图 5.18　数据集每列的数据类型

提示：

此处可查看每列的数据类型。鉴于 String 类型并不是原始数据类型，所以它被显示为一个对象。

（5）使用 pandas DataFrame 的 head()函数显示前 5 项数据，代码如下所示。

```
# showing the first 5 entries of the dataset
dataset.head()
```

上述代码的输出结果如图 5.19 所示。

	Country	City	AccentCity	Region	Population	Latitude	Longitude
0	ad	aixas	Aixàs	06	NaN	42.483333	1.466667
1	ad	aixirivali	Aixirivali	06	NaN	42.466667	1.500000
2	ad	aixirivall	Aixirivall	06	NaN	42.466667	1.500000
3	ad	aixirvall	Aixirvall	06	NaN	42.466667	1.500000
4	ad	aixovall	Aixovall	06	NaN	42.466667	1.483333

图 5.19　数据集的前 5 项元素

（6）大多数数据集并未包含期望的数据格式。其中，某些数据集可能包含了隐藏于不同列的 Latitude 和 Longitude 值。对此，可使用第 1 章介绍的数据整理方案。对于给定的数据集，转换过程较为简单，仅需将 Latitude 和 Longitude 映射为 lat 和 lon 即可（通过简单的分配操作），代码如下所示。

```
# mapping Latitude to lat and Longitude to lon
dataset['lat'] = dataset['Latitude']
dataset['lon'] = dataset['Longitude']
```

（7）当前，数据集可用于第一项绘图操作。此处将使用 DotDensityLayer，这也是启用和查看数据点的一种较好的操作方式，代码如下所示。

```
# plotting the whole dataset with dots
geoplotlib.dot(dataset)
geoplotlib.show()
```

上述代码的输出结果如图 5.20 所示。

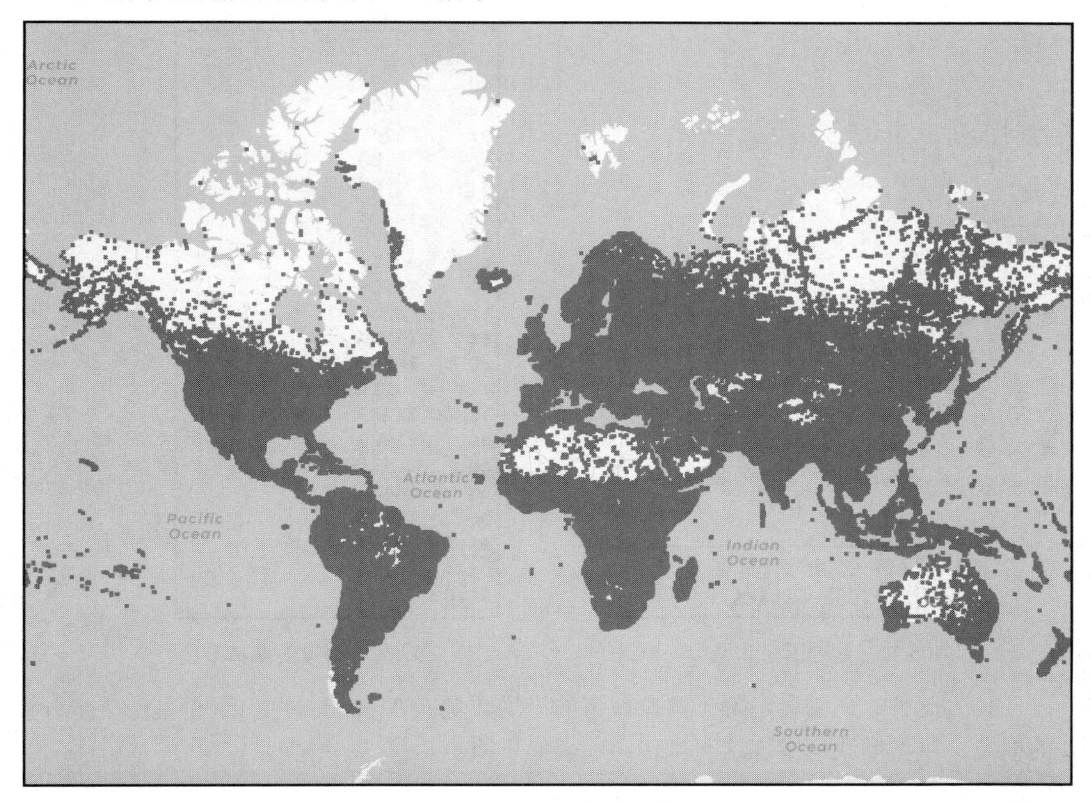

图 5.20　全部城市的点—密度可视化结果

（8）在开始分解数据以获得更好、更可行的数据集之前，我们希望了解完整数据的轮廓。对此，可显示数据集包含的国家和城市的数量，代码如下所示。

```
# amount of countries and cities
print(len(dataset.groupby(['Country'])), 'Countries')
print(len(dataset), 'Cities')
```

上述代码的输出结果如图 5.21 所示。

（9）当查看其中的每个分组元素时，可使用 size()方法，该方法返回一个 Series 对象，代码如下所示。

```
# amount of cities per country (first 20 entries)
dataset.groupby(['Country']).size().head(20)
```

上述代码的输出结果如图 5.22 所示。

```
234 Countries
3173958 Cities
```

图 5.21　通过国家和城市的分组结果

```
Country
ad        92
ae       446
af     88749
ag       183
ai        42
al     15123
am      2890
an       269
ao     19560
ar      8738
at     14788
au     10941
aw       115
az     11223
ba     15999
bb       536
bd     26414
be     16218
bf     10468
bg     20106
dtype: int64
```

图 5.22　每个国家的城市数量

（10）此外，还需显示每个国家城市的平均数量。在 pandas 中，聚合是一个十分重要的概念，可帮助我们实现这一操作，代码如下所示。

```
# average num of cities per country
dataset.groupby(['Country']).size().agg('mean')
```

上述代码的输出结果如图 5.23 所示。

（11）接下来需要减少操作的数据量，对此，一种方法是移除不包含人口值的全部城市，代码如下所示。

```
# filter for countries with a population entry (Population > 0)
dataset_with_pop = dataset[(dataset['Population'] > 0)]
print('Full dataset:', len(dataset))
print('Cities with population information:', len(dataset_with_pop))
```

提示：

分解和过滤数据是获取较好洞察结果时的一项重要操作。杂乱的可视化结果往往会隐藏某些信息。

上述代码的输出结果如图 5.24 所示。

```
13563.923076923076
```

图 5.23　每个国家城市的平均数量

```
Full dataset: 3173958
Cities with population information: 47980
```

图 5.24　包含人口信息的城市

（12）显示数据集中的前 5 项内容可生成与 Population 列相关的基本信息，代码如下所示。

```
# displaying the first 5 items from dataset_with_pop
dataset_with_pop.head()
```

上述代码的输出结果如图 5.25 所示。

	Country	City	AccentCity	Region	Population	Latitude	Longitude	lat	lon
6	ad	andorra la vella	Andorra la Vella	07	20430.0	42.500000	1.516667	42.500000	1.516667
20	ad	canillo	Canillo	02	3292.0	42.566667	1.600000	42.566667	1.600000
32	ad	encamp	Encamp	03	11224.0	42.533333	1.583333	42.533333	1.583333
49	ad	la massana	La Massana	04	7211.0	42.550000	1.516667	42.550000	1.516667
53	ad	les escaldes	Les Escaldes	08	15854.0	42.500000	1.533333	42.500000	1.533333

图 5.25　缩减后数据集中的前 5 项数据

（13）借助于点密度图，下面考查缩减后的数据集，代码如下所示。

```
# showing all cities with a defined population with a dot density plot
geoplotlib.dot(dataset_with_pop)
geoplotlib.show()
```

在新的点图中，清晰程度也有所改进，但地图中仍显示了过多的数据点。在给定了操作定义后，可进一步过滤数据集，即仅查看人口超过 10 万的城市。

（14）当进一步过滤数据集时，可采用相同的方案，代码如下所示。

```
# dataset with cities with population of >= 100k
dataset_100k = dataset_with_pop[(dataset_with_pop['Population'] >=
100_000)]
print('Cities with a population of 100k or more:', len(dataset_100k))
```

上述代码的输出结果如图 5.26 所示。

```
Cities with a population of 100k or more: 3527
```

图 5.26　人口超过 10 万的城市

（15）除了绘制 10 万的数据集之外，还需要将视口调整至一个特定的边框。考虑到数据遍布于全世界，因而可使用 BoundingBox 类中内建的 WORLD 常量，代码如下所示。

```
# displaying all cities >= 100k population with a fixed bounding box
(WORLD) in a dot density plot
from geoplotlib.utils import BoundingBox

geoplotlib.dot(dataset_100k)
geoplotlib.set_bbox(BoundingBox.WORLD)
geoplotlib.show()
```

上述代码的输出结果如图 5.27 所示。

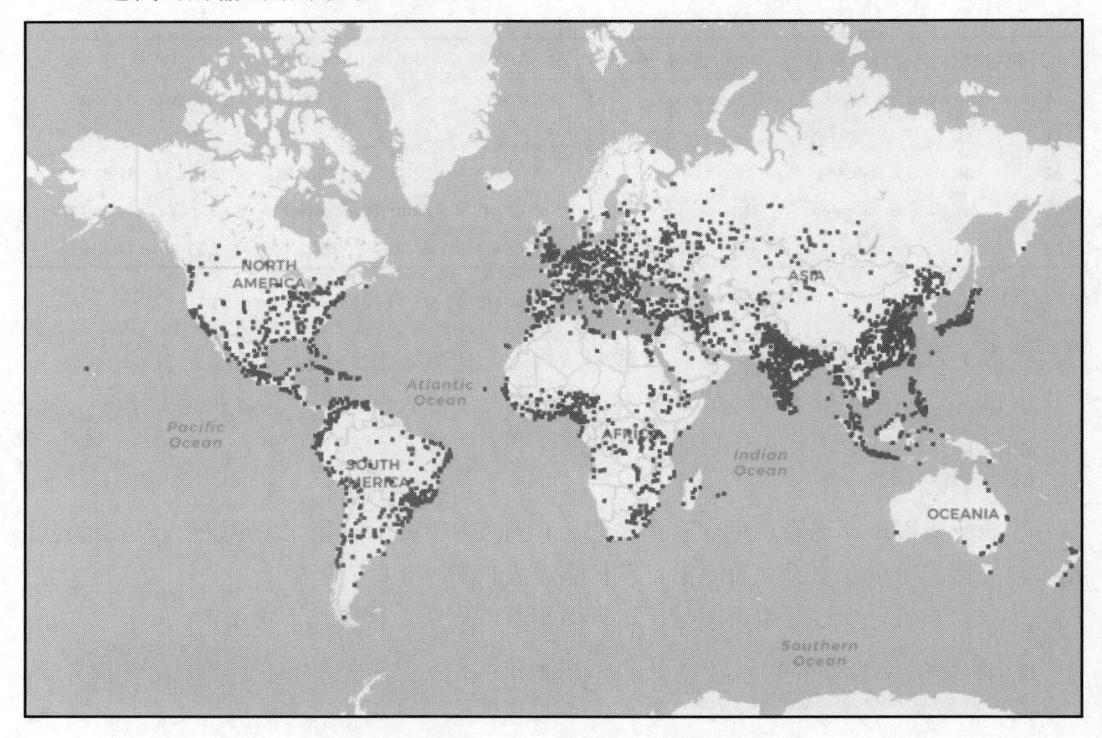

图 5.27　人口超出 10 万的城市的点—密度图

（16）当与之前的图表进行比较时，当前图表可以更好地了解人口数量超过 10 万的城市。接下来，要找出这些城市中人口最密集的地区。如前所述，此处可使用 Voronoi 图，代码如下所示。

```
# using filled voronoi to find dense areas
geoplotlib.voronoi(dataset_100k, cmap='hot_r', max_area=1e3, alpha=255)
geoplotlib.show()
```

在 Voronoi 图中，可以清晰地看到相关走势。其中，德国、英国、尼日利亚、印度、日本、爪哇、美国东海岸和巴西表现得均十分突出。下面将对数据进行过滤，进而发现符合要求的国家。

提示：

除此之外，还可利用 ColorMap 类创建自定义颜色映射梯度。

（17）最后一步是将数据集减少至欧洲国家，如德国和英国。我们可以在提供条件时使用操作符来过滤数据，该操作符将允许同时过滤德国和英国，对应代码如下所示。

```
# filter 100k dataset for cities in Germany and GB
dataset_europe = dataset_100k[(dataset_100k['Country'] == 'de') |
(dataset_100k['Country'] == 'gb')]
print('Cities in Germany or GB with population >= 100k:', len(dataset_
europe))
```

上述代码的输出如图 5.28 所示。

```
Cities in Germany or GB with population >= 100k: 150
```

图 5.28　人口至少为 10 万的德国和英国城市

（18）当利用 Delaunay 三角剖分发现人口密集城市时，可以看到另一幅热图，其中，科隆、伯明翰和曼彻斯特周边地区显得尤为突出，代码如下所示。

```
#using Delaunay triangulation to find the most densely populated area
geoplotlib.delaunay(dataset_europe, cmap='hot_r')
geoplotlib.show()
```

通过 hot_r 颜色图，可快速获取较好的视觉效果，使得关注地区表现得十分突出。

至此，利用 Geoplotlib 完成了第一项操作，并使用了不同的图表展示所需信息。后续内容还将考查 Geoplotlib 中的自定义特性，并修改图块提供商，进而创建自定义的绘图层。

操作 28：与自定义层协同工作

下面创建自定义层，显示地理空间数据并对数据实现动画效果，具体操作步骤如下。

（1）导入数据的所需 pandas，代码如下所示。

```
# importing the necessary dependencies
import pandas as pd
```

（2）利用 pandas 的 read_csv 方法加载.csv 文件，代码如下所示。

```
# loading the dataset from the csv file
dataset = pd.read_csv('./data/flight_tracking.csv')
```

提示：

读者可访问 https://bit.ly/2DyPHwD 下载当前数据集。

（3）通过查看提供的特征以了解数据集的结构，代码如下所示。

```
# displaying the first 5 rows of the dataset
dataset.head()
```

上述代码的输出结果如图 5.29 所示。

	hex_ident	altitude(feet)	latitude	longitude	date	time	angle	distance(nauticalmile)	squawk	ground_speed(knotph)	track	callsign
0	40631C	14525	53.65947	-1.43819	2017/09/11	17:02:06.418	-120.77	11.27	6276.0	299.0	283.0	NaN
1	40631C	14525	53.65956	-1.43921	2017/09/11	17:02:06.875	-120.64	11.30	6276.0	299.0	283.0	NaN
2	40631C	14500	53.65979	-1.44066	2017/09/11	17:02:07.342	-120.43	11.32	6276.0	299.0	283.0	EZY63BT
3	40631C	14475	53.66025	-1.44447	2017/09/11	17:02:09.238	-119.94	11.40	6276.0	299.0	283.0	EZY63BT
4	40631C	14475	53.66044	-1.44591	2017/09/11	17:02:09.825	-119.75	11.43	6276.0	299.0	283.0	EZY63BT

图 5.29　数据集的前 5 项元素

（4）需要注意的是，Geoplotlib 需要使用包含名称 lat 和 lon 的 latitude 和 longitude 列，对此，可使用 pandas 提供的 rename 方法对列重命名，代码如下所示。

```
# renaming columns latitude to lat and longitude to lon
dataset = dataset.rename(index=str, columns={"latitude": "lat",
"longitude": "lon"})
```

（5）再次考查数据集中的前 5 项元素，可以看到，列名已被修改为 lat 和 lon，代码如下所示。

```
# displaying the first 5 rows of the dataset
dataset.head()
```

上述代码的输出结果如图 5.30 所示。

	hex_ident	altitude(feet)	lat	lon	date	time	angle	distance(nauticalmile)	squawk	ground_speed(knotph)	track	callsign
0	40631C	14525	53.65947	-1.43819	2017/09/11	17:02:06.418	-120.77	11.27	6276.0	299.0	283.0	NaN
1	40631C	14525	53.65956	-1.43921	2017/09/11	17:02:06.875	-120.64	11.30	6276.0	299.0	283.0	NaN
2	40631C	14500	53.65979	-1.44066	2017/09/11	17:02:07.342	-120.43	11.32	6276.0	299.0	283.0	EZY63BT
3	40631C	14475	53.66025	-1.44447	2017/09/11	17:02:09.238	-119.94	11.40	6276.0	299.0	283.0	EZY63BT
4	40631C	14475	53.66044	-1.44591	2017/09/11	17:02:09.825	-119.75	11.43	6276.0	299.0	283.0	EZY63BT

图 5.30　包含 lat 和 lon 列的数据集

（6）在当前操作中，由于需要观察一段时间内的可视化结果，因而需要与 date 和 time 协同工作。当深入考查数据集时，可以看到，date 和 time 通过两列被分隔，代码如下所示。

```
# method to convert date and time to an unix timestamp
from datetime import datetime
def to_epoch(date, time):
    try:
        timestamp = round(datetime.strptime('{} {}'.format(date, time),
'%Y/%m/%d %H:%M:%S.%f').timestamp())
        return timestamp
    except ValueError:
        return round(datetime.strptime('2017/09/11 17:02:06.418',
'%Y/%m/%d %H:%M:%S.%f').timestamp())
```

（7）在上述方法的基础上，可使用 pandas DataFrame 提供的 apply 方法创建名为 timestamp（加载 Unix 时间戳）的新列，代码如下所示。

```
# creating a new column called timestamp with the to_epoch method applied
dataset['timestamp'] = dataset.apply(lambda x: to_epoch(x['date'],
x['time']), axis=1)
```

（8）再次考查当前数据集，加载 Unix 时间戳的新列如下所示。

```
# displaying the first 5 rows of the dataset
dataset.head()
```

上述代码的输出结果如图 5.31 所示。

	hex_ident	altitude(feet)	lat	lon	date	time	angle	distance(nauticalmile)	squawk	ground_speed(knotph)	track	callsign	timestamp
0	40631C	14525	53.65947	-1.43819	2017/09/11	17:02:06.418	-120.77	11.27	6276.0	299.0	283.0	NaN	1505142126
1	40631C	14525	53.65956	-1.43921	2017/09/11	17:02:06.875	-120.64	11.30	6276.0	299.0	283.0	NaN	1505142127
2	40631C	14500	53.65979	-1.44066	2017/09/11	17:02:07.342	-120.43	11.32	6276.0	299.0	283.0	EZY63BT	1505142127
3	40631C	14475	53.66025	-1.44447	2017/09/11	17:02:09.238	-119.94	11.40	6276.0	299.0	283.0	EZY63BT	1505142129
4	40631C	14475	53.66044	-1.44591	2017/09/11	17:02:09.825	-119.75	11.43	6276.0	299.0	283.0	EZY63BT	1505142130

图 5.31　添加了 timestamp 列的数据集

下面开始编写自定义层。一旦到达数据集中提供的时间戳，该层将显示每个数据点（若干秒）。此外，还需要跟踪自定义层中的当前时间戳。如前所述，可采用__init__方法构建自定义 TrackLayer。

（9）在 draw 方法中，可对所有在上述时间范围内的元素筛选数据集，并使用经过筛选的列表中的每个元素，在地图上通过 colorbrewer 方法提供的颜色显示它。

由于当前数据集仅包含特定时间范围内的数据，且时间值通常呈递增状态，因此需要检测当前时间戳之后是否仍存在包含 timestamps 的元素。若否，我们希望将当前时间戳设置为数据集中可用的最早时间戳。下列代码展示了如何创建一个自定义层。

```
# custom layer creation
import geoplotlib
from geoplotlib.layers import BaseLayer
from geoplotlib.core import BatchPainter
from geoplotlib.colors import colorbrewer
from geoplotlib.utils import epoch_to_str, BoundingBox
class TrackLayer(BaseLayer):
    def __init__(self, dataset, bbox=BoundingBox.WORLD):
        self.data = dataset
        self.cmap = colorbrewer(self.data['hex_ident'], alpha=200)
        self.time = self.data['timestamp'].min()
        self.painter = BatchPainter()
        self.view = bbox
    def draw(self, proj, mouse_x, mouse_y, ui_manager):
        self.painter = BatchPainter()
        df = self.data.where((self.data['timestamp'] > self.time) & (self.
data['timestamp'] <= self.time + 180))
        for element in set(df['hex_ident']):
            grp = df.where(df['hex_ident'] == element)
            self.painter.set_color(self.cmap[element])
            x, y = proj.lonlat_to_screen(grp['lon'], grp['lat'])
            self.painter.points(x, y, 15, rounded=True)
        self.time += 1
        if self.time > self.data['timestamp'].max():
            self.time = self.data['timestamp'].min()
        self.painter.batch_draw()
        ui_manager.info('Current timestamp: {}'.format(epoch_to_str(self.
time)))
```

```
    # bounding box that gets used when layer is created
    def bbox(self):
        return self.view
```

（10）由于当前数据集仅包含英国利兹附近的数据，因而需要自定义一个BoundingBox，以重点关注该区域，代码如下所示。

```
# bounding box for our view on Leeds
from geoplotlib.utils import BoundingBox
leeds_bbox = BoundingBox(north=53.8074, west=-3, south=53.7074 , east=0)
```

（11）有些时候，Geoplotlib 需要提供一个 DataAccessObject，而非 pandas DataFrame。对此，Geoplotlib 提供了一个方便的方法，可将任意 pandas DataFrame 转换为DataAccessObject，代码如下所示。

```
# displaying our custom layer using add_layer
from geoplotlib.utils import DataAccessObject
data = DataAccessObject(dataset)
geoplotlib.add_layer(TrackLayer(data, bbox=leeds_bbox))
geoplotlib.show()
```

至此，完成了基于 Geoplotlib 的自定义层操作，并采用了多个预处理步骤构建数据集。除此之外，还编写了一个自定义层，并在时间空间内显示空间数据。相应地，自定义层甚至还包含了一定级别的动画效果。在后续与 Bokeh 相关的内容中，还将进一步对此加以考查。

第 6 章　基于 Bokeh 的交互式操作

操作 29：利用微件扩展图表

具体操作步骤如下。

（1）打开 Lesson06 文件夹中的 activity29_solution.ipynb Jupyter Notebook，以实现当前操作。

（2）导入所需的库，代码如下所示。

```
# importing the necessary dependencies
import pandas as pd
```

（3）在 Jupyter Notebook 中显示图表，因而需要从 Bokeh 的 io 接口中导入并调用 output_notebook 方法，代码如下所示。

```
# make bokeh display figures inside the notebook
from bokeh.io import output_notebook
output_notebook()
```

（4）在下载了数据集并将其移至 data 文件夹后，即可导入数据 olympia2016_athletes.csv，代码如下所示。

```
# loading the Dataset with geoplotlib
dataset = pd.read_csv('./data/olympia2016_athletes.csv')
```

（5）调用 DataFrame 上的 head 方法进行快速检测，可显示当前数据集是否已被成功加载，代码如下所示。

```
# looking at the dataset
dataset.head()
```

上述代码的输出结果如图 6.25 所示。

	id	name	nationality	sex	dob	height	weight	sport	gold	silver	bronze
0	736041664	A Jesus Garcia	ESP	male	10/17/69	1.72	64.0	athletics	0	0	0
1	532037425	A Lam Shin	KOR	female	9/23/86	1.68	56.0	fencing	0	0	0
2	435962603	Aaron Brown	CAN	male	5/27/92	1.98	79.0	athletics	0	0	1
3	521041435	Aaron Cook	MDA	male	1/2/91	1.83	80.0	taekwondo	0	0	0
4	33922579	Aaron Gate	NZL	male	11/26/90	1.81	71.0	cycling	0	0	0

图 6.25　利用 head 方法加载 olympia2016_athletes 的前 5 行

下列各项操作用于构建交互式可视化内容。

（1）当创建可视化效果时，需要导入额外的内容。具体来说，需要从 plotting 接口中导入 figure 和 show，这也是创建图表时所需的工具。除此之外，还需要导入 ipywidgets 库中的两个微件。这里，interact 将用作装饰器；widgets 接口则用于访问不同的微件，代码如下所示。

```
# importing the necessary dependencies
from bokeh.plotting import figure, show
from ipywidgets import interact, widgets
```

（2）首先需要自行数据析取操作。在当前操作中，需要使用到一个源自数据集的国家列表、每个国家的运动员数量，以及每个国家赢得的奖牌数量（金牌、银牌和铜牌），代码如下所示。

```
# extract countries and group Olympians by country and their sex
# and the number of medals per country by sex
countries = dataset['nationality'].unique()
athletes_per_country = dataset.groupby('nationality').size()
medals_per_country = dataset.groupby('nationality')['gold',
'silver','bronze'].sum()
```

（3）在实现绘图之前，需要设置微件和@interact 方法，进而在执行过程中显示图表，随后执行 get_plot()空方法并创建微件，稍后将对其实现过程加以讨论。

（4）当前操作使用了两个 IntSlider 微件，用于控制运动员的最大数量，以及国家荣获的最大奖牌数量，对此，需要两个变量设置微件，即国家的最大奖牌数量，以及国家的最大运动员数量，对应代码如下所示。

```
# getting the max amount of medals and athletes of all countries
max_medals = medals_per_country.sum(axis=1).max()
max_athletes = athletes_per_country.max()
```

（5）使用这些最大数字作为两个微件的最大值将为我们提供合理的滑块值，如果需要增加数据集中的运动员或奖牌数量，这些滑块值将被动态调整。针对于此，可设置两个 IntSlider 对象控制 max_athletes 和 max_medals 的输入内容。对于实际的可视化内容，还应包含水平方向显示的 max_athletes_slider，以及垂直方向显示的 max_medals_slider。在可视化结果中，它们应显示为 Max. Athletes 和 Max. Medals，代码如下所示。

```
# setting up the interaction elements
max_athletes_slider=widgets.IntSlider(value=max_athletes, min=0,
max=max_athletes, step=1, description='Max. Athletes:',
continuous_update=False,orientation='vertical', layout={'width': '100px'})
max_medals_slider=widgets.IntSlider(value=max_medals, min=0,
max=max_medals, step=1, description='Max. Medals:',
continuous_update=False,orientation='horizontal')
```

（6）在微件设置完毕后，可实现每次更新交互微件时调用的方法。如前所述，对此将使用@interact 装饰器，并在装饰器中提供已创建的微件的变量名，而不是值范围或列表。由于已经设置了返回图表的空方法，因此可以调用 show()，并在其中调用方法来显示从 get_plot 方法返回的结果，代码如下所示。

```
# creating the interact method
@interact(max_athletes=max_athletes_slider, max_medals=max_medals_slider)
def get_olympia_stats(max_athletes, max_medals):
    show(get_plot(max_athletes, max_medals))
```

（7）如前所述，读者还可访问 https://ipywidgets.readthedocs.io/en/stable/examples/Widget%20List.html 并使用其中的微件。

（8）在微件构建完毕并执行时，将会看到此类微件显示于单元的下方。下面将利用 Bokeh 实现向上滚动和绘图功能。

（9）此处需要传递的两个参数分别是 max_athletes 和 max_medals，二者均为 int 值。首先需要筛选出国家数据集，其中包含了所有在奥运会上派遣了运动员的国家，并检测其奖牌数和运动员人数是否小于或等于作为参数传递的最大值。随后即可创建自己的 DataSource，以供工具提示和圆形图案输出使用。

提示：

关于如何使用和设置工具提示，读者可访问 https://bokeh.pydata.org/en/latest/docs/user_guide/tools.html，并查看其扩展文档。

（10）利用 figure 创建新的图表，并包含下列属性：标题为'Rio Olympics 2016 - Medal comparison'；x_axis_label 为'Number of Medals'，y_axis_label 为'Num of Athletes'，对应代码如下所示。

```
# creating the scatter plot
def get_plot(max_athletes, max_medals):
filtered_countries=[]
for country in countries:
if (athletes_per_country[country] <= max_athletes and
medals_per_country.loc[country].sum() <= max_medals):
filtered_countries.append(country)
data_source=get_datasource(filtered_countries)
TOOLTIPS=[ ('Country', '@countries'),('Num of Athletes','@y'),('Gold','@
```

```
gold'),('Silver', '@silver'),('Bronze', '@bronze')]
plot=figure(title='Rio Olympics 2016 - Medal comparison', x_axis_
label='Number of Medals', y_axis_label='Num of Athletes',
plot_width=800,plot_height=500, tooltips=TOOLTIPS)
plot.circle('x', 'y', source=data_source, size=20, color='color',
alpha=0.5)
return plot
```

（11）利用不同颜色显示每个国家，此处希望通过 6 位十六进制代码随机生成颜色值，代码如下所示。

```
# get a 6 digit random hex color to differentiate the countries better
import random
def get_random_color():
return '%06x' % random.randint(0, 0xFFFFFF)
```

（12）利用 Bokeh 中的 ColumnDataSource 处理数据，并简化工具提示和字形的访问。考虑到需要在工具提示中显示附加的信息，因而 DataSource 应包含 color 字段，进而加载所需的随机颜色值。相应地，countries 加载筛选后的国家列表；gold、silver 和 bronze 字段分别加载每个国家的金牌、银牌和铜牌数量。x 字段加载每个国家的奖牌总数，y 字段则加载每个国家的运动员数量，对应代码如下所示。

```
# build the DataSource
def get_datasource(filtered_countries):
return ColumnDataSource(data=dict(
color=[get_random_color() for _ in filtered_countries],
countries=filtered_countries,
gold=[medals_per_country.loc[country]['gold'] for country in
filtered_countries],
silver=[medals_per_country.loc[country]['silver'] for country in filtered_
countries],
bronze=[medals_per_country.loc[country]['bronze'] for country in
x=[medals_per_country.loc[country].sum() for country in filtered_countries],
y=[athletes_per_country.loc[country].sum() for country in filtered_
countries]
))
```

（13）在全部实现结束后，可再次使用@interact 装饰器执行最后一个单元，这将利用交互式微件显示散点图。其中，每个国家采用不同的颜色显示。当悬停于其上时，将会得到每个国家的相关信息，如简短名称、运动员数量，以及赢得的金牌、银牌和铜牌的数量，如图 6.26 所示。

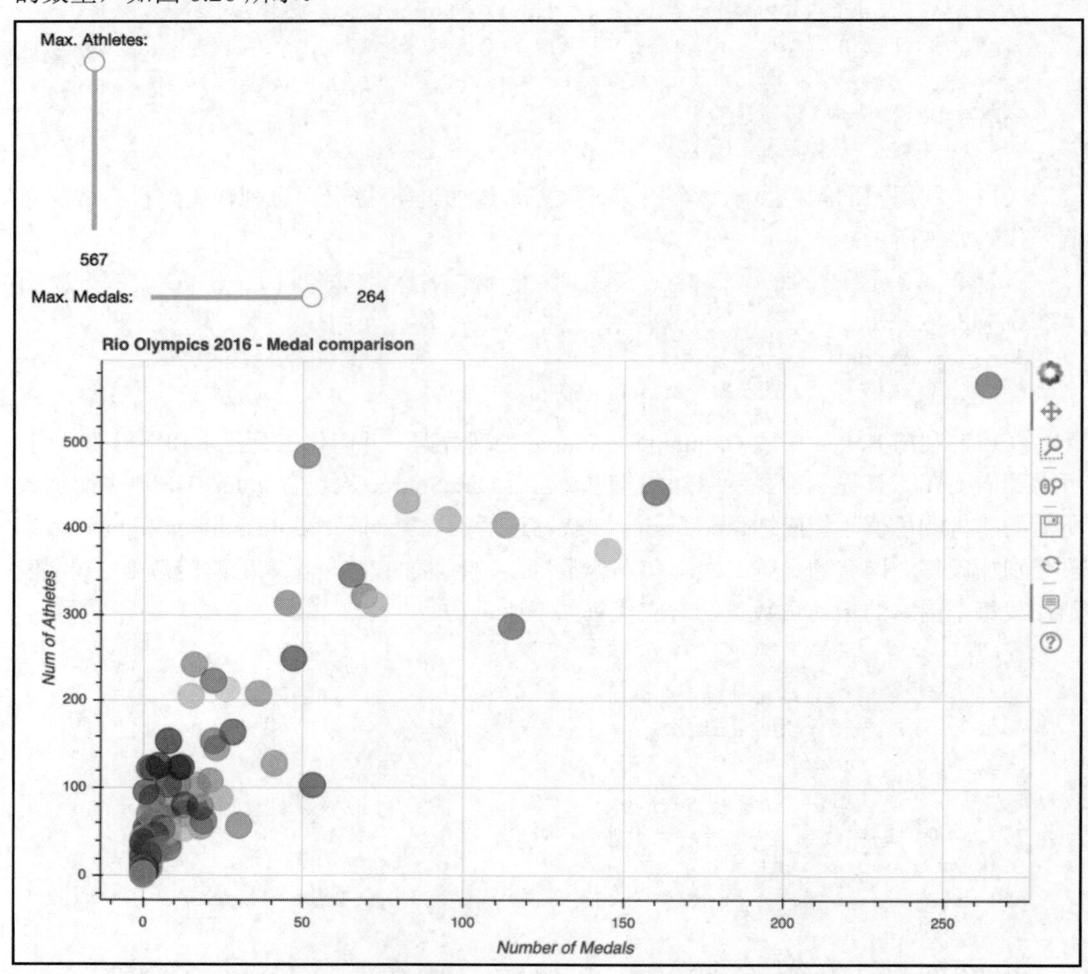

图 6.26　显示散点图的交互式可视化内容

至此，构建了全部可视化内容，并展示了 2016 年奥运会的数据。其中向可视化内容中添加了两个微件，进而筛选所显示的国家。如前所述，当与交互式特性和 Bokeh 协同工作时，可能需要读取 Bokeh 服务器，从而可充分地展现读者的创造力，如创建可供多人同时浏览的动画图表和可视化内容。

第 7 章　知识整合

操作 30：实现 Matplotlib 和 Seaborn 操作

具体操作步骤如下。

（1）打开 Lesson07 文件夹中的 Jupyter Notebook activity30_solution.ipynb，以实现该操作。导入全部所需库，代码如下所示。

```
# Import statements
import pandas as pd
import numpy as np
import seaborn as sns
import matplotlib
import matplotlib.pyplot as plt
import squarify
sns.set()
```

（2）使用 pandas 读取 data 子目录中的.csv 文件，代码如下所示。

```
p_ny = pd.read_csv('./data/pny.csv')
h_ny = pd.read_csv('./data/hny.csv')
```

（3）使用给定的 PUMA（基于 2010 年人口普查定义的公共应用微数据区域代码，该区域的人口为 100000 或更多）范围进一步将数据集分为纽约市各区（布朗克斯、曼哈顿、斯塔顿岛、布鲁克林和皇后区），对应代码如下所示。

```
# PUMA ranges
bronx = [3701, 3710]
manhatten = [3801, 3810]
staten_island = [3901, 3903]
brooklyn = [4001, 4017]
queens = [4101, 4114]
nyc = [bronx[0], queens[1]]
def puma_filter(data, puma_ranges):
    return data.loc[(data['PUMA'] >= puma_ranges[0]) & (data['PUMA'] <=
puma_ranges[1])]
h_bronx = puma_filter(h_ny, bronx)
```

```
h_manhatten = puma_filter(h_ny, manhatten)
h_staten_island = puma_filter(h_ny, staten_island)
h_brooklyn = puma_filter(h_ny, brooklyn)
h_queens = puma_filter(h_ny, queens)
p_nyc = puma_filter(p_ny, nyc)
h_nyc = puma_filter(h_ny, nyc)
```

（4）在当前数据集中，每个样本均包含特定的 weight，以反映针对整体数据集的权值，因此，此处无法简单地计算中位数。对此，可使用下列代码中的 weighted_median 函数计算中位数。

```
# Function for a 'weighted' median
def weighted_frequency(values, weights):
  weighted_values = []
  for value, weight in zip(values, weights):
    weighted_values.extend(np.repeat(value, weight))
  return weighted_values
def weighted_median(values, weights):
  return np.median(weighted_frequency(values, weights))
```

（5）在当前子任务中，将创建包含多个子图的图表，并显示与 NYC 工资相关的信息；美国、纽约、NYC 及其地区的中等家庭收入；纽约市人口中给定职业类别的平均工资（按照性别），以及纽约和 NYC 的工资分布。另外，对应的年度工资间隔为：0～100k 的间隔为 10k，100k～200k（>200k）的间隔为 50k，对应代码如下所示。

```
# Data wrangling for median housing income
income_adjustement = h_ny.loc[0, ['ADJINC']].values[0] / 1e6
def median_housing_income(data):
//[…]
h_queens_income_median = median_housing_income(h_queens)

# Data wrangling for wage by gender for different occupation categories
occ_categories = ['Management,\nBusiness,\nScience,\nand Arts\
nOccupations', 'Service\nOccupations',
                'Sales and\nOffice\nOccupations', 'Natural Resources,\
nConstruction,\nand Maintenance\nOccupations',
                'Production,\nTransportation,\nand Material Moving\
nOccupations']
//[…]
```

```
wages_female = wage_by_gender_and_occupation(p_nyc, 2)

# Data wrangling for wage distribution
wage_bins = {'<$10k': [0, 10000], '$10-20k': [10000, 20000], '$20-30k':
[20000, 30000], '$30-40k': [30000, 40000], '$10-20k': [40000, 50000],
           '$50-60k': [50000, 60000], '$60-70k': [60000, 70000], '$70-
           80k': [70000, 80000], '$80-90k': [80000, 90000], '$90-100k':
           [90000,100000],'$100-150k': [100000, 150000], '$150-200k':
           [150000, 200000],'>$200k': [200000, np.infty]}
//[…]
wages_ny = wage_frequency(p_ny)

# Create figure with four subplots
fig, (ax1, ax2, ax3) = plt.subplots(3, 1, figsize=(7, 10), dpi=300)
# Median household income in the US
us_income_median = 60336
# Median household income
ax1.set_title('Median Household Income', fontsize=14)
//[…]
ax1.set_xlabel('Yearly household income in $')
# Wage by gender in common jobs
ax2.set_title('Wage by Gender for different Job Categories', fontsize=14)
x = np.arange(5) + 1
//[…]
ax2.set_ylabel('Average Salary in $')
# Wage distribution
ax3.set_title('Wage Distribution', fontsize=14)
x = np.arange(len(wages_nyc)) + 1
width = 0.4
//[…]
ax3.vlines(x=9.5, ymin=0, ymax=15, linestyle='--')
# Overall figure
fig.tight_layout()
plt.show()
```

上述代码的输出结果如图 7.15 所示。

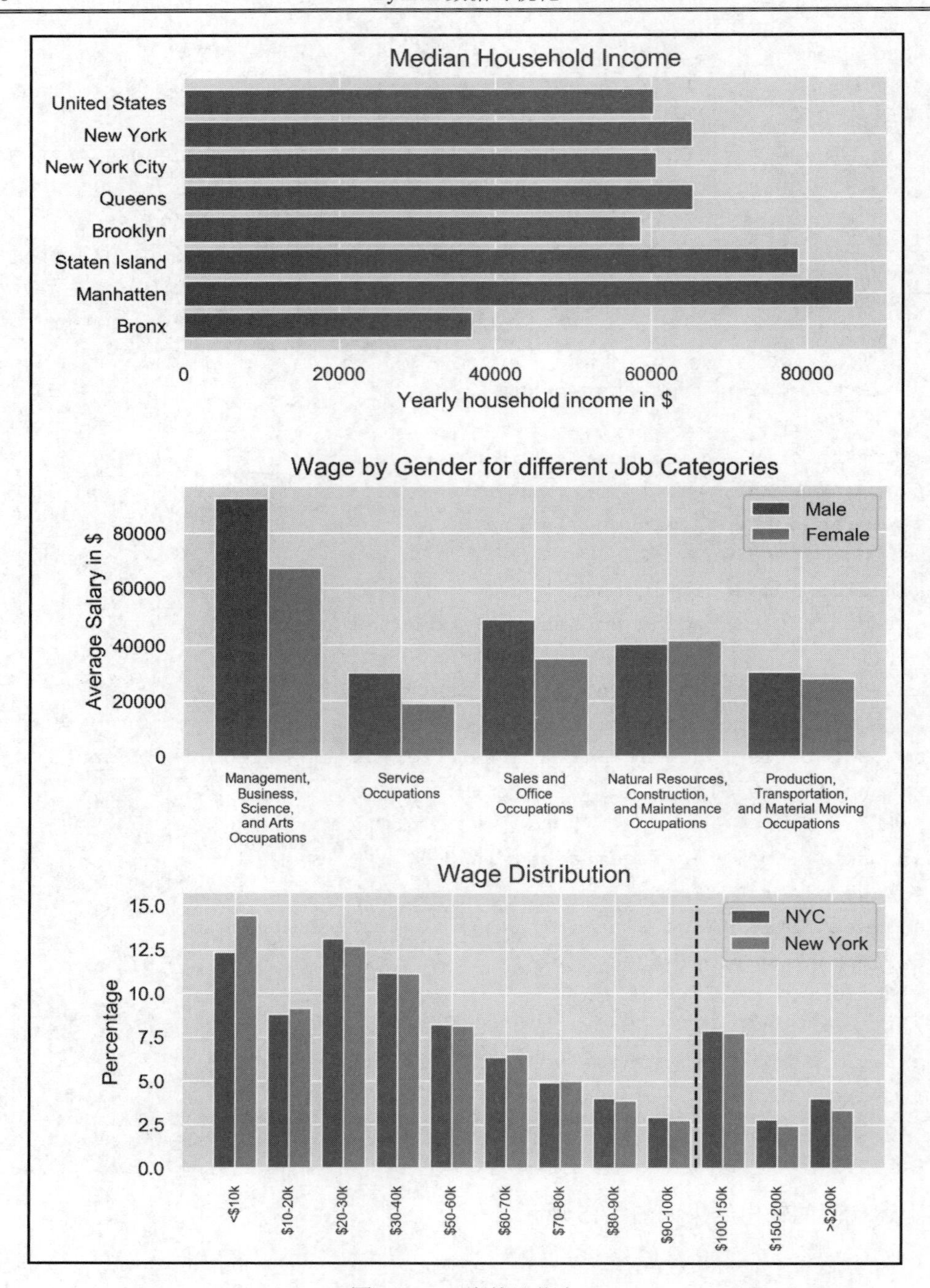
Median Household Income
United States
New York
New York City
Queens
Brooklyn
Staten Island
Manhatten
Bronx
0
20000
40000
60000
80000
Yearly household income in $
Wage by Gender for different Job Categories
Average Salary in $
0
20000
40000
60000
80000
Male
Female
Management, Business, Science, and Arts Occupations
Service Occupations
Sales and Office Occupations
Natural Resources, Construction, and Maintenance Occupations
Production, Transportation, and Material Moving Occupations
Wage Distribution
Percentage
0.0
2.5
5.0
7.5
10.0
12.5
15.0
NYC
New York
<$10k
$10-20k
$20-30k
$30-40k
$50-60k
$60-70k
$70-80k
$80-90k
$90-100k
$100-150k
$150-200k
>$200k

图 7.15　工资统计信息

（6）使用树状图来可视化纽约市人口中给定职业子类别的百分比，代码如下所示。

```
# Data wrangling for occupations
occ_subcategories = {'Management,\nBusiness,\nand Financial': [10, 950],
//[..]
def occupation_percentage(data):
    percentages = []
    overall_sum = np.sum(data.loc[(data['OCCP'] >= 10) & (data['OCCP']
<=9750), ['PWGTP']].values)
    for occ in occ_subcategories.values():
        query = data.loc[(data['OCCP'] >= occ[0]) & (data['OCCP'] <=
occ[1]), ['PWGTP']].values
        percentages.append(np.sum(query) / overall_sum)
    return percentages
occ_percentages = occupation_percentage(p_nyc)
# Visualization of tree map
plt.figure(figsize=(16, 6), dpi=300)
//[..]
plt.axis('off')
plt.title('Occupations in New York City', fontsize=24)
plt.show()
```

上述代码的输出结果如图 7.16 所示。

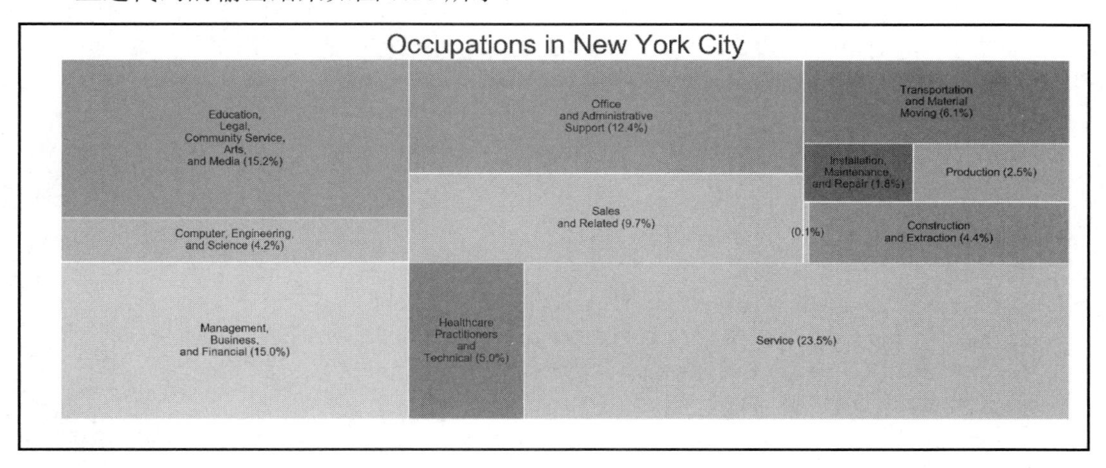

图 7.16　NYC 的职业分布状态

（7）使用热图来显示纽约市生活困难人士（自我照顾困难、听力困难、视觉困难、独立生活困难、行走困难、与服务相关的退伍军人残疾和认知困难）和年龄（<5、5～11、

12～14、15～17、18～24、25～34、35～44、45～54、55～64、65～74 和 75+）之间的相关性，代码如下所示。

```
# Data wrangling for New York City population difficulties
difficulties = {'Self-care difficulty': 'DDRS', 'Hearing difficulty':
                'DEAR','Vision difficulty': 'DEYE', 'Independent living
difficulty': 'DOUT',
                'Ambulatory difficulty': 'DPHY', 'Veteran service connected
disability': 'DRATX',
                'Cognitive difficulty': 'DREM'}
age_groups = {'<5': [0, 4], '5-11': [5, 11], '12-14': [12, 14], '15-17':
[15, 17], '18-24': [18, 24], '25-34': [25, 34],
             '35-44': [35, 44], '45-54': [45, 54], '55-64': [55, 64],
'65-74': [65, 74], '75+': [75, np.infty]}

def difficulty_age_array(data):
    array = np.zeros((len(difficulties.values()), len(age_groups.
values())))
    for d, diff in enumerate(difficulties.values()):
        for a, age in enumerate(age_groups.values()):
            age_sum = np.sum(data.loc[(data['AGEP'] >= age[0]) &
(data['AGEP'] <= age[1]), ['PWGTP']].values)
            query = data.loc[(data['AGEP'] >= age[0]) & (data['AGEP'] <=
age[1]) & (data[diff] == 1), ['PWGTP']].values
            array[d, a] = np.sum(query) / age_sum
    return array

array = difficulty_age_array(p_nyc)

# Heatmap
plt.figure(dpi=300)
ax = sns.heatmap(array * 100)
ax.set_yticklabels(difficulties.keys(), rotation=0)
ax.set_xticklabels(age_groups.keys(), rotation=90)
ax.set_xlabel('Age Groups')
ax.set_title('Percentage of NYC population with difficulties',
fontsize=14)
plt.show()
```

上述代码的输出结果如图 7.17 所示。

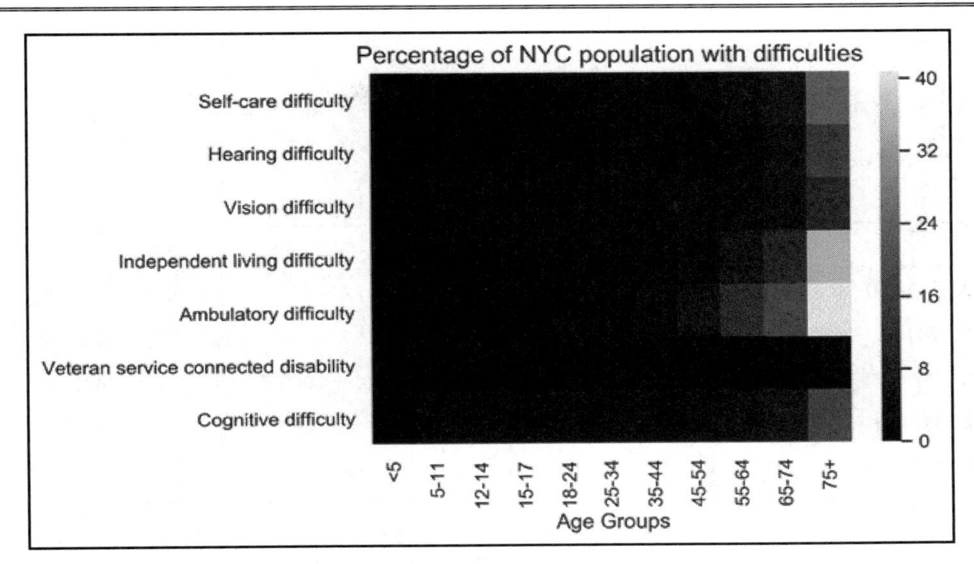

图 7.17　NYC 生活困难人士的百分比

操作 31：利用 Bokeh 可视化股票价格

具体操作步骤如下。

（1）打开 Lesson07 文件夹中的 activity31_solution.ipynb Jupyter Notebook，以实现当前操作，代码如下所示。

```
# importing the necessary dependencies
import pandas as pd
```

（2）在 Jupyter Notebook 中显示数据。对此，需要导入并调用 Bokeh 的 io 接口中的 output_notebook 方法，代码如下所示。

```
# make bokeh display figures inside the notebook
from bokeh.io import output_notebook
output_notebook()
```

（3）在下载了数据集并将其移至 data 文件夹后，可导入 stock_prices.csv 数据，代码如下所示。

```
# loading the Dataset with geoplotlib
dataset = pd.read_csv('./data/stock_prices.csv')
```

（4）调用 DataFrame 上的 head 方法进行快速测试，以表明数据已被成功加载，代码如下所示。

```
# looking at the dataset
dataset.head()
```

上述代码的输出结果如图 7.18 所示。

	date	symbol	open	close	low	high	volume
0	2016-01-05 00:00:00	WLTW	123.430000	125.839996	122.309998	126.250000	2163600.0
1	2016-01-06 00:00:00	WLTW	125.239998	119.980003	119.940002	125.540001	2386400.0
2	2016-01-07 00:00:00	WLTW	116.379997	114.949997	114.930000	119.739998	2489500.0
3	2016-01-08 00:00:00	WLTW	115.480003	116.620003	113.500000	117.440002	2006300.0
4	2016-01-11 00:00:00	WLTW	117.010002	114.970001	114.089996	117.330002	1408600.0

图 7.18 查看导入后的数据集

（5）由于 data 列未包含与小时、分钟和秒相关的信息，因而应避免在后续可视化内容中对其进行显示，而仅显示年份、月份和日期，因此，可创建一个新列，并加载日期值的简短版本。另外，鉴于数据集较大，因而单元的执行将占用些许时间。对应代码如下所示。

```
# mapping the date of each row to only the year-month-day format
from datetime import datetime
def shorten_time_stamp(timestamp):
  shortened = timestamp[0]
  if len(shortened) > 10:
    parsed_date=datetime.strptime(shortened, '%Y-%m-%d %H:%M:%S')
    shortened=datetime.strftime(parsed_date, '%Y-%m-%d')
  return shortened
dataset['short_date'] = dataset.apply(lambda x: shorten_time_stamp(x),
axis=1)
```

（6）再次考查更新后的数据集。可以看到，名为 short_date 的新列加载了对应的日期，且不包含与小时、分钟和秒相关的信息。对应代码如下所示。

```
# looking at the dataset with shortened date
dataset.head()
```

上述代码的输出结果如图 7.19 所示。

	date	symbol	open	close	low	high	volume	short_date
0	2016-01-05 00:00:00	WLTW	123.430000	125.839996	122.309998	126.250000	2163600.0	2016-01-05
1	2016-01-06 00:00:00	WLTW	125.239998	119.980003	119.940002	125.540001	2386400.0	2016-01-06
2	2016-01-07 00:00:00	WLTW	116.379997	114.949997	114.930000	119.739998	2489500.0	2016-01-07
3	2016-01-08 00:00:00	WLTW	115.480003	116.620003	113.500000	117.440002	2006300.0	2016-01-08
4	2016-01-11 00:00:00	WLTW	117.010002	114.970001	114.089996	117.330002	1408600.0	2016-01-11

图 7.19　添加了 short_date 列后的数据集

下列各项操作步骤将构建交互式可视化内容。

（1）当创建可视化内容时，需要导入附加内容。对此，将导入 plotting 接口的 figure 和 show，这也是创建图表所需的工具。另外，微件则源于 ipywidgets，此处将再次将@interact 用作装饰器；而 widgets 接口则允许我们访问不同的微件。对应代码如下所示。

```
# importing the necessary dependencies
from bokeh.plotting import figure, show
from ipywidgets import interact, widgets
```

（2）在实现绘图方法之前，首先需要设置交互式微件。相应地，可滚动至显示#extracing the necessary data 的单元，并确保执行了其下方的单元，即使该单元仅是简单地传递，且不执行任何操作——这也是我们实现可视化内容的地方。在后续单元中，将析取提供与微件元素的数据。在第一个单元中，将析取如下信息：数据集中股票名称列表、2016 年中的 short_dates 列表、2016 年日期列表生成的已排序的唯一日期列表，以及一个包含 open-close 和 volume 值的列表。

（3）根据上述信息，下面开始构建微件，对应代码如下所示。

```
# extracing the necessary data
stock_names=dataset['symbol'].unique()
dates_2016=dataset[dataset['short_date'] >= '2016-01-01']['short_date']
unique_dates_2016=sorted(dates_2016.unique())
value_options=['open-close', 'volume']
```

（4）在从上述单元中析取了信息后，即可定义 widgets，并向其提供有效的选项。

如前所述，此处需要设置多个交互式特性，如两个下拉列表，其中包含了两支股票以供比较。默认状态下，第一个下拉列表应包含所选的 AAPL（名称为 Compare:）；第二个下拉列表则包含所选的 AON（名称为 to:）。对应代码如下所示。

```
# setting up the interaction elements
drp_1=widgets.Dropdown(options=stock_names,
                       value='AAPL',
                       description='Compare:')
drp_2=widgets.Dropdown(options=stock_names,
                       value='AON', description='to:')
```

（5）SelectionRange 则允许我们从析取后的 2016 年日期列表中选择日期范围。默认状态下，前 25 个日期将被选取且命名为 From-To。这里，确保禁用 continuous_update 参数，并将布局宽度调整为 500px，以确保日期被正确地显示。对应代码如下所示。

```
range_slider=widgets.SelectionRangeSlider(options=unique_dates_2016,
                                          index=(0,25),
                                          continuous_update=False,
                                          description='From-To',
                                          layout={'width': '500px'})
```

（6）添加提供了 open-close 和 volume 选项的 RadioButton 分组。默认状态下，open-close 将被选取且命名为 Metric，代码如下所示。

```
range_slider=widgets.SelectionRangeSlider(options=unique_dates_2016,
                                          index=(0,25),
                                          continuous_update=False,
                                          description='From-To',
                                          layout={'width': '500px'})
value_radio=widgets.RadioButtons(options=value_options,
                                 value='open-close',
                                 description='Metric')
```

提示：

如前所述，还可使用 https://bit.ly/2Te9jAf 中所描述的微件。

（7）在设置了微件后，可实现每次更新交互微件时调用的方法。如前所述，此处将使用@interact 装饰器。

（8）在装饰器中提供已经创建的微件的变量名，而不是值范围或列表。对应方法将接收 4 个参数，即 stock_1、stock_2、date 和 value。由于已经设置了返回前一个图表的空方法，因而可调用 show()，其中包含了方法调用，以便在从 get_stock_for_2016 方法返回结果后显示结果。

（9）微件构建完毕并执行时，可以看到此类微件将显示于当前单元下方。对应代码如下所示。

```
# creating the interact method
@interact(stock_1=drp_1, stock_2=drp_2, date=range_slider,
value=value_radio)
def get_stock_for_2016(stock_1, stock_2, date, value):
show(get_plot(stock_1, stock_2, date, value))
```

（10）下面利用 Bokeh 实现绘图功能。当前，最后一个单元中的 show()方法不会将任何元素渲染至可视化内容中。此处将采用烛台形图表，这也是股票价格数据中常见的图表。

（11）前述已定义完毕的方法将接收 plot 对象，即 stock_name 和 stock_range（包含了微件定义的选定日期范围的数据）和直线的颜色。随后，我们将使用这些参数创建烛台形图表，基本上包含了一个垂直线段，以及一个绿色或红色的柱状栏，以标识收盘价是否低于开盘价。待图表创建完毕后，还应设置一条贯穿平均点（high、low）的连续直线。因此，需要针对每个（high/low）对计算平均值，并于随后利用给定颜色的直线绘制此类数据点。对应代码如下所示。

```
def add_candle_plot(plot, stock_name, stock_range, color):
inc_1 = stock_range.close > stock_range.open
dec_1 = stock_range.open > stock_range.close
w = 0.5
plot.segment(stock_range['short_date'], stock_range['high'],
                 stock_range['short_date'], stock_range['low'],
                 color="grey")
plot.vbar(stock_range['short_date'][inc_1], w,
              stock_range['high'][inc_1], stock_range['close'][inc_1],
              fill_color="green", line_color="black",
              legend=('Mean price of ' + stock_name), muted_alpha=0.2)
plot.vbar(stock_range['short_date'][dec_1], w,
              stock_range['high'][dec_1], stock_range['close'][dec_1],
              fill_color="red", line_color="black",
              legend=('Mean price of ' + stock_name), muted_alpha=0.2)
stock_mean_val=stock_range[['high', 'low']].mean(axis=1)
plot.line(stock_range['short_date'], stock_mean_val,
```

```
                    legend=('Mean price of ' + stock_name), muted_alpha=0.2,
                    line_color=color, alpha=0.5)
```

注意：

为确保在此处正确引用 Bokeh 库中提供的示例，读者可访问 https://bokeh.pydata.org/en/latest/docs/gallery/candlestick.html 查看相关代码，并进行适当的修改。

（12）在实现了 add_candle_plot 之后，可再次运行@interact 单元。可以看到，两支所选股票将显示相应的烛台图案。最后，当选取了 volume 值后，还需要实现直线的绘制功能。

（13）附加的交互式特性还包括图例，并可禁用可视化内容中的每支股票（利用灰色予以显示）。对应代码如下所示。

```
# method to build the plot
def get_plot(stock_1, stock_2, date, value):
//[..]
  plot.xaxis.major_label_orientation = 1
  plot.grid.grid_line_alpha=0.3
  if value == 'open-close':
    add_candle_plot(plot, stock_1_name, stock_1_range, 'blue')
    add_candle_plot(plot, stock_2_name, stock_2_range, 'orange')
  if value == 'volume':
  plot.line(stock_1_range['short_date'], stock_1_range['volume'],
    legend=stock_1_name, muted_alpha=0.2)
  plot.line(stock_2_range['short_date'], stock_2_range['volume'],
    legend=stock_2_name, muted_alpha=0.2,
    line_color='orange')
  plot.legend.click_policy="mute"
  return plot
```

提示：

关于图例的交互性特性，读者可访问 https://bokeh.pydata.org/en/latest/docs/ user_guide/interaction/legends.html，并查看与此相关的文档。

至此，全部实现过程均已完毕，随后可再次利用@interact 执行最后一个单元，此时将显示烛台图。一旦切换至 RadioButton，即可看到在给定日期交易时的成交量。

图 7.20 显示了最终的可视化结果。

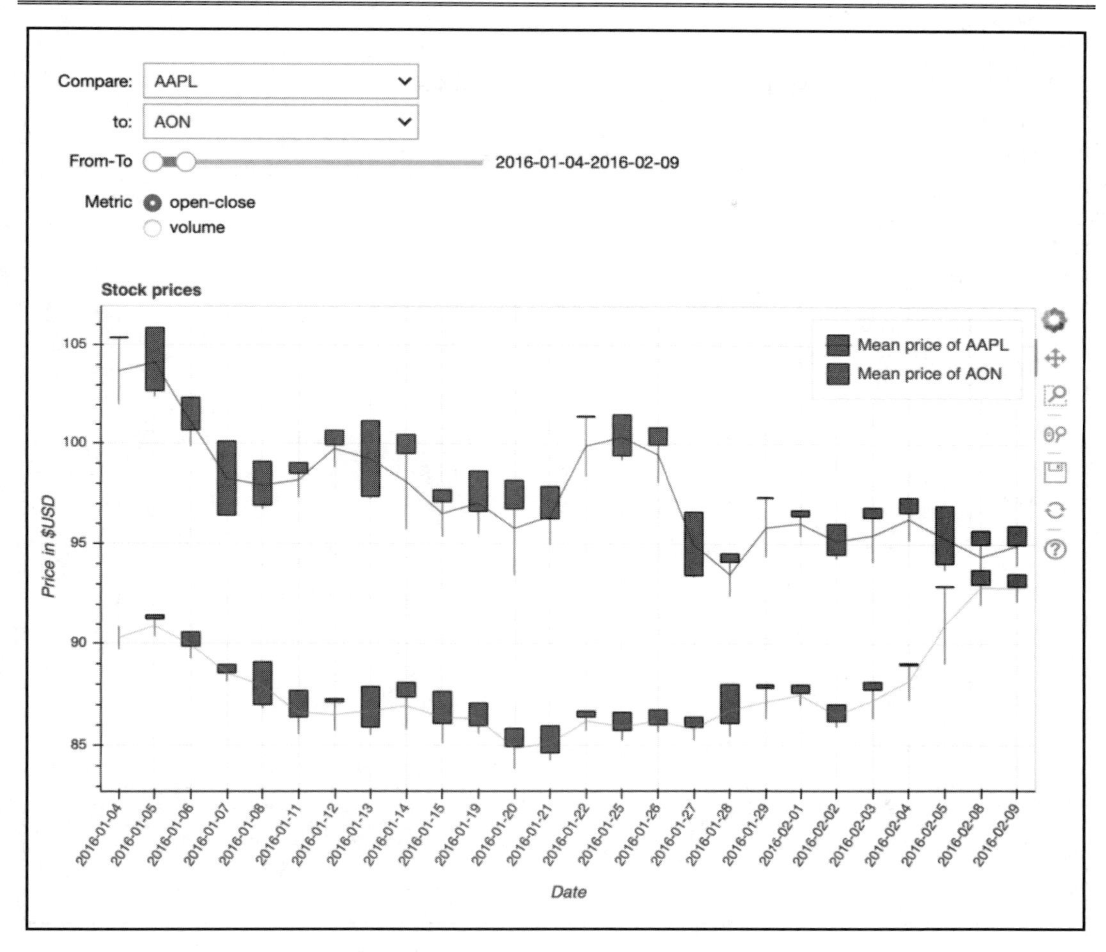

图 7.20 显示烛台形图表的交互式可视化结果

图 7.21 显示了与成交量相关的交互式可视化结果。

至此，构建了完整的可视化结果，以显示和探索股票价格数据。其中，向可视化内容中添加了多个微件，以对股票进行选择和比较，将所显示的数据限定在特定的时间范围内，甚至还可显示两种不同类型的图表。

如前所述，当与交互式特性和 Bokeh 协同工作时，可能需要读取 Bokeh 服务器，这将赋予用户更多选择以展示其创造力，例如，创建动画图表，以及可供多人同时查看的可视化内容。

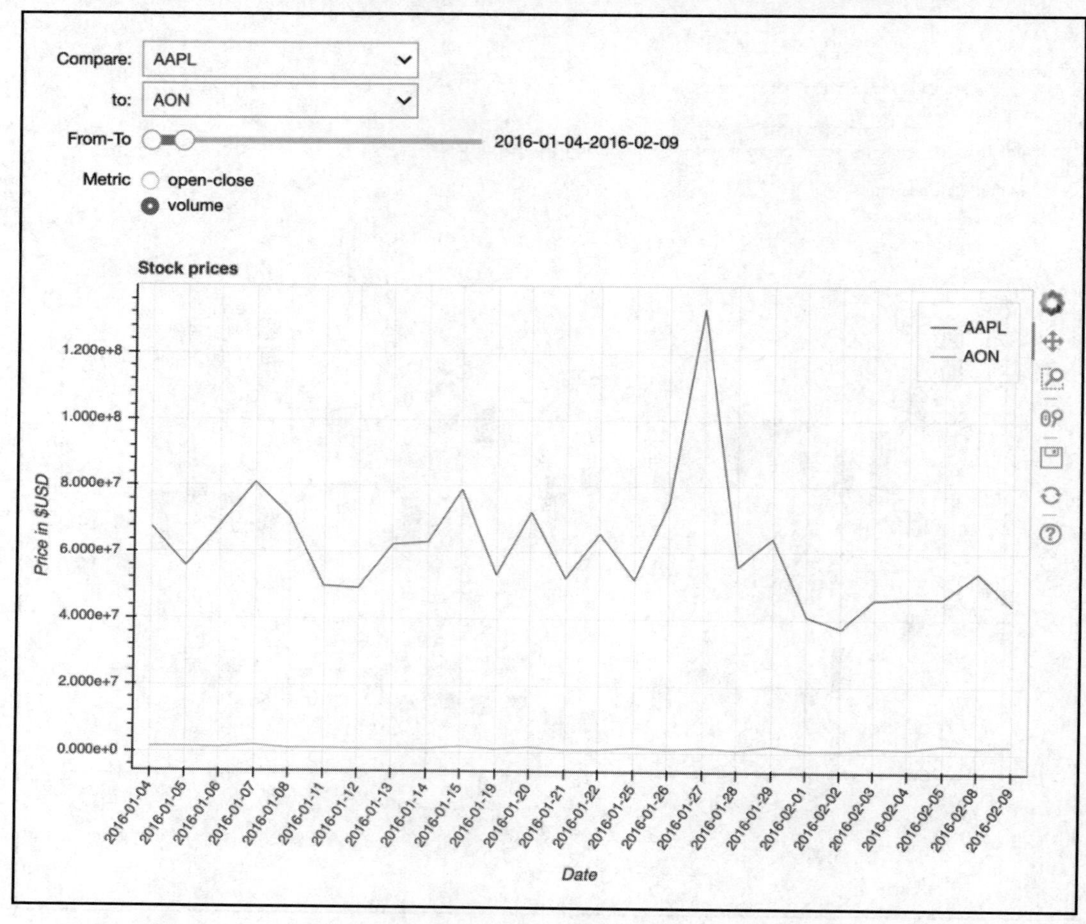

图 7.21　显示成交量的交互式可视化结果

操作 32：利用 geoplotlib 分析 Airbnb 数据

具体操作步骤如下。

（1）打开 Lesson07 文件夹中的 activity032_solution.ipynb Jupyter Notebook，以实现当前操作。导入 NumPy、pandas 和 geoplotlib。对应代码如下所示。

```
# importing the necessary dependencies
import numpy as np
import pandas as pd
import geoplotlib
```

（2）利用 pandas 的 read_csv 方法读取.csv。如果计算机运行速度较慢，可选择使用较小的数据集。对应代码如下所示。

```
# loading the Dataset
dataset = pd.read_csv('./data/airbnb_new_york.csv')
# dataset = pd.read_csv('./data/airbnb_new_york_smaller.csv')
```

（3）查看所提供的数据特性了解数据集的结果，代码如下所示。

```
# print the first 5 rows of the dataset
dataset.head()
```

上述代码的输出结果如图 7.22 所示。

	id	listing_url	scrape_id	last_scraped	name	summary	space	description	experiences_offered	neighborhood_overview	...	requires_license	license	jurisdiction_names	instant_bookable	is_business_travel_ready
0	2515	https://www.airbnb.com/rooms/2515	20181206022948	2018-12-06	Stay at Chez Chic budget room #1	Step into our artistic spacious apartment and ...	-PLEASE BOOK DIRECTLY. NO NEED TO SEND A REQUE...	Step into our artistic spacious apartment and ...	none	NaN	...	f	NaN	NaN	f	f
1	21456	https://www.airbnb.com/rooms/21456	20181206022948	2018-12-06	Light-filled classic Central Park	An adorable, classic, clean, light-filled one-...	An adorable, classic, clean, light-filled one-...	An adorable, classic, clean, light-filled one-...	none	Diverse. Great coffee shops and restaurants, n...	...	f	NaN	NaN	f	f
2	2539	https://www.airbnb.com/rooms/2539	20181206022948	2018-12-06	Clean & quiet apt home by the park	Renovated apt home in elevator building.	Spacious, renovated, and clean apt home, one b...	Renovated apt home in elevator building. Spaci...	none	Close to Prospect Park and Historic Ditmas Park	...	f	NaN	NaN	f	f
3	2595	https://www.airbnb.com/rooms/2595	20181206022948	2018-12-06	Skylit Midtown Castle	Find your romantic getaway to this beautiful, ...	- Spacious (500+ft²), immaculate and nicely fu...	Find your romantic getaway to this beautiful, ...	none	Centrally located in the heart of Manhattan ju...	...	f	NaN	NaN	f	f
4	21644	https://www.airbnb.com/rooms/21644	20181206022948	2018-12-06	Upper Manhattan, New York	A great space in a beautiful neighborhood-min...	Nice room in a spacious pre-war apartment in u...	A great space in a beautiful neighborhood-min...	none	I love that the neighborhood is safe to walk a...	...	f	NaN	NaN	f	f

图 7.22　显示数据集的前 5 项元素

（4）回忆一下，geoplotlib 需要使用包含 lat 和 lon 的 latitude 和 longitude 列，因此，可针对 lat 和 lon 添加两个新列，并向其中分配对应值，代码如下所示。

```
# mapping Latitude to lat and Longitude to lon
dataset['lat'] = dataset['latitude']
dataset['lon'] = dataset['longitude']
```

（5）当创建颜色图并根据住宿价格调整颜色时，相对于其他选项，需要通过一个数值轻松地进行比较和检查。对此，可创建一个名为 dollar_price 的新列，并作为浮点数加载 price 列的值，代码如下所示。

```
# convert string of type $<numbers> to <nubmers> of type float
def convert_to_float(x):
    try:
        value=str.replace(x[1:], ',', '')
        return float(value)
```

```
    except:
        return 0.0
# create new dollar_price column with the price as a number
# and replace the NaN values by 0 in the ratings column
dataset['price'] = dataset['price'].fillna('$0.0')
dataset['review_scores_rating'] = dataset['review_scores_rating'].
fillna(0.0)
dataset['dollar_price'] = dataset['price'].apply(lambda x: convert_to_
float(x))
```

（6）当前数据集包含 96 个列。当与这一类较大的数据集协同工作时，可考虑生成一个数据集的子集，且仅加载所需数据。对此，首先考查全部有效列以及某个列的示例，这将有助于确定适宜的信息。对应代码如下所示。

```
# print the col name and the first entry per column
for col in dataset.columns:
print('{}\t{}'.format(col, dataset[col][0]))
```

上述代码的输出结果如图 7.23 所示。

```
id	2515
listing_url	https://www.airbnb.com/rooms/2515
scrape_id	20181206022948
last_scraped	2018-12-06
name	Stay at Chez Chic budget room #1
summary Step into our artistic spacious apartment and enjoy your artistic Guest room with original artwork from NY artists. Shared with my little family how
entral Park - the busy city minutes away but sleeping in quiet at night!
space	-PLEASE BOOK DIRECTLY. NO NEED TO SEND A REQUEST FOR DATES> CALENDAR IS UP TO DATE> ALL AIRBNB RESERVATIONS WILL BE HONORED> Nice, comfortable, and
ize bed. In very nice apartment on central Park North 4th floor walk-up. same place as Chez chic #2, max capacity of the rooms 2 people). You will share the
cated one block from Subway 2/3,B/C on 110th street, Bus M1,2,3,4 at the corner, central park across the street.  Your room: full size bed (sleeps two), des
provided. Iron/air dryer provided. Separate Full bathroom shared with guestroom room #2. Access to the Kitchen from 8AM weekdays or anytime during the weeke
n the evening.  The apartment: spacious newly renovated, hardwood floors,3BD, 2Bath apartment with Living r
description	Step into our artistic spacious apartment and enjoy your artistic Guest room with original artwork from NY artists. Shared with my little fa
t from Central Park - the busy city minutes away but sleeping in quiet at night! -PLEASE BOOK DIRECTLY. NO NEED TO SEND A REQUEST FOR DATES> CALENDAR IS UP
and clean private guest room with shared bathroom (2 people max) - full size bed. In very nice apartment on central Park North 4th floor walk-up. same place
the apt with me and my little family. Daily cleaning in common areas. Located one block from Subway 2/3,B/C on 110th street, Bus M1,2,3,4 at the corner, cen
desk, Digital Tv/DVD, wifi internet, A/C, closet and desk. Sheets/Towels provided. Iron/air dryer provided. Separat
experiences_offered	none
neighborhood_overview	nan
notes	Please no cooking at night but you can warm up food in the microwave and use the kitchen
transit Subway 2.3.B.C. at 110th street around the corner and bus M.2.3.4 at the corner
access	Guests will have their PRIVATE BATHROOM (NOTE: Shared between June 22-Aug 22) (shared with 2nd guestroom if there are guests), and the kitchen
interaction	We will have a list of Harlem restaurants and points of interest ready for you, as well as a subway map of NYC and pratical infos.
house_rules	no-smoking/please take off your shoes: cleaning fees $40
thumbnail_url	nan
medium_url	nan
picture_url	https://a0.muscache.com/im/pictures/d0489e42-4333-4360-911f-413d503fe146.jpg?aki_policy=large
xl_picture_url	nan
host_id 2758
```

图 7.23　包含示例项的各列标题

（7）当前，仅使用构建有效可视化内容的字段，此类字段包括 id、latitude（lat）、longitude（lon）、price（$）和 review_scores_rating，代码如下所示。

```
# create a subsection of the dataset with the above mentioned columns
columns=['id', 'lat', 'lon', 'dollar_price', 'review_scores_rating']
sub_data=dataset[columns]
```

（8）再次考查当前数据集，此时需要一个新列以加载 Unix 时间戳，代码如下所示。

```
# print the first 5 rows of the dataset
sub_data.head()
```

上述代码的输出结果如图 7.24 所示。

	id	lat	lon	dollar_price	review_scores_rating
0	2515	40.799205	-73.953676	59.0	93.0
1	21456	40.797642	-73.961775	140.0	94.0
2	2539	40.647486	-73.972370	149.0	98.0
3	2595	40.753621	-73.983774	225.0	95.0
4	21644	40.828028	-73.947308	89.0	100.0

图 7.24　在保存了 5 列后，显示前 5 行内容

（9）虽然我们已经了解到当前数据中加载了纽约市的 Airbnb 列表数据，但目前仍无法直观地查看数据集的量值、分布状态和特征。对此，一种简单的方法是利用点图绘制列表数据，代码如下所示。

```
# import DataAccessObject and create a data object as an instance of that
class
from geoplotlib.utils import DataAccessObject
data = DataAccessObject(sub_data)
# plotting the whole dataset with dots
geoplotlib.dot(data)
geoplotlib.show()
```

上述代码输出结果如图 7.25 所示。

（10）最后一步是编写自定义层。此处需要定义扩展了 Geoplotlib 中 BaseLayer 的 ValueLayer。针对之前提到的交互式特性，需要导入额外的内容。相应地，pyglet 提供了操作按键这一选项。在给定数据后，我们希望使用当前选择的属性（price 或 rating）定义的颜色来绘制地图上的每个点。

（11）为了避免非描述性的输出结果，还需要进一步调整颜色图的尺度。对此，评分值应位于 0～100；而价格可能会稍高。针对评分使用线性尺度（lin），同时针对价格采用对数尺度可生成较好的数据洞察结果。

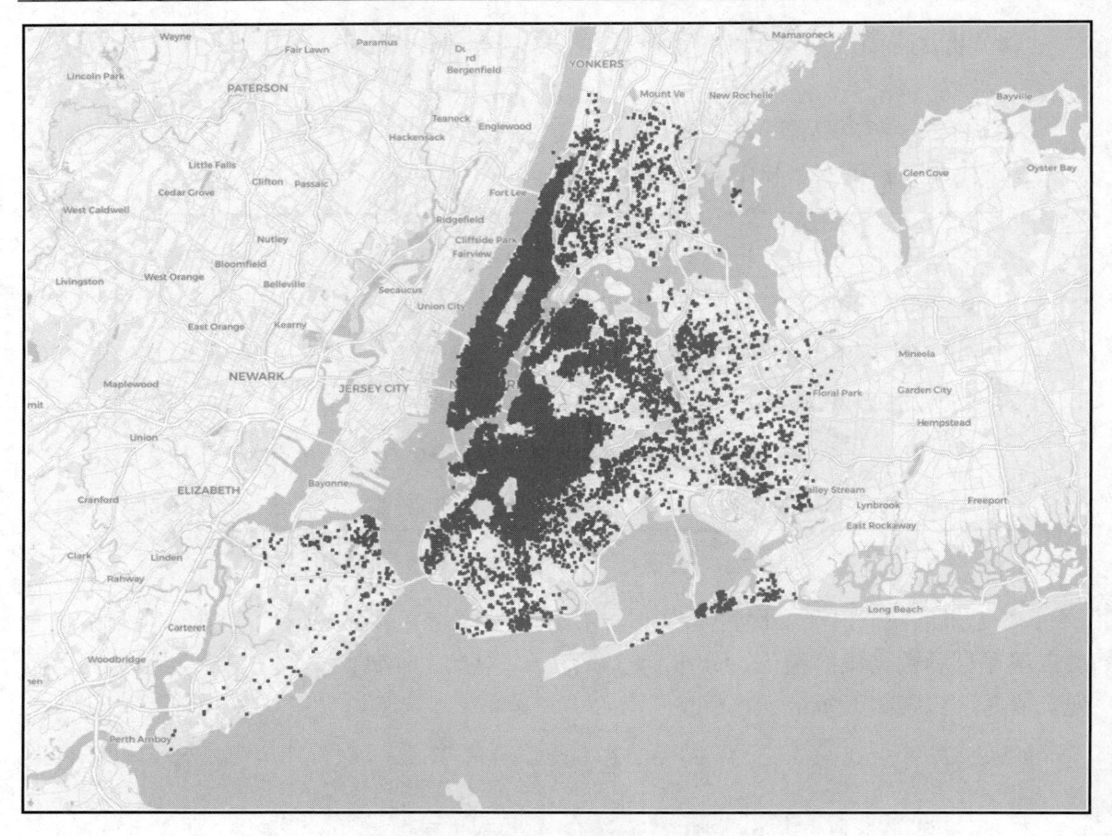

图 7.25　由数据点创建的简单点图

（12）可视化的视图（包围框）将被设置为 New York，而当前所选属性的文本信息将显示于右上角，如图 7.26 所示。

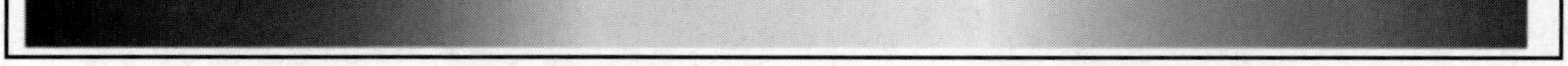

图 7.26　jet 颜色图尺度

（13）当向每个点分配不同的颜色时，可单独绘制每个点。尽管这不是一种高效的解决方案，但已可满足当前需求。这里将使用以下实例变量：self.data 用于加载数据集；self.display 用于加载当前所选的属性名；self.painter 加载 BatchPainter 类实例；self.view 加载 BoundingBox；self.cmap 加载基于 jet 颜色模式的颜色图，以及一个 Alpha 值（255）和一个级别值（100）。

（14）invalidate 方法包含将数据投影到地图上的各个点的逻辑，在该方法中，必须根据当前选择的属性在 lin 和 log 之间切换。随后，通过设置 0/1 和最大值（max_val）之间的值来确定颜色，该值也必须根据当前显示的属性从数据集中获取。对应代码如下所示。

```
# custom layer creation
import pyglet
import geoplotlib
//[..]

class ValueLayer(BaseLayer):

    def __init__(self, dataset, bbox=BoundingBox.WORLD):
//[..]
    def invalidate(self, proj):
        # paint every point with a color that represents the currently
selected attributes value
        self.painter = BatchPainter()
        max_val = max(self.data[self.display])
        scale = 'log' if self.display == 'dollar_price' else 'lin'
        for index, id in enumerate(self.data['id']):
//[..]

    def draw(self, proj, mouse_x, mouse_y, ui_manager):
        # display the ui manager info
        ui_manager.info('Use left and right to switch between the
displaying of price and ratings. Currently displaying:
{}'.format(self.display))
        self.painter.batch_draw()

    def on_key_release(self, key, modifiers):

//[..]
    # bounding box that gets used when layer is created
    def bbox(self):
        return self.view
```

（15）由于当前数据集仅包含来自纽约的数据，需要在开始时将视图设置为 NewYork，因此，需要使用包含给定参数的 BoundingBox 类实例。除了自定义 BoundingBox

之外，还需要使用 darkmatter 图块提供商数据（参见第 5 章）。对应代码如下所示。

```
# bounding box for our view on New York
from geoplotlib.utils import BoundingBox
ny_bbox = BoundingBox(north=40.897994, west=-73.999040,
south=40.595581,east=-73.95040)
# displaying our custom layer using add_layer
geoplotlib.tiles_provider('darkmatter')
geoplotlib.add_layer(ValueLayer(data, bbox=ny_bbox))
geoplotlib.show()
```

（16）如图 7.27 所示，从可视化结果中可以看到，当前视图主要关注纽约地区。其中，每家住宿场所均显示为一个点，并根据其价格（单击右箭头）和评级（单击左箭头）进行着色。不难发现，当靠近曼哈顿中心时，整体颜色越来越接近黄色/橘黄色。另外一方面，在评级可视化结果中可以看到，曼哈顿中心住宿的评级结果似乎比外部区域低。

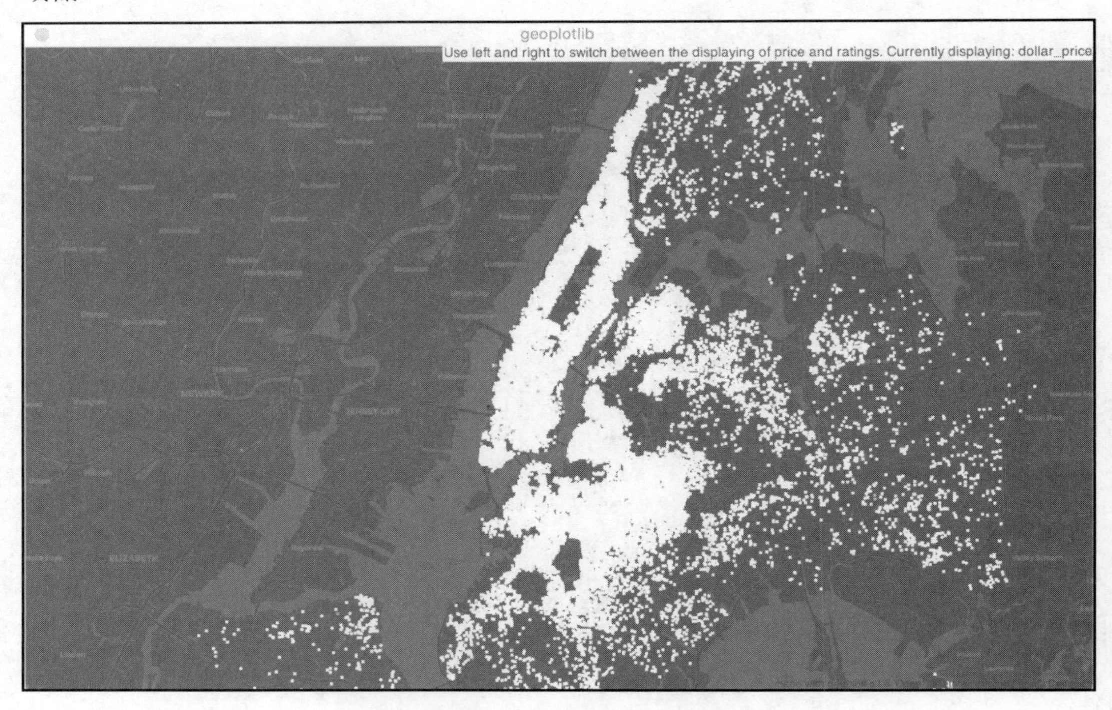

图 7.27　根据价格着色的纽约 Airbnb 点图

图 7.28 显示了根据评级结果显示的点图。

图 7.28 根据评级结果着色的纽约 Airbnb 点图

通过编写自定义层来显示和可视化遍布纽约的 Airbnb 住宿的价格和评级信息，读者已经创建了一个交互式可视化图表。不难发现，为 Geoplotlib 编写自定义层是关注某些属性的较好方法。

最后，也感谢读者选择阅读本书以提升 Python 数据可视化技能。